JN271656

調香師が語る
香料植物の図鑑
L'HERBIER PARFUMÉ

フレディ・ゴズラン
グザビエ・フェルナンデス
前田久仁子 訳
序文 エリザベット・ド・フェドー

目　次

ESSENZA
DI LIMONE "Zeste"
E. N. DE PASQUALE & C.
CONTESSE - MESSINA
le MIMOSA
Molinard
GRASSE-PARIS

序文　5

国際香水博物館、香水の世界……　6

MIP 付属植物園と香料植物の世界　7

香水のクリエーターとして名乗る　8
シルビー・ジュルデ　フランス調香師協会（SFP）名誉会長

自然はいまも健在である　9
ハン＝ポール・ボディフェ　フランス香料工業会前会長

人類がはぐくんできた　香水の物語とその役割
エリザベット・ド・フェドー

香料植物について
- エデンの園の香り　12
- 多面性　13

古代に誕生したアロマテラピー
- 古代エジプトの使用法　13
- 神官の手中にあった香り　14
- アロマテラピーの広がり　15
- 治療になる香り　15
- 家庭における使用法　16
- インド、香りのマジック　17
- 古代ギリシア、香りの進化　17
- 香油の可能性　18
- オリンピアの香り　19
- 生け贄の燻蒸について　19
- 不死の秘薬　20
- 聖から医学へ　21
- 古代ローマの伝統　21
- 遠方より到来した品々　22
- 近東の香料　22

中世のエリキシル
- アラビアと蒸留法　23
- 西洋の香水は治療薬　24
- アルコール抽出法　25
- 流行病にエリキシルを用いる　25
- 水への恐怖　26

現代と香水産業の真実
- ルネサンスとおびただしい汚物　27
- 手袋産業と香水産業の出会い　28
- ルイ 14 世の宮殿　28
- ルイ 15 世の芳香宮　29
- ある調香師のポートレート　29
- 香りの分類　31
- 精油　32
- 化学をひもとく　33

近代香水の誕生
- 香りを産業化する　34
- アブソリュートの誕生　35
- 「ピース」をあわせて創作する香り　36
- 新しいカテゴリのアコード　37
- 20 世紀には抽象的な花を　38
- 調香師が化学者になる　39

天然物より本物らしい：ヘッドスペースの登場
- 香料産業における最新の技術　41
- 「生命のある香り」　42
- 合成のノートで蘇る香水技術　43
- 崇高な香水のハートには　44
- 限りある天然物資源　46
- 香りはいたるところに存在する　46

そして残るものは？　47

香水を表現する
シルベーン・ドラクルト

香料植物図鑑 [1]

項目	ページ
イランイラン — ジャン・ギシャール Jean Guichard	52
イリス — アマンディン・マリー Amandine Marie	56
ガイヤックウッド — エベリン・ブーランジェール Évelyne Boulanger	60
カシスの芽 — ダニエル・モリエール Daniel Molière	64
カッシー — ドミニク・ロピオン Dominique Ropion	68
カルダモン — パスカル・スィーヨン Pascal Sillon	72
ガルバナム — ジャニーン・モンジャン Jeannine Mongin	76
キンモクセイ — ジャン・ケルレオ Jean Kerléo	80
クラリセージ — マティルド・ビジャウイ Mathilde Bijaoui	84
サンダルウッド — ジャック・ユークリエ Jacques Huclier	88
シスタス — ピエール・ニュエンス Pierre Nuyens	92
シナモン — ドミニク・プレイサッス Dominique Preyssas	96
ジャスミン — ベルナール・エレナ Bernard Ellena	100
ジンジャー — リシャール・イバネーズ Richard Ibanez	104
スターアニス — アレグサンドラ・モネ Alexandra Monet	108
スチラックス — オリヴィエ・ポルジュ Olivier Polge	112
セダー — ミシェル・アルメラック Michel Almairac	116
ゼラニウム — ナタリー・ザギガエフ Natalie Zagigaëff	120
チュベローズ — オーレリアン・ギシャール Aurélien Guichard	124
トンカビーン — ギヨーム・フラヴィニー Guillaume Flavigny	128
ナルシス — フランソワ・ロベール François Robert	132
バイオレット — ソフィー・ラベ Sophie Labbé	136
バジル — モーリス・ルーセル Maurice Roucel	140
パチュリ — パトリシア・ド・ニコライ Patricia de Nicolaï	144
バニラ — クリストフ・レイノー Christophe Raynaud	148
ビターオレンジ — フランソワーズ・キャロン Françoise Caron	152
フランキンセンス — ジャンヌ-マリー・フォージエール Jeanne-Marie Faugier	156
ベチバー — フランシス・クルジャン Francis Kurkdjian	160
ヘリクリサム — アレクサンドラ・コジンスキー Alexandra Kosinski	164
ベルガモット — オリヴィエ・ペシュー Olivier Pescheux	168
ベンゾイン — キャロリン・マルジャック Caroline Mallejac	172
マテ — ラファエル・オーリー Raphaël Haury	176
マンダリン — フレデリック・ルクール Frédérique Lecœur	180
ミモザ — カリーヌ・デュブロイユ Karine Dubreuil	184
ミント — マチルド・ローラン Mathilde Laurent	188
ラベンダー — アラン・アリオーネ Alain Allione	192
ローズ — シルビー・ジュルデ Sylvie Jourdet	196
ワームウッド — アラン・ガロッシ Alain Garossi	200

香料植物図鑑 [2]

ディル	206	ライム	214
アンジェリク	206	リメット	214
ジュニパーベリー	207	ラビッジ	215
トルーバルサム	207	ロータス	215
ローマンカモミール	208	マージョラム	216
レモン	208	メリッサ	216
コリアンダー	209	オークモス	217
サイプレス	209	ミルラ	217
エレミ	210	ニアウリ	218
ユーカリ	210	ナツメグ	218
フェンネル	211	カーネーション	219
ジュネ	211	ブラックペッパー	219
クローブ	212	ローズマリー	220
ヒヤシンス	212	タジェット	220
ジョンキル	212	タイム	221
レモングラス	213	ベルベーヌ	221
レンティスク	213		

付録

香水に用いる 天然エキストラクト	224
用語集	229
謝辞：植物のハンターたち	231
本書で登場する主な香水	232
写真クレジット	238
訳者あとがき	241
著者紹介	242

注：
本書の香料植物図鑑 [1] で掲載されている、フランス流クッキングレシピでは、精油を使用していますが、精油はその種類や品質によって、各人の体質に適さないことがあり、日本では飲用が奨励されていません。弊社および訳者は、精油の飲用および調理により生じたトラブルについては一切責任を負いかねます。

序　文

　グラース市が19世紀に香水の都になった背景には、ジャスミンやローズをはじめとする多彩な香料植物が栽培され、植物を加工する企業が発足したことで、産業組織が形成されてきた経緯がある。やがて合成香料が誕生し、原料となる香料植物の生産を徐々に労働力の安価な国々へ移動させるなど、香料産業界におけるグローバリゼーションは、過去の伝統的な産業形態に変化をもたらすことになった。しかし、グラース地方がフレグランスとフレーバーの中心地として蓄積してきたイメージの保護と持続を図って、新規事業の導入と資金投入を続ける力があったからこそ、時代の変化と危機を乗り越えることができたのである。

　アジュールプロヴァンス・クラスター (Le Pôle Azur Provence) は5つの都市——グラース市、ムアン・サルトー市、ペゴマス市、オリボー・シュール・シアーニュ市、ロケット・シュール・シアーニュ市による都市連合体[1]であり、グラース市市長とアルプ＝マリティム県上院議員を兼任するジャンピエール・ルルーが会長に就任している。グラース地方の企業家協賛のもと、「天然原料・国際監視所」というコンセプトを創案し、グラース地方を世界における天然原料評価の中心にすることを目標を掲げてきた。このグループは経済発展を目指す企業のインキュベーター「イノヴァグラース (InnovaGrasse)」によって構成されている。イノヴァグラースは経済発展を目的とする場であり、分析化学技術の本拠地（ヨーロッパ天然成分研究所、ERINI所在地）[2]と大学研修機関 (FOQUAL)[3] を備えているために、本プロジェクトにおける真の意味での「道具」となる。

　Paca (Provence-Alpes-Côte d'Azur)[4]とドローム プロヴァンサル[5]の香粧品と食品香料の分野における適性を明確にするために、Pôle d'excellence[6]として、産業クラスターのPASS (Parfums, Arômes, Senteurs, Saveurs)[7]が2005年にこの地域で創立された。また、国際香水博物館 (MIP)[8]が拡張・再構築工事の完了後、2008年にリニューアルオープンした。なお、MIPはムアン・サルトー市に付属植物園[9]をもち、グラース地方の香料植物を保存している。

1) 都市連合体の定義：人口5万人以上で1つの境界線で囲い込まれる地域内とし、その内部に人口1万5,000人以上の中心的都市をいくつか含む。経済開発と地域整備（交通、住宅、都市政策）に一括した権限をもつ。http://www.jetro.go.jp/jfile/report/05000265/05000265_001_BUP_0.pdf　平成13年3月日本貿易振興会経済情報部報告書、「米国、フランスの地域経済開発」p53
2) European Research Institute on Natural Ingredients
3) Master 2 Chimie Formulation, Analyse, Qualité、ニース＝ソフィアアンティポリス大学大学院修士課程2年生、および博士課程の研修機関
4) プロヴァンス＝アルプ＝コート・ダジュール地域圏
5) フランス・ローヌ＝アルプ地域圏のドローム県を構成する五つの地方の一つ
6) 地方の開発を援助するクラスター
7) 香粧品香料、食品香料、フレグランス、フレーバー（香味料）
8) Le Musée International de la Parfumerie
9) Les jardins du MIP

国際香水博物館、香水の世界……

　グラース国際香水博物館は 1989 年に開館した、近代香水発祥の地グラース市のユニークな存在であり、2004～08 年に全館改装をした。博物館では香り、香料、香水を世界遺産として保護するために、認可を働きかけている最初の公的施設でもある。往年の記憶が生きる土地で、香水と関わる多彩な調査——原料、製造、産業、革新、取引、デザイン、マーケティング、使用法の面に着手している。さらに、五大陸から到来した優れた世界感が香水に映し出されていることから、美術工芸品、テキスタイル、考古学的な足跡や物品も展示されている。

　国際香水博物館は 17 世紀に街の外郭を囲んでいた城壁と、ポントヴェス家の私邸——きわめて美しい景色を臨む複数の庭園と、テラスをもつ 3500 ㎡の敷地を結びつけた斬新な建築物として、フレデリック・ユングによって設計された。

　そもそも香水には「コミュニケーション」「身だしなみ」「誘惑」という役割があり、コレクションを展示する上でもこの三つが基軸になっている。古代、乳香や聖なる香膏を手立てに、人は現世を越えた世界と通い合った。中世になると、植物とスパイスの癒す力に目覚めたが、これは現在のアロマテラピーの基礎である。17 世紀以降、香水は誘惑する道具となり、現代のクリエイティブな香水の調合にしても、その進化はとどまることを知らない。

未発表のプログラム

　常設展とともに、MIP 付属の植物園では、現代美術の展示が企画されている。国際的に著名なアーティストに制作を依頼して博物館に招き、館内でインスピレーションを受けながら、香水の世界にまつわる作品を創作してもらう催しである。このプログラムでは、アーティストが植物性原料によって感覚を呼び覚まし、詩情を追求させていく。香りの魔法が贅沢とデザインに新しい解釈をもたらすことだろう。

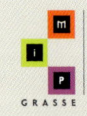

グラース国際香水博物館（MIP）
Musée International de la Parfumerie

住所　2 boulevard du Jeu-de-Ballon,
　　　06130 Grasse, France
www.museedegrasse.com
TEL　+33(0)4 97 05 58 00
夏の営業時間　午前 10 時～午後 7 時
冬の営業時間　午前 11 時～午後 6 時（火曜定休）

グラース国際香水博物館と、ムアン・サルトー市 MIP 植物園の提携によって、本書は編集発刊されています

MIP 付属植物園と香料植物の世界

　ローザセンティフォリア、ジャスミン、チュベローズ、ラベンダー、ゼラニウム、ジュネ、オレンジ……。
　この植物園の特徴は、香料産業に何世紀にもわたって大事な原料として重宝されてきた植物の品種を、実際に観察し、そのにおいを嗅いでみることができることである。グラース地方の伝統的な香料植物農業地に設置されたMIP付属植物園は、アジュールプロヴァンス都市連合体が手がける地域プロジェクトに組み込まれており、その由縁で博物館の香料植物を保存することになった。2ヘクタールの敷地をもつ植物園に咲くローズ ド メ、ジャスミン、オレンジ、チュベローズ、バイオレットなどが咲く畑を散歩すると豊かな香りに気分爽快になる。
　香水博物館の屋上にも、伝統的な方法で香料植物を栽培する植物園がある。なるべく自然な方法で手入れをしているため、植物と昆虫が豊かに保存されている様子を見ることができる。

MIP 付属植物園

住所　　979, chemin des Gourettes,
　　　　06370 Mouans-Sartoux, France
TEL　　＋33 (0)4 92 98 92 69
夏の営業時間：午前11時〜午後8時
冬の営業時間：午前11時〜午後6時（火曜定休）

フランス調香師協会

2009年4月から、パトリック・サンイヴが会長に就任。フランス調香師協会（略称SFP）はアソシアシオン法（1901年法）に基づき、1942年にGroupement technique de la Parfumerie と名付けられて創立された。現在はフランス国内外の専門家と、香料産業や香料関連産業の要である会長、社長、調香師、営業職、マーケティング業務、エバリュエーター、化学者、品質管理・製造・原料購買業務と、法規関連・広報・調合業務などに携わる方を会員とし、会員数は800名を越える。本協会の目的は調香師という職業をより良く知ってもらい、その価値を高めることにある。ヨーロッパの姉妹協会や世界の調香師団体と提携し、本協会はヨーロッパ圏における職業として、普及促進と保護に関わる活動を積極的に行っている。その活動の一環には月例講演会、原料見本市、製造業者による各国訪問と研修旅行、就職の斡旋、ISIPCAと提携する資料収集センター、及び調香師国際賞の授与がある。1988年から、本協会は米国調香師協会[9]主催の世界調香師会議[10]に参加している。会報誌として、Planète、Parfumeur が会員の皆様並びにプレス担当のジャーナリスト、及び一般の方々にも配布されている。

作品の異なるメゾン出身の調香師たちがグループを編成して、毎月1回香水の公的な分類を更新するが、2010年6月にはSFPとCFP[11]およびオズモテック[12]の協賛を受けて公表されている。なお、SFPは創設時から会員である。

9) American Society of Perfumers
10) World Perfumery Congress
11) Comité Français du Parfum
12) Osmothèque

香水の
クリエーターとして名乗る

フランス調香師協会の賛同を得ることによって、香水製品に用いるもっとも貴重な天然原料について、調香師の視点からまとめる本の出版が実現することになった。

この協会にはフランスに蓄えられた創香原料に関する知識を保護し、原料の品質保護を重視しながら、調合の独創性を保つという使命がある。

私たち調香師は、「ネ」と称されることも多いのだが、調香という職業にかける情熱を皆様と分かち合えることができたらとても嬉しい。自然から授かる良質のエッセンス類は調合のベースであり、情熱と感性を生かして、正確に混合すると、皆様がお持ちのオリジナルなフレグランスができあがる。このような製品の香りを通じて、皆様に創造するときの喜びが伝わることを願っている。

調香師はどちらかといえば、影にたたずみ、香水の残り香に潜むことが習わしとなっているが、本書で創造性を表現する場を与えてくださった著者の皆様に心からの謝辞を述べたい。

シルビー・ジュルデ　Sylvie Jourdet
調香師
フランス調香師協会（SFP）名誉会長

自然はいまも健在である

ジャン＝ジャック・ルソーによると、香りは想像する感覚である。私たちの協会の調香師たちが新しいフレグランスを想像し、創香するという行為はその生きた証拠である。

香水業界において、最も歴史の古い専業者組合にプロダローム [13] があるが、本組合の会長であり、代表である職務としても、本書の出版を奨励しないわけにはいかない。21世紀の調香師が化学の恩恵を受け、嗅覚面に最も重要な働きを起こす多数の分子を自在に扱うことができるとしても、それよりも美しく、さらに官能的な香りを香水の世界に授けてくれる、自然に敬意をもたないのなら、200年の月日を越えて、自然が与えてくれる香りのクインテッセンス（第5元素）を蒸留し、抽出してきた組合員たちより優れているとは言いがたい。

世界の香水発祥地であり、プロダロームの所在地でもあるグラース市がこの惑星に重要なイメージがあるのだとすれば、長年にわたって、ローザセンティフォリアやジャスミン、チュベローズがフランスの香水と贅沢品の歴史に鮮明に刻まれているためであろう。本書は香りに情熱をもつ皆様、そして私が個人的に大切に思う、香水専門家の方々には貴重な本である。プロダローム会員の皆様を代表して、敬意を表する。

ハン＝ポール・ボディフェ
Han-Paul Bodifée
フランス香料工業会前会長 [14]

プロダローム

全国専業者組合、プロダロームの会員はフランスの香料産業に原料を納める製造業者である。香料産業の製品（美容やトイレタリー製品、石鹸類、洗剤、家庭用品）と、食品と製薬産業用の芳香物質を含めた、原料クラスター（企業連合体）を傘下におく。本組合は遠い昔、グラース地方に最初の蒸留抽出業者が創業した16世紀に創設された。グラース地方は生活習慣や技術の進歩と、法律などにおける変化を妨げることなく、自ら肯定し、新制度に適応してきたため、今日でもなお、香料業界の必要不可欠な要素として位置づけられている。本組合は約60社の仲買人と交渉者の連携が可能にする、効率的なネットワークを生かし、2005年には取引総額10億8400万ユーロを達成した。この業界には6500名ほどが携わっているが、そのうち3500名はグラース地方に勤務している。

13) PRODAROM
14) Syndicat national des Fabricants de produits aromatiques

人類がはぐくんできた
香水の物語とその役割

エリザベット・ド・フェドー

香料植物について
 エデンの園の香り　12
 多面性　13

古代に誕生したアロマテラピー
 古代エジプトの使用法　13
 神官の手中にあった香り　14
 アロマテラピーの広がり　15
 治療になる香り　15
 家庭における使用法　16
 インド、香りのマジック　17
 古代ギリシア、香りの進化　17
 香油の可能性　18
 オリンピアの香り　19
 生け贄の燻蒸について　19
 不死の秘薬　20
 聖から医学へ　21
 古代ローマの伝統　21
 遠方より到来した品々　22
 近東の香料　22

中世のエリキシル
 アラビアと蒸留法　23
 西洋の香水は治療薬　24
 アルコール抽出法　25
 流行病にエリキシルを用いる　25
 水への恐怖　26

現代と香水産業の真実
 ルネサンスとおびただしい汚物　27
 手袋産業と香水産業の出会い　28
 ルイ14世の宮殿　28
 ルイ15世の芳香宮　29
 ある調香師のポートレート　29
 香りの分類　31
 精油　32
 化学をひもとく　33

近代香水の誕生
 香りを産業化する　34
 アブソリュートの誕生　35
 「ピース」をあわせて創作する香り　36
 新しいカテゴリのアコード　37
 20世紀には抽象的な花を　38
 調香師が化学者になる　39

天然物より本物らしい：ヘッドスペースの登場
 香料産業における最新の技術　41
 「生命のある香り」　42
 合成のノートで蘇る香水技術　43
 崇高な香水のハートには　44
 限りある天然物資源　46
 香りはいたるところに存在する　46

そして残るものは？　47

人類がはぐくんできた
香水の物語とその役割

香料植物について

エデンの園の香り

　香水は神殿で誕生した。神々に祈りを捧げる目的で人が焚いてきた香が、調香技術の芽生えである。香を焚くことで、途切れがちな天上の神との交信を、継続し続けようと試みたのであろうか。

　旧約聖書の『創世記』には、神は、約束に背いたアダムとイヴを楽園から追放したものの、香りを携えていくことを許したと記されている。最初にたどりついた庭は魔術的な土地で、栄養の糧を得るために植物の栽培を始めた。花々が咲き始め、この庭は大きくきれいに、広がっていった。アダムは毎朝、日の出とともに神に香りを捧げたが、その後はイヴの腕に抱かれ、二人は花びらを敷き詰めた寝床でけだるく眠る。失われた幸福を探し求め、いくつもの香りを供物として神々に捧げたのは、創造主に敬意を表す気持ちと、失われたエデンの園を思うノスタルジーの表れである。

多面性

紀元前5000年以降、香料は宗教儀式と医療で使われ、世界中の文化・経済面において大切な役割をはたしている。人類の揺籃期に、原人類は獲物の追跡に嗅覚を駆使してにおいをたどったが、仲間を先導するほか、人間の支配力を自然界に誇示する上でも役立った。自然界の香りは、味覚にも大きな影響を与えたと思われるが、言語が発明される以前から、調理をする時の風味を大切にしていたようだ。人類は自然の発火を目の当たりにして、火をおこす方法を発見したことから、動物の肉や野菜を加熱すれば、香りと味が変化することを学び、調理に活用してきた。宗教儀式を執行する祭司は芳香のある植物を燃やすと、煙とともに香りが立ちのぼることに着目していた。幾世紀も時が流れるなかで、香りは常に暮らしに寄り添うが、特に芳香や香水が広く浸透していた時代もあった。香料と薬草の取引が貿易の中心を占めていた文明もある一方、香料と薬草の商売を独占するために、戦争をしかけた人々もいた。

香りは時代の「シンボル」であり、歴史的な事実として継承されている面と、魔法や神話のように伝承のなかで語り継がれる面が共存する。しかも認識が絶えず変動するため、断定することはきわめて難しい。宗教世界と古代医学における活用は、現実と伝説が混在するなかで、フレグランスの誕生と飛躍的な発展の要となる。宗教儀式のみならず、病気予防や治療、そして商取引においても、植物と香りは、人に欠かせない役割を担っていたのである。

ギリシアとエジプトの神殿では、香料を焚いた煙は神々への供物とみなされた

古代に誕生したアロマテラピー

古代エジプトの使用法

生死と密接に結びつく古代エジプトの香りを利用したのは、聖なる世界と俗世間のほか、信者が熱狂的に薬効を信奉する民間療法や、誘惑の駆け引きに用いる人々だった。当時はまだアルコールベースの香水は存在しておらず、花、ハーブ、樹脂の原料を未精製のまま使用していた。

古代エジプト人は、香料でも特に

エジプト人はいろいろな機会に、樹脂（レジン）と焚香（インセンス）を使用した

ヘアケアからミイラ化の儀式まで、香料はいたるところに見られる

乳香（フランキンセンス）を愛用し、生活の必需品とし、冠婚葬祭に用いた。

　初めから香りには神聖で宗教的な役割があり、神殿では毎日、香り豊かな供物が捧げられていたが、香と花々が天上の神々ばかりではなく、地上の君主の代理でもある神官たちにも献上された。こうした儀式で香料を燻蒸したことから、"parfum" という名詞が使われ始めた。"per fumum" とは「煙を通して」という意味であり、薫香は1日に少なくとも3回は行なわれたという。朝には樹脂、正午には没薬（ミルラ）、夜にはキフィが焚かれた。キフィの香りはその処方が判明しているが、スパイシーな甘いアコードで、神々の供物でありながら、治療に役立つ効用が注目されて、「二重に良い」という意味の名称が与えられた。成分には、没薬、ブドウ、蜂蜜、ワイン、ジュネ、サフラン、ジュニパーなどが含まれる。エジプト人たちは供物として、神々が口にしない食物よりも、香りの方に利点があるとみなしたことは確かである。香を焚くと、煙は空に上り消えてしまう。それを眺めながら、神々が薫煙を食したように思えたのであろう。

神官の手中にあった香り

　この時代の神官は、香水を創る技術を心得ていた。神殿には香料のほかに、礼拝用油類の調合を守り伝える役割があった。エジプト人は、神々の像に乳香や香膏を塗布すると、生命がもたらされていくと考えていた節がある。ファラオの家族と神官には化粧をして香り

アフリカ原産のゼラニウムには傷の治癒作用がある

を身につける習慣があり、女性たちは身を清めるために、香りのよい油を身体に塗り込めた。神官は葬儀に際して、自ら調合した香りを使用することもあった。古代エジプト人は、地上における現世の生活は、人生の短い通過点に過ぎないと解釈しており、やがて死後に訪れる大切な旅にむけて、準備する必要があった。その死生観から遺体をミイラにする儀式が催され、故人が死後の世界を難なく通過できるように、遺骸には神聖な香油が塗り込まれ、細い包帯が幾重にも巻かれる。香りは来世に、永遠の生命をもたらすための計らいであり、最後に、幸福と平穏をもたらす香りが焚かれて儀式は終了する。

ロータスブルーは幸福と上品な趣味のシンボル

アロマテラピーの広がり

　香料と香膏を配合した製品は、美容と治療によい働きを示し、エジプト人の生活に徐々に浸透していく。これらは邪悪な霊を追いやり、太陽光のダメージから皮膚を保護して滑らかにし、そして身体を浄化した。おしろい、香膏や香油、バームなどの品々を使用すると気分もよくなり、他人を誘惑するアイテムにもなったが、香りの製品が使えるのは、社会でも最たる富裕層に限られていた。

　古代エジプトはアロマテラピーが誕生した土地である。エジプトの次にギリシア、ローマ、オリエントに伝搬されたが、香料は宗教だけでなく、治療と衛生に有用だった。香料を用いて浄化する行為は薬局方の基礎につながり、使用目的が健康、または神との交流であっても、根底には身体イメージに抱く「恐れ」から逃れる動機があった。よい香りと薬草は清めを意味したのでローマ帝国の作家プルタルコス曰く、エジプト人は礼拝用香料を用い、太陽の運行に合わせて寺院の雰囲気を演出したのである。香油は伝染病と闘うという医療的アプローチで焚かれていたようである。

治療になる香り

　香料植物でスキンケアと病気の回復をはかるアロマテラピーは、すでに評判が高く、ホメロスの叙事詩に登場する英雄も、エジプトでは幸福感と同時に催眠作用をもたらす3種の植物が栽培され、評判だったことを知っていた。当時の人々は、病気は自然を超越した何かが理由となって、神や女神、または冥界が送ってよこすと考えた。この歓迎されない力と交信するのは神官であり、論理的に考える医師でもあった。神官は人々に「神々」を鎮める香料類を与えていたが、のちの薬局方に「不安を鎮めて安眠を促すキフィ」として掲載されるようになる。

　興味深いことに、医学書『エーベルス パピルス（前1555）』にも、魔力と関連するかどうかは別として、体調不良に対して効果のある処方が記されてい

15

る。医師は自らを神々の庇護下にあると言い、知識と処方を神格化していた。医術は、治療の力を司るトート神からこの神の信奉者へと伝えられた。『エーベルス パピルス』には薬の吸収法として「飲む、食べる、吸入する」方法が記されている。医学的な知識は、父親から息子に伝授されるほか、師匠に弟子入りして教育を受けることができた。この頃、薬局には処方用の原料が多種類蓄えられていたが、その内訳は芳香エッセンスとテレビン油、没薬、香油のほか、多種類のエキス類だった。

浸剤から燻蒸に至るまで、「薬草」がよく用いられた

家庭における使用法

　エジプトでは衛生管理を重視していたので、毎日の習慣として、室内に香りを薫きしめ、富裕層の屋敷には浴室も備わっていた。妻たちはアニス、セダー、ガーリック、クミン、コリアンダー、花梨、フェンネル、タイム、ジュニパーを原料に薬を作っていた。さらに、屋敷内や衣類にも香りを付けるため、燻蒸剤の調合も手がけた。香膏は当時から普及しており、女主人は家に招待した客にはもてなしとして、頭頂に塗る香りのポマードを勧めた。入浴後の習慣として婦人たちは没薬、シナモン、ローズ、ジャスミンを使って、身体を香りで包んでいた。その後で、頭には小さな円錐形の香膏を載せるのだが、香膏は溶けるにつれて、顔に香りを与える。かたや庶民の女性はというと、ミントとオレガノの香りのするヒマシ油を用いていた。香油と香膏は、太陽光の刺激から皮膚を守るという優れた薬理効果ばかりでなく、誰もが必要とする「神の露からの甘美な香り」として考えられていたのである。

　どの香油にも浄化作用があり、災いの力を追い払う目的で使われていた。そのほか、ナトロン——炭酸塩と重炭酸塩、硫酸塩、塩化物の調合——が配合された石鹸に、成分として加えるという使用法もあった。さらに、神に礼拝する前に口腔洗浄液として使用すると、霊魂を浄めることができた。古代ローマ人が「エジプト人の香り」と呼んだ香油は高価な品だったが、その成分にはシナモンと没薬が含まれ、香りの持続性がよいと評判を得ていた。当時の女性は、バルサム調の芳香性エキスと香油は、皮膚を乾燥から守る目的で使われていた。「バッカリ」はローズとイリスが香る、女性たちが夢中になった香油である。そして、ファラオ

商人らは豊潤な香りのあるインドに魅了され、新しい香料を大量に自国へ持ち帰った

方に用いられた。なお、呪術的な医療を実践するときには原料として、薬用植物250種と動物由来物質120種が必要だった。香料は、薬物を活性化する祈祷に用いられるため、薬局方では大切な役割がある。

インド、香りのマジック

古代インドでは、ヴェーダ医学を統治するのはヨーガの呼吸に感受される魂――宇宙の力である風だとみなしていた。香りは風のそよぎとともにあり、天空の要素であった。治療は呪文と薬草と花々や香料を混合する魔術的な行為に基づいて行われ、治療に効果をもたらす原理が一貫性をもって体系化され、アーユルヴェーダとして後世に伝えられている。

古代ギリシア、香りの進化

古代ギリシアは、南エジプト、メソポタミア、ドナウ川流域、オリエント、中央ヨーロッパという1000年以上の

が統治していた時代のエジプト人には、死後の世界でも健康でいられるように、美しく装飾されたテーブルの前に座して、優美なエジプト睡蓮の「ロータスブルー」を鼻孔にかざす習慣があった。

同時期、前2000年のメソポタミアには、スメリアとバビロニアの香料植物を調合する薬の処方集が存在していた。ちなみにその植物とは没薬、タイム、イチジク、ピレトリウム（除虫菊）、サフラン、オレアンダー（西洋夾竹桃）である。メソポタミアの遺跡から発掘された粘土板には、当時、日常的に用いられた樹脂の名称――スチラックス、ガルバナム、テルペンチン、没薬、オポポナックスなどが明記されている。古代エジプト時代と同じように、ポマードと香膏が医療と美容の双

スパイスの道は新しい原料の発見へと誘い、樹脂と香の原料を運んだ

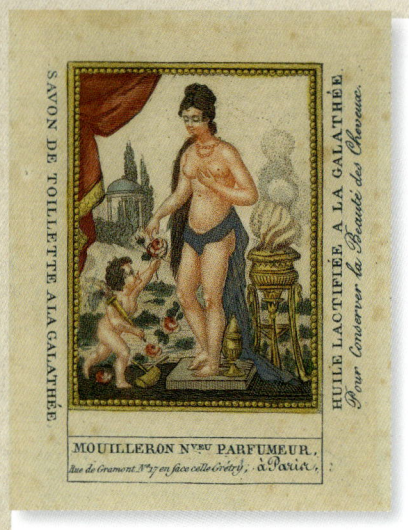

古代ギリシアでは、多数の宗教儀式に香りを用いていた

歴史をもつ文明と同じ流れにある。薬剤は呪術や神話的な思考の排斥が始まると同時に開発された。ギリシア人は前15世紀からすでに調香技術を身につけ、宗教的な用途のほかに、普段の暮らしにも香りをふんだんに使い、信仰に伴う祭祀、健康管理、美容にも役立てた。特筆すべきは、誕生、結婚、死という人生の節目ごとに、香料を明確に使い分けていたことである。

ギリシア人が貢献したのは、イリス、ローズ、リリー、マージョラムの花々の香りを施したオイルや油脂を発明して開発したことである。なかには貴重な乳香、没薬、サフラン、シナモンも含まれていたが、香料の原産地はエジプト、シリア、フェニキアであり、アレキサンダー大王がアジアを征服し、スパイスと香料の道を発見したことから、ギリシアは西洋世界に近い「香りの革命」を迎える。やがてムスクとアンバーグリスという動物由来の新しい香料が登場した。ギリシアの社交界では宴会に招かれた客は毛髪と胸に香油を塗る習慣があり、香料入りの足湯でももてなされたが、それは敬意と歓待する気持ちの表れである。

古代ギリシアには女性だけが暮らす婦人部屋があって、時間をかけて念入りに化粧を施し、香りをふんだんに使って身体からにおい立つように施すことに余念がなかった。入浴後にも、身体にオイルと香りを塗布していたが、最上の香りを入手するのも、もっぱら誘惑するためである。

香油の可能性

古代ギリシアでは入浴が生活の中心にあり、余暇の中心でもあった。女性にならって、男性も身体に香油を塗布して身だしなみを整えていた。ギリシアの兵士もふんだんにクリームや香油を塗っていたが、地中海の強い太陽光線から皮膚を保護する役割があった。さらに、香油は傷の治療にも用いられた。ホメロスの『イーリアス』ではアカイア人兵士の疫病と負傷が語られ、初歩的な治療の光景が描写されている。ギリシア全域では、体操が裸で行われていたが、筋肉の柔軟性を増し、皮膚を滑りやすくするために香油を塗ったのである。

ギリシア人は清潔な身だしなみを何よりも大切にしていた

オリンピアの香り

　アンブロワジーとは、ギリシアの神々が食べていた不老不死の食物で、オリンピアの香りでもある。古代ギリシア神話に登場する神々はさまざまな植物の起源をもっており、たとえばバラはアフロディテと結びつく愛の象徴である。地上にバラの灌木（かんぼく）が現れたのは、アフロディテが海の泡から生まれたときだ。神々がネクターの一滴をこの若い低木に注いだ瞬間に、バラが誕生したと神話は伝える。アフロディテはやがてアドニスを愛するようになるが、軍神アレスに痛手を負わされた恋人の救済に駆けつけて、アドニスを殺そうと挑むアレスを白いバラの咲く灌木のトゲで傷つけようとその上で引き回す。すると、神聖な血液が白いバラの上に滴（したた）り落ちて、赤く染めた。

　人が死ぬと、永遠の命を授ける目的と、衛生面の配慮から、死体には香料が施され、香料壺のような個人の所有物とともに埋葬された。永遠を象徴する香りは人々にとって、神々のアンブロワジーに値するものだった。たとえ不老不死がもたらされなくとも、物質的な次元を越えて、神の世界に近づく

宗教で用いられた香料が、しだいに医療分野にも広まっていった

ローズ以上に、愛の女神であるアフロディテを象徴する植物があろうか？

ことができるからである。

　ここでもエジプトのように、神々を祀（たてまつ）る香料が祭壇で焚かれ、神々の像や墓石には香りの強い、生命力にあふれた精油入りの香油が塗布された。ごくまれに地球と太陽の力が合体した時に芳香物質が誕生すると、ギリシア人は考えていた。人類学者マルセル・ドゥティエンヌの著書『アドニスの園』で述べられたように、野性の能力のようなもので、人間にしても「近隣と遠隔の仲立ちとして、高みと低みを結ぶ」という運命的なプロセスを経て、この力を確信するようになっていく[1]。こうした利用法は7世紀末から支持され始めたが、スパイス、文化、性愛という三つの要素が結びつき、特に乳香には、高みと低みを結びつける特性があるとみなされた。

生（い）け贄（にえ）と燻蒸（くんじょう）について

　乳香と没薬は供物として重用されていたが、古代ギリシアでは血まみれに

なる生け贄の儀式の最初に用いられた。焚香によって神々の関心を引き寄せ、パンや穀類を細かく砕き、生け贄として火中に投げ入れる。天と地という二つの分断された世界を結びつけるツールとして、乳香と没薬が活用された。

ギリシアの生け贄には肉と動物脂がつきものだが、この不可欠な要素を燃やす火が主役である。そして、焼けて漂う不快な臭いを覆い隠すために、大量の香料を燻蒸した。食肉となる生け贄の末路から、人の命には限りがあることを実感させ、肉体は腐敗し、飢えに縛られ、悪臭を放つという事実を大衆に受け入れさせた。一方、神々は芳しい薫香から滋養を受けとり、老化と死に隷属している肉体の定めや、腐敗から保護される。よい香りには、神々を養う魂も含まれている。獣肉は人間の食糧になるが、香りに含まれるクインテッセンス（精髄）は神々を生かすのに十分な糧となる。そのためにギリシアでは、魂は血液と関係があり、血液には「目に見える面と象徴性」があると考えられていた[2]。

ヒポクラテスは治療薬に香りを配合した

まる。植物の液体には形のない香りと、腐敗しない樹液に求めるエッセンス（精髄）が含まれる。生け贄の肉が火刑台で焼かれるとき、または遺体が火葬されるときには、魂の腐敗する部分と、腐敗しない部分が切り離されて、重さをもたない、香りのよい煙が超自然現象となって現れる。香りがシンボルとして力をもつようになって、ギリシア人は神々を敬うことができ、

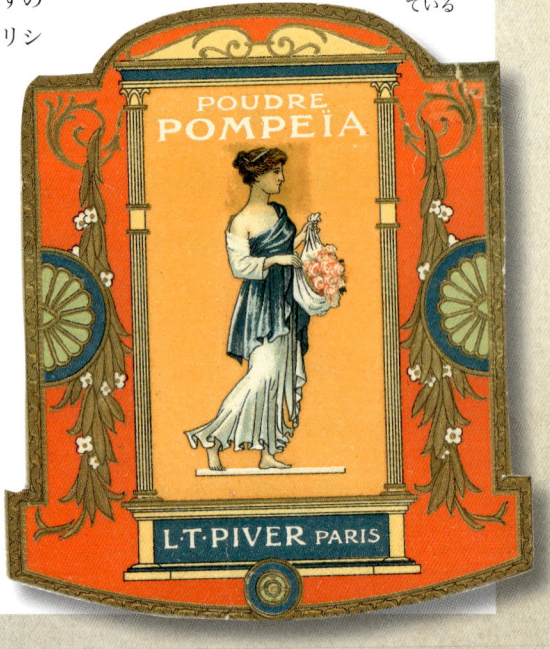

ポンペイでは、ボディケア用製品が多数発掘されている

不死の秘薬

こうした血液の解釈が人生の信条となって、ユダヤ教では『レビ記』が、コーシェルという特定食品を規定しているように、複数の宗教が飲食物に約束事を設けた。霊魂と血液を同じ起源（相同）とする考え方は、霊魂と樹液、さらに、香料にも当ては

アラバスター（石膏）を切り出して磨いた乳鉢、美顔料用（古代ローマ帝国）

不老不死の幻想を得たのである。ギリシア人の心にある、永遠の命を求める願いはほかの民族と同様に、肉体の腐敗を清めるよい香りに結びつく。

聖から医学へ

宗教と密接だった香りを、医師たちが処方に用いたことから、しだいに医療面での用途が広がっていく。ヒポクラテスは、いくつかの疾患に対してセージの燻蒸を治療として推奨した。サフランの香りは心地よい眠りの回復を助け、よい夢を見るように作用する。平常を越えた問題が生じたときに、効能のある香りを医療に用いた理由はここにある。香りは多数の香料を薬効として用いた結果である。エレソスのテオフラストス（紀元前約370-287）はアラビア南方の約500種にのぼる香料を、『植物誌』全9巻にまとめ上げている。ギリシアでは香りは霊魂と対をなすが、ギリシアの医師たちは自らの考えと、薬学的な知識を世に広めた。キリキア出身の医師であるディオスコリデスは西暦64年に、全5巻の『薬物誌』という著書にまとめた。

古代ローマの伝統

ギリシアを征服してからまもなく、ローマはギリシア流の入浴と、マッサージ、体操法に至るまで日々の健康法を吸収し、ローマ人に養生法として推奨し、とても大切にした。いつでも香油が漂う環境で実践されていたのである。火山の噴火によって埋もれたポンペイ遺跡の調査の折に、香料入れの瓶と化粧品のつぼが多数出土されたことから、化粧品や多種多様な香りが使用されていた事実が明らかになって、美容を重視した文化であることが証明された[3]。さらに、ローマの大プリニウスは、このテーマについてきわめて詳しく著書『博物誌』に記している。本書では12〜19巻までを植物学と異国の樹木・植物に当てている。香料植物はいろいろな形の部位が収穫されており、プリニウスは「根、枝、樹皮、樹液、樹脂、材、若芽、花、葉、果実」とリストに載せた。

プリニウスは22〜32巻に、多様な植物とその抽出物を調合した治療薬を取り上げたが、それとともに、動物と水を用いる薬についても記している。彼の人生は歴史学者のヘロドトスが生み出した「調査」という言葉が端的に言い表す。『博物誌』は中世から19世紀まで、後代に伝える膨大な知識をまとめている[4]。

ローマ帝国のもとで、化粧品の消費が伸びた

PARFUM POMPÉÏA　L.T.PIVER PARIS

遠方より到来した品々

　ローマ皇帝は、化粧品と香りの価値を何よりも重んじた。帝国の統治が始まると、半島には交易を通じてスパイス、インセンス、香料入り風呂、サフラン入り化粧水の使用法が紹介されていたが、アラビア、アフリカ、インドから香料製品の原料を運んでくるエジプト、ギリシア、オリエントの交易ルートをローマ人が確保したこともあって、商品もさらに消費されるようになったのである。

　前4世紀ごろ、家庭では瘴気（伝染病の原因と考えられた悪い空気）払いに、シナモン、ペッパー、没薬、サフラン、カストリウムを用いるなど、ローマ人は誕生から死を迎えるまで、生活の節目に香料を役立てた。芳香物質の種類も豊富で、その効果から薬の原料にもなっていた。また、祝宴会場や共同浴場など大衆が集う場でも贅沢に活用したのである。シーザー統治の時代を迎えると、清潔な身体を象徴するお風呂は幸福感と快楽の意味合いを帯びるようになる。エッセンスの種類は豊富にあり、ローマの女性は毛髪に塗るほか、香膏をベースにした美容マスクも用い、サフラン入り化粧水の香りをつけていた。前1世紀から、親しみをこめて、神にはそれぞれひとつの香りが象徴的にあてがわれた。たとえば、ジュピターにはベンゾイン、マースにはアロエ、フォイボスにはサフラン、ユノーにはムスク、メルクリウスにはシナモン、ビーナスにはローズといった具合に。

近東の香料

　ローマ皇帝が栄華を誇った時代は、近東では千夜一夜物語の香りが満ちていた。イスラム教は地中海沿岸地方のあらゆる文明に根を下ろし、ペルシアはアジアとインドに道を開いたので、薬草類、薬物、香料が運ばれてきた。サマルカンドからポアティエに至るまで、巨大な帝国にイスラムの波が広がった。この時代の戦利品として香料も含まれていた。預言者ムハンマドが「祈り」「女性」「香り」を三つの好みにしていたことが、その背景にはある。バラの花々が咲く、イスラム世界の首都バグダッドで尊敬されていたのは、学者と医師である。

　アル・ラージ（864-930）はアラブ医学の重鎮であり、自ら設立した病院で蓄積した数多くの臨床例に基づいて、『Continens（節制）』というラテン語名の題名をもつ113巻に及ぶ著書を出版し、臨床観察に基づいて薬局方の基礎を築いた。本書は1400種に及ぶ植物を分類し掲載しているが、東洋と西洋文化が混和

シナモン、サンダルウッド、カルダモン…いずれも千夜一夜物語にふさわしい香り

する土地で、薬用と香料植物の交易が重要であったことを裏付ける。

バクダッドのライバル都市、イベリア半島のコルドバでは、40万冊の書籍を収容する巨大な図書館が建築された。ムスクのにおいが残る乳鉢を用いて、いくつもの香料が混合されるにつれ、香料に関する本も増えていった。

中世のエリキシル

アラビアと蒸留法

アラブ世界は、香水に陶酔していた。自ら使用する分を確保しようと執心したことがアランビック（蒸留器）を発明と、ついには蒸留技術を開発する快挙につながった。11世紀初頭、哲学者で医師のアヴィセンナは蒸留を成功させ、アター（濃縮精油）の構造を利用して、バラの花の香気成分をいくつか分留した。アラブ医学は赤いバラの花には感染を妨げる作用があるとした。アヴィセンナはバラの花を蒸留しているときに、肺結核に効果的な特性があることを見いだした。このように、中世における香りに関する問いかけは、蒸留技術の発展と密接に結びつく。

原料の商取引は香りの製造には欠かせない。なかでも乳香、スパイス、没薬という大きな収益をもたらす交易が発展していった。オリエントでは伝統的に、社交上のもてなしと宗教的な理由で香りを使うが、アラブ人は香料入りの水蒸気を拡散させ、香膏を身体に塗り、乳香、スチラックス、ベンゾインを薫きしめた。女性は媚薬としても香りを用いたが、なかでも、ローズ水は美容によいと頻繁に使われた。

さらに、祭事や儀式にも香りは欠かせない要素であり、儀式では悪霊を払

アラブ世界では男性も女性も香膏を身体に塗る習慣があった

中世のヨーロッパには、香料を輸送する交通手段と供給網があった

身体を清潔にするのは金持ちばかりの特権でなく、石鹸と香りのついた化粧水は日常的に用いられていた

うために用いられた。新生児が誕生するとすぐに、赤ちゃんを「邪悪な目」から守る儀式を執り行なったが、そこでは調合した香りのエッセンスが焚かれた一方、結婚式では守護、浄化、催淫作用をもたらす働きのエッセンスが活用された。花嫁のバスケットには花々の香油、ローズとネロリの芳香水、サンダルウッドの木片が入れられる。あたりに乳香がたちこめるなか、招待客は花々の化粧水(オードフルール)のもてなしを受けて、身体に香りをまとった。

西洋の香水は治療薬

　中世の香水は医療と密接に結びついていたので、不老不死の霊薬——エリキシルとして作られた香水には超自然な効果があると考えられ、飲むことで内側を美しくし、あらゆる人の目に輝いて映るようになると考えられた。エリキシルの語源は「もっとも貴重な薬」という意味をもつアラビア語である。キリスト教が台頭してきた中世の時代に、十字軍に至るまで、宗教上の目的を優先して香料が用いられたため、日常的な用途は減っていた。

　西洋世界の教会関連者にとっての香水は、かつて「軽薄」と同義語であった。ところが、十字軍に従軍していた人々が近東から母国に香料とフレグランスを土産として持ち帰ると、関心が再び蘇ってきた。フランスではとりわけ、香粧品を日常的に用いる習慣を復活させようと推奨し、特に身だしなみにオイルを用いるように勧めていた。さて、香粧品を生活に取り入れてみると、しだいに快感が得られるようになり、人の関心を得たいという欲求とともに、祝い事と結びつき始める。12世紀には、アフリカ、インド、オリエント、

エジプトから香料が伝えられた。のちに、ベニス、ジュネーブ、マルセイユやモンペリエが経由地となるが、商品化される前に、ある程度の改良がなされた。

フランスでは薬剤師（アポティケール）、薬草療法家（エルボリスト）、なめし革業者が、スパイスと芳香製品を販売していた。勢いのある競争相手を抑えこむために、スパイス商と薬剤師が再結集して、組合を設立した。

12世紀にアルコールを用いた香水が登場した

アルコール抽出法

　時を同じくして、フランスでは12〜13世紀のあいだに、モンペリエとグラースの両都市において手袋職人・調香師連合（1190年創立）が結成された。サレルヌ市とモンペリエ市は大規模な科学研究センターとなり、アルコール抽出技術が開発された。香水の主成分として用いられる、揮発性があって中性のアルコールは香水に一大革命をもたらし、伝統的な賦形剤のオイルに変わって活用されるようになった。なお、西洋ではローズ水を当初から、医薬品の範疇に分類していた。

流行病にエリキシルを用いる

　中世は伝染病の恐怖に見舞われた時代だが、なかでもペスト（黒死病）がまん延した。病気から身を守る役割を香料植物のもつ効能が担っていたので、中世の僧院の薬用植物園には神、または悪魔と結びつくあらゆる植物が集められた。

　僧院の庭園中央では、薬用植物が栽培されたが、この時代も「芳香水」「エリキシル」は、教会に携わる人々の占有だった。薬用植物の科学と知識は、宗教界で守られ伝承されたが、僧院で製造され、有名になった製品のなかには、あらゆる痛みに効くと謳われた治療薬もあった。

　13世紀に入ると、入浴は人々の憩いとなり、植物はかわらずに疫病予防に

芳香化粧水は、流行病や感染のリスクから身を守る手立てでもあった

25

重宝された。瘴気と悪臭の除去目的で選ばれていたのは、タイム、ローズマリー、セルピルム（イブキジャコウソウ）、フェンネルである。

　14世紀には、ペストがヨーロッパを襲い、大量の死者が出る。悪臭が病気をもたらすと恐れられたが、残念ながら、ここで実証されたことになる。1348年には、フランスを震撼させるほどの猛威をふるい、感染予防のために香水がこれまで以上に多用されるようになった。ペストをもたらす邪気のなかで、水が、肌の毛穴を開かせるという疑いから、医師は皮膚を清潔にし、保護する働きをもつ芳香物質を洗浄に用いるよう強く助言しはじめた。こうして1370年には、ローズマリー、セージ、マージョラムを主成分とする、ハンガリー王妃の水が誕生し、さまざまな病気の治療薬として使われた。わかっている範囲で、最も古いアルコールベースの香水である。この香水を使用するようになってから、当時70代であったハンガリー王妃エリザベートは若さを取り戻し、20代のような美しさでポーランドの若い国王をときめかせたという伝説が語り継がれている。

水への恐怖

　伝染病がまん延するにしたがって、水に対する恐怖も根深くなってゆく。15世紀に入ると、入浴が病気に感染しやすくなる原因であり、自堕落で危険な行為としてみなされ、敬遠されるようになってしまった。ルネサンス期には都市部にあったサウナが街から排除される前に、いったん都市の外に移動される。国王アンリ2世の医師であったアンブローズ・パレは王の第一外科医に任命されたが、1551年になると大都市に設立されたサウナの施設、または公衆浴場が完全に封鎖された。そして、芳香物質だけが衛生管理の手段になっていた。

香水を付けて香りがよくなると、衛生観念が低下する

現代と香水産業の真実

ルネサンスとおびただしい汚物

　香水の重たく、きつい香りは相変わらずで、身体の不清潔さを取り繕うために用いられることが多かった。おびただしい排泄物が身のまわりに放置されたままの環境で、伝染病を怖れるあまり、人々は悪臭をいろいろな香りで隠すようになった。貴婦人や上品な階級は、衣類の下に多種類の花や花弁や、香りのよい木片でつくった匂い袋を付けていた。この頃に、ポマンダーという新しい容器も生まれ、ムスク、アンバー、樹脂類のほか、香りつきのエッセンスを入れていた。金属製で球形のポマンダーは、全体に透かし彫りが施され、そこから香りが流れ出るしくみになっている。治療的な効果にきわめて優れ、特に伝染病に推奨されていたが、その他にも消化を助け、女性の臓器を保護し、男性の性的不能を解消する策という役割があった。さて16世紀にはスペイン人とポルトガル人の地理上の大発見によって、中身に入れるスパイスの種類が豊富になった。ポマンダーはオレンジの形状になり、容器の"房"には一週間の1日分があてられ、曜日ごとに異なる香りを入れていた。

　しかし、とても高価であったために、利用できるのは、貴族階級と宮廷の高官、高位聖職者と限られてもいた。また、オレンジの花（ネロリ）水やローズマリー水のような芳香水は、バイオレットとラベンダーの香水と同様に高い評価を受けていた。このような植物はその形態を治療上の効果に結びつけることが可能であったために、最も重要だと考えられた。動物原料であるアンバーグリス、ムスク、シベットには催淫作用もあるため、需要はひときわ高かった。

　香水の浄化力には定評があり、室内に香らせ燻蒸に用いる香料には病気と闘う可能性もあった。身体の隅々まで芳香を浸透させると、病気を快方に導けると信じられていたのである。芳香水はガラス瓶に入れていたが、当時最も高価なガラス製品はベニスとボヘミアから輸入された。家屋を清潔にして、香りづけるためには、ローリエ（月桂樹）やローズマリーが暖炉で燃やされ、床には芳香性のある薬草が撒かれた。

　芳香物質は、手袋とベルトの香りづ

六つの房をもつポマンダーと滑式のふた。房それぞれに枢機卿の要徳がひとつ記されている（ラピスラズリと金めっきした銀製、19世紀）

けに用いられていたが、イタリアとスペインから、フランスに伝搬したこの流行がグラースの皮なめし業に繁栄をもたらすことになった。

手袋産業と香水産業の出会い

この時期のイタリアは香料技術で先頭をきっており、そのためベニスは急速に香水の首都のような趣があった。しかし、その地位はじきにフランスに剥奪され、16世紀末ごろにはモンペリエが香水の中心地になっていた。カトリーヌ・ド・メディシスの影響力で、イタリアのモードがフランスに広まるが、なかでも香り付きの手袋は人気を博した。動物由来の原料には人を虜にする力と催淫作用があって高い評価も受けていた。そこで多数の調合にこの成分が用いられたのである。さて、ルネサンス期には香料技術が科学的な研究に支えられ、著しく発展した。それまで主軸にあった錬金術は化学に置き換えられたが、蒸留技術も改良されて、エッセンスの品質が向上した。

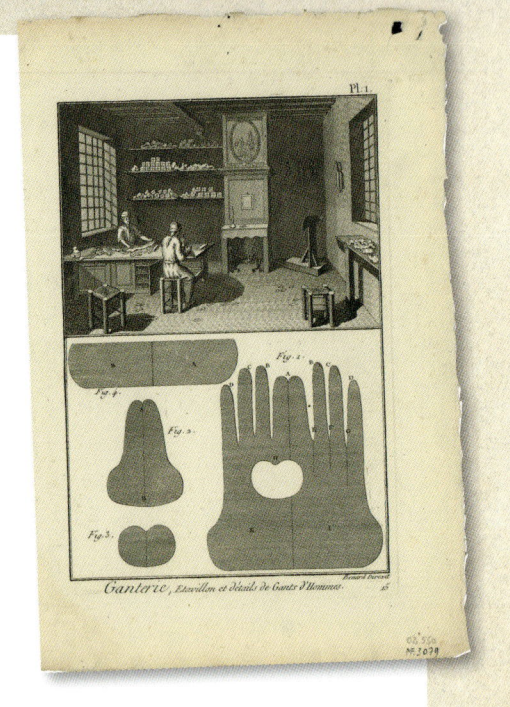

ルイ14世の時代には最も裕福な階級のために、香水産業と手袋産業が発達した

香水と化粧品、香膏は豊富であっても、宮廷にお風呂は備わっていなかった

ルイ14世の宮殿

1614年、手袋・香料産業同業組合の規模が拡大し、モンペリエ市とグラース市は著しい飛躍のときを迎える。当時大臣であったコルベールは、香水産業はフランスの特権的な伝統技術を継承する職業であるとみなし、国家の名声を他国に伝える一助になるのなら、見返りとして金貨が王国にもたらされ、太陽王の威光がさらに増すだろうと考えた。そこで、彼は手袋・香料産業同業組合に大きな特権を与え、組合の発

円錐形のマスクをつければ、顔に浴びずに、男性用と女性用のかつらに粉を吹き付けることができた

展に貢献した。

　17世紀の公衆衛生は最悪の状態にあった。強烈なフレグランスを使って、病気の予防に努めながら、非衛生な環境によるひどい悪臭を隠そうと試みた。太陽王は香水に執心していたが、趣味が高じて使い過ぎた結果、あらゆる香りが鼻につくようになり、多くの香水を嫌悪するようになる。当初、君臨していたアニマルノートや重い香りに代わって、ベルサイユ宮殿で誉れを得ていたネロリ水が好まれるようになった。

ルイ15世の芳香宮

　18世紀初頭になると、香水は確たる地位を得て、ルイ15世が統治する時代には勢いを取り戻す。強い香水がリバイバルし、王宮は「芳香宮」と命名されるまでになる。王は毎日、香水を取り替え、身体全体を包んでいた。しかし、こうした強いフレグランスはすぐに飽きられ、より軽い香水が好まれだす。17世紀半ばには新しいフレグランスが勢いよく登場するが、アニマルノートのアンバーグリスは脇に追いやられ、フローラルベースと柑橘類の香水が主役になり、フレッシュで控えめな香りをもつ一連の製品が主流となる。世間ではフローラルタイプのフレグランスに人気が集まるようになると、身体の衛生管理にも気を配るようになった。

　マリー・アントワネットはバラの花とバイオレットに夢中だった。流行のかつらと自毛には、イリスとカーネーション、バイオレットの香りがするお気に入りのパウダーをたっぷりと振りかけていた。香水は官能と快楽を象徴するようになる。当時、高い評価を受けていたエッセンス類は、モンペリエとグラースで生産されていた。

　人気を博していた調香師の一人に、マリー・アントワネットお抱えのジャン・ルイ・ファージョンがおり、パリのルール通りに店を構えていた。

ある調香師のポートレート

　18世紀に入ると、調香師はブルジョワジーの手工業者（アルチザン）と製品を販売する商人を兼ねるようになる。「王と宮廷御用達の調香師」として、その妻とともに、商品の製造と別棟のアトリエ、および倉庫を管理した。調香師の妻には、家の使用人と仕事先の相

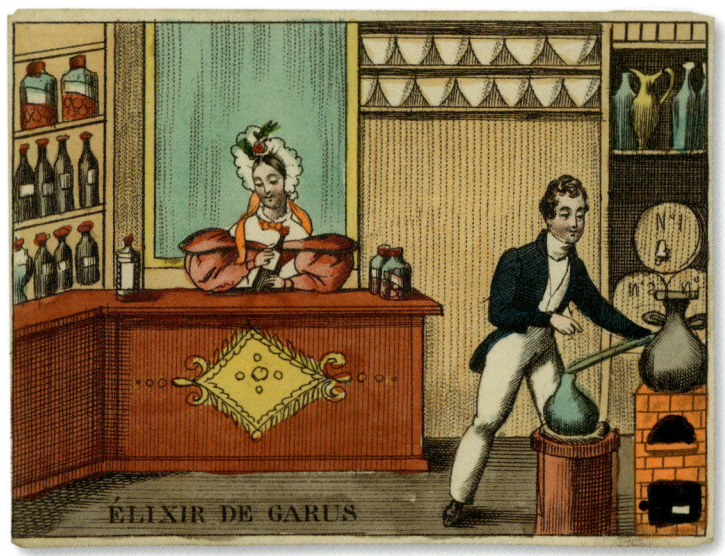

アルチザンパフューマー（調香職人）のブティック

手に気を配るという骨の折れる仕事もあった。妻は店の品格にふさわしいドレスを身につけて顧客を接待し、愛想がよく応対も巧みで、優しくて話術にも長け、しかも陰口をきかず、来店する人々と打ち解けて接することが求められる。夫には、庭の薬草や花々といった植物の管理や、区画分けした畑の世話に加えて、いつでもおしゃべりで要求の多い顧客のそばにいながら、製造所の仕事と、商品の配達に細心の注意を払う必要があった。

若い調香師が専門の教育を受けるときには、最初に芳香物質の専門用語を修得する必要があり、芳香物質と香料についても、ひとつひとつ識別することを学んだ。「微妙なニュアンスをもつ、甘美な香料の名前を推測する──何種類もの花々と種子、香りのよい香木や、多種類の樹脂の香り」。固形であれ乾燥原料であれ、もっとも評価の高い香料はアラビアからの舶来品であり、乳香と没薬、ベンゾイン、ラブダナム、ホワイトバルサム、スチラックス、ティミアナとナルカフィ（いずれも乳香）、アンブレットシード、コスタスがある。インドではアロエウッド（沈香）、サンダルウッド、ローズ、レモンの皮、ナツメグ、シナモン、メース、バニラ、アンバーグリス、ムスク、シベットを生産していた。花ならば、ヨーロッパではローズ、ラベンダー、オレンジ、ジャスミン、ジョンキル（黄水仙）、タイム、セージ、ローズマリー、カーネーション、チュベローズ、セイボリー、マージョラム、ヒソップが育てられている。さらに、セダー、ロードス島のシダー、フィレンツェ地方のイリスなどもある[5]。

調香師は、液状香料の多くが、豊潤な香りをもつ植物の精（エスプリ）とエッセンスの抽出物であることも学んだ。ほとんどの植物がにおいを放ち、なかにはよい芳香をもつ種類もある。植物

18世紀、調香師のアトリエの様子と器具

調香師は化学者でもあった

香りの分類

　サヴァリー・デ・ブリュロンは、1761年に『商業事典 Dictionnaire du Commerce』を出版し、商業活動にまつわる事項を網羅するリストを作成した。そのなかで、香水に関しては「嗅覚を楽しませる快いフレグランス」と定義[6]。彼は1759年に、自らの著書『商業一般事典 Dictionnaire universel du Commerce』と『自然史・技術と職業 Histoire naturelle et des arts et métiers』、および『調香師 Parfumeurs』のなかで、植物由来の天然原料を用いる香水を初めて7種類に分類した。

　「花々の香り」の項が最初に登場する。

▶ **花々の香り**：ローズ、ジャスミン、オレンジの花、チュベローズ、カー

の酸っぱい汁には生でも臭いが、発酵させると不快なほどににおいがきつくなるものがある。発酵によって香りが改善される品種もいくつかあった。

　原料を粉砕し、加熱することは動物界、または植物界のにおいを抽出する上で役立った。植物精油が内包する繊細な物質は、その個性を表す「エスプリ」と呼ばれたのである。

ネーション、サフラン、ジョンキル、カッシー、ストック、リリー、ミュゲ、ナルシス、レセダ、セリンガ、エルダーフラワー、バイオレット
- 果実と種子の香り：ナツメグ、クミン、アニス、クローブ、ビター＆スイートアーモンド、アンブレットシード、アンジェリク、ディル、カルダモン、キュウリ、フェンネル、トンカビーン、イチゴ、バニラ
- ゴム状樹脂と樹脂の香り：スチラックス、ベンゾイン、没薬、乳香、マスチック、ガルバナム、カンファー、ペルーバルサム、アンバーグリス、ムスク、シベット、オポポナックス、トルーバルサム、ガイヤックウッド、天然の蜂蜜、ポー デスパーニュ（複合香料、スペイン革の意）
- 樹皮と果皮の香り：シナモン、カッシー、メース、ウインターズバーク（Canella alba）、ポルトガル産オレンジ、レモン、ベルガモット、セドラ、ライム、オレンジのプチグレン
- 樹木の香り：ウード、コーディア、サンダルウッド（Santalum citrinum）、サッサフラス、ローズウッド、セダー
- 根の香り：プロヴァンス地方のアイリス、コウリョウキョウ、ガジュツ、ジンジャー、ニオイショウブ2種（calamus aromaticus／acore）、サイプレス、スパイクナルド、ガジュツ、アンジェリク、ベチバー
- 薬草の香り：セージ、タイム、ラベンダー、マージョラム、オレガノ、セルピルム、ウインターセイボリー、ヒソップ、バジル、アンジェリク、ペパーミント、マートル、ベルベーヌ（ヴァーベナ）、ベロニカ（クワガタソウ）、メリッサ、ローレル、ローズマリー

植物のエッセンスには、"esprit ardent（エタノール）"という呼称もあった

精油

　技術的な革新をいくつも経た結果は、新たな技術形態に結びついた。原料を何回も繰り返して蒸留──「精留」して蒸留液を分離することによって、精油が得られる。これらのエッセンス類はとても純粋で、濃縮されているために、「エスプリ アルドンツ」と名づけられた。アンフルラージュ（冷浸法）を行うと、「ミュエッツ（無口）」と呼ばれ、蒸留法では香りを抽出できない繊細な花をアルコール抽出することができる。こうして18世紀末までに、調香師は表現の幅を広げることができ、四季の移ろいに捕らわれずに、斬新な香りの組み合わせに基づく香水を創造するようになった。そのなかには、「ミルフルール」という四季の花々の成分を配合したフローラルブーケもあった。

化学をひもとく

　18世紀末にはすでに、香料産業では将来的に「香水技術に現代化学を用いる[7]」ことを、調香師は予感していた。化学者ヴァン・マルム・フルクロワは1785年、においの起源は多種類あり、そのなかには植物と動物のほか、電気も含まれると記している。彼の理論によれば、酸素に電気が流れると、香りになるという。フルクロワは次の命題を前提として、化学的な研究を行った。

「においは種類を問わず、香気成分を水、または液体に加えた単純な溶液として製造される。それぞれの物質がもつにおいの特性は、その溶解度と関わりがある……においはその特性に応じ、適切な物質を選んで接合する。なかには、アルコール度の高い液体にきわめて溶解しやすい種類があるほか、油質に溶けやすい種類もある。バルサム系物質の香りにはアルコールが溶媒として最も優れる。ユリ科の花々の香気成分には油質が向いているが、チュベローズがよい例だ」と仮定した。

　こうして、すべての化学的な研究は元素と精油成分の研究を基盤として、単離・学習・識別という三つの基軸を中心に据えて実施された。学者たちは1789年のフランス革命直前に、最初のにおい分類法の一つを完成するに至ったのである。

19世紀、香料産業のアトリエは工場に変化した

ベルベーヌ（ヴァーベナ）はにおい分類で「薬草の香り」に入れられていた

近代香水の誕生

オーデコロンはあっさり大成功を収めた

19世紀の終わりに、グラースに最初の香料用工場が数ヵ所に設置された

香りを産業化する

　19世紀を迎えると、衛生観念に再び気を配るようになった。産業改革が起こり、労働者階級が登場し、ブルジョワジーの控えめな香水とは対照的に、貧困層は依然として独得なにおいを放っていた。清潔が意味のない行為であった時代は終わり、見下されることもなくなり、貧困と闘う手段にもなった。入浴を頻繁にしないように、と忠告された時代は終わり、皮膚を美しくするためにも、健康維持にも入浴が望ましいと考えられていた。調香師はそこで、オーデコロン（ケルン水）やスイートアーモンド、ローズ水、蜂蜜を成分とする芳香入浴剤を多種類提案した。

　1695年。ジョバンニ＝パオロ・フェミニスはベルガモットとレモン、ネロリ、ローズマリーをベースに、爽やかな気持ちにさせるオーデコロンを調合し、今日、定番となる製品を誕生させた。貧富を問わず幅広く用いられたので、不朽のロングセラーになったのである。さて、香料産業は大量生産が可能になったことから、日用品を手がけるようになった。恵まれない階級の人々はパリの大通りにある雑貨店で購

1920年の作業場では、製造は流れ作業で行われていた

19世紀の終わりに、最初の合成分子が登場した

入する一方で、富裕なブルジョワジーは有名な調香師が製造する、良質なオーデコロンを使用した。当初、柑橘系のコロンは医師が処方していたが、皮膚に擦り込むほか、身体の洗浄に用いて、注射することさえもあった。引き続き、治療的な効果が認められていた訳である。

「現代の香水は、流行（モード）と化学、ビジネスが出会うところ」と、評論家スタール夫人は述べている。1860年以降は、機械化の波を受け、香料業界では二つの分野が産業化された。首都パリのように、南仏グラースでも産業の機械化が進み、香水製造業は職人の手作業から産業に変化した。1860年頃、南仏の製造工場では蒸気を用いて、アランビック（蒸留器）のボイラーを加熱し、花々の香りが浸透した動物脂に機械的な圧力を加えて、香料を抽出していた。時を同じくして、蒸気は蒸留過程中にも用いられたが、以前よりもはるかに純粋なエッセンスを得ることができ、花々のような繊細な香りの抽出向けに好まれた。

アブソリュートの誕生

フランスで1873年に発明された有機溶剤が香料の抽出部門に導入され、19世紀には大変革が起きる。有機溶剤を使用することで、業界の新製品としてアブソリュートが誕生し、純度に優れ、変質しにくい天然製品の製造へと結びつく。また、19世紀末から、「新旧論争」が激しく交わされ、意見が分かれるなかで、調香師たちは天然エッセンスよりも、合成香料の安定性、香りの強さ、保留性、残留度を評価した。調香師は才能と技術を基盤とし、合成香料の基調と天然物質を的確な比率で配合し始めた。

合成成分は工場で製造できるため、大量生産が可能となる。すべての原料は香りと精油を含むので、有機化学の知識を利用して、香気成分を苦労して取得した。化学者たちはその成分を定義づけ、分子式を記載する方法で、天然の香気成分の分子構造を深く理解するように務めた。目に見える世界と見

えない世界を分けるバリアを取り払おうと、科学的な仮説が取り入れられて、天然物質を解明しようとする努力は、化学者たちを合成化学の発明に結びつける好機となった。

「ピース」をあわせて創作する香り

　研究者は天然の香りが定比化合物ではなく、テルペン系炭化水素、アルコール、アルデヒド、ケトン、エーテル、フェノール等によって構成される混合物であると分析した。合成香料はいろいろなピースを合わせて生成するか、天然成分を変化させることで、生み出すことができたが、一方、天然の精油には多数の分子が含まれ、生産地の土壌などによって濃度が異なるという複雑性があり、学者の研究を難局に立たせたのである。

　研究者は「合成香料の製法」にあたって、二つの手法を用いることにした。「物質すべてを合成する」際には、各成分の必要量を用意してから調合するが、これらの成分は化学的な代謝経路を介

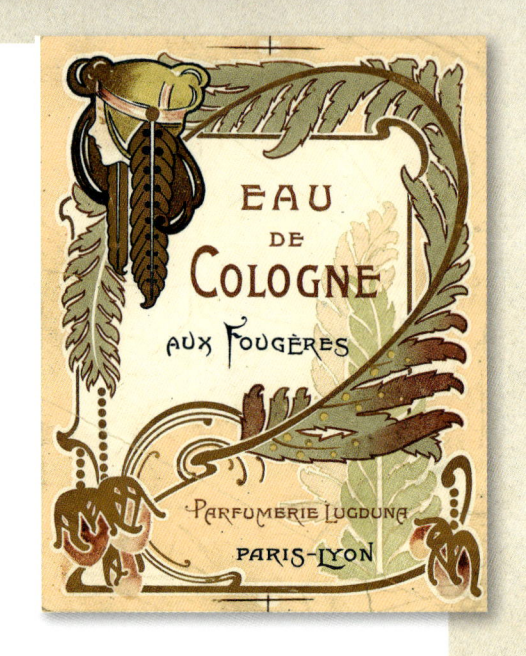

シプレやフゼアのような天然のノートは合成のノートが加わって、新たな価値が生まれた

して取得するか、香料としては価値の低い原料から抽出する。部分的に合成するということは、香りの特徴となる物質を合成することである。

　合成香料を活用することで、真の意味で、自由なクリエーションが可能な時代に入った。アルフレッド・ド・ジャヴァルとともに、ウビガン香水店

オークモスを好まない向きもあったが、とても高級な香水に用いるベースとして価値が見いだされた

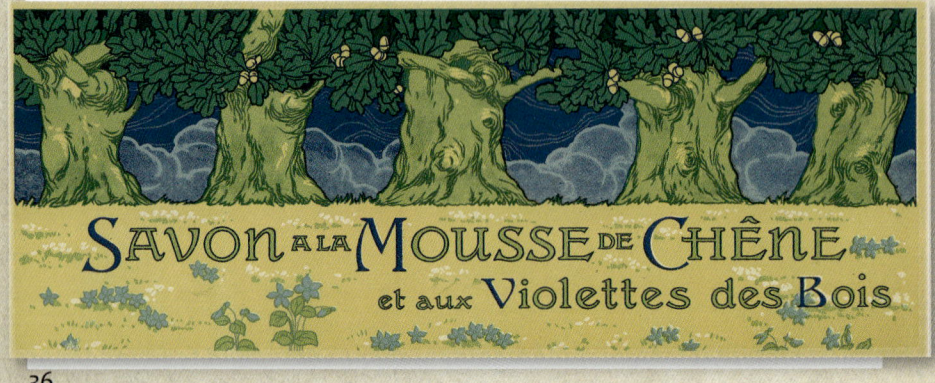

ゲランの「ジッキー」(1889) は合成のノートを天然のノートと合わせた最初の香水のひとつ

を共同経営するポール・パルケは創香の分野を開拓する一環として、ベルガモットとクマリンを基調とする、「フゼア ロワイヤル」を1882年に創作した。1896年には、ポール・パルケは「ル パルファン イデアル」を創作し、天然香料と合成香料を組み合わせたコンポジションモデルとして、香料業界を新しい軌道へと導いた。一世を風靡したこの香水は、どのような花にも似つかないコンポジションタイプである。1889年にはエメ・ゲランは「ジッキー」を発表する。ラベンダーとヘリオトロープの印象が持続して、バニリンの残り香につながる、きわめて現代的なアコードが特徴の香水である。

新しいカテゴリのアコード

その数年後、新しいカテゴリが誕生する。20世紀のはじまりとともに、フランソワ・コティは伝統的なアコードに合成ノートを大胆に導入して、香水芸術に革命をもたらした。既存のモデルを尊重しながら、それまでの香水に欠けていた強さと透明感をもたらすために、高級天然原料（アブソリュート）と、使用量の多い合成香料のバランスに考慮しながら制作した。

「現代香水の父」と呼ばれるフランソワ・コティは1904年と1905年に、モダンな上品さをフローラルノートとアンバーノート（別名：オリエンタルノート）にもたらした。昔の「オード シプレ」にヒントを得たシプレノートもコティの手により現代風のアレンジで蘇った。「シプレ」（ロジェ&ガレ 1890）や「ル シプレ ド パリ ド ゲラン」（ゲラン 1909）のシプレノートには、オークモスの土のような（アーシー）においが目立つため、伝統的なアコードを一掃したいと考えたのである。暗中模索のなかから、アーシーノートはジャスミンを大幅に増量することと、合成ノートを巧みに配合することで欠点を補うことができ

ラリックのサイン入り香水瓶に入った、ドルセー社の「彼女たちの魂」

1940年代、グラース。アンフルラージュ（冷浸法）を手がけるアトリエ

ると発見した。こうして、フランソワ・コティは新しい香りのカテゴリを創造して、1917年の処方を一変させた。

20世紀には抽象的な花を

　何世紀もの時代を経て、社会情勢の変化、文化の進歩、多彩な輸入からの影響で、フレグランスは驚くほど変容してゆく。20世紀の幕開けとともに、香料産業が飛躍的に発展し、新しい時代の輪郭が顕わになってきた。フランスの製造業者数は当時、約300社あり、香水商は約2000名いた。

　世間の生活水準は上昇し、清潔を心がける習慣も見直された。商品の容器は広告宣伝につながることから、パッケージが重視されるようになった。ベルエポック時代の偉大な調香師フランソワ・コティは、ラリックやバカラなどのガラス製造業者に依頼し、香水瓶をあつらえるようになった。

　20世紀に、合成香料と半合成香料を製造する香料会社は著しく発展する。

香料製造業、食品製造業の発展は、消費量の飛躍的な増大と密接に関わる。つまり、消費者が天然の香りや風味だけでは物足りないと感じていたことになる。冷浸法や温浸法によって天然のエッセンスを得る抽出技術とは、油脂とアルコール、水蒸気、溶剤を媒介する錬金術として捉えることができる。このプロセスでは、動物性、植物性原料という、互いに無関係な要素を用いて、自然に備わる香りを捕らえる。

　合成品の場合、複数の植物原料を用いて、天然物中の化学組成と香りが同じ、ひとつの分子を抽出する。こうした合成香料は、出発点では天然物質であるが、「化学者の技術」によって変化する[8]。調香師にしても、石炭由来のコールタールからスタートし、連続する化学反応を経て、自然のなかに見いだす香りを再現することができる。

　合成香料は、自然界では見つけることが不可能な、新しい香調（ノート）である。一例として、アルデヒドのよう

化学者は徐々に、天然の主な香気成分の合成に成功した

に未加工のままでは強烈な香りをもつ合成香料であっても、ある香りを際立たせたいときに、調香師が配合に用いることがある。合成のノートは香りを鮮やかに際立たせ、豊かにして、まとまりのよい印象を与えてくれる[9]。

この時代には、残香性がよく温かみのあるラストノートが求められたが、1928年にジュネーブのルジッカ教授が合成ムスク（エグザルトンとシベトン）を発見したことで、このような表現が可能になった。同年、教授はシベットアブソリュートの主な香気成分であり、ムスクノートと相性のよいアニマルノート、シベトーンを理解するに至った。たとえ価格が上昇しても、高級な香水には、この商品が独占的に使用されていた。

調香師が化学者になる

強い香調が主流であった時代には、アルデヒドが重用された。この時代には、融合と強さ、安定性を求める傾向が見られた。このようなアルデヒド類はダールゼンが1903年に発見したのだが、調香師たちが取り入れるようになるまで、長期間ひきだしに寝かされた状態であった。

エルネスト・ボーは、香水製品の制作は、将来的に化学者たちが手がけるようになること、そしてクリエーションと呼ぶにふさわしい作品は、自然または化学が生産する、新しい物質を含むようになると強い確信を得ていた。曰く、「発見が待たれる天然物質の数は明らかに減ってゆく。研究者よりも、化学者による独創的なノートが開花していくから、新物質の開発に期待しよう。その通り、香水の未来は化学者の手中にある[10]」。彼の作ったシャネルN°5は脂肪族アルデヒドを過剰といえるほどに使用した最初の香水で、どのような花束にも見つけることのできない花を、抽象的な香りとして創り出したのである。

天然物よりも本物らしい：
ヘッドスペースの登場

いつの時代でも、香料産業がターゲットにしている、新しいフレグランスと香粧品について考えてみよう。人によっては突飛に思えたり、風がわりに感じられる香りは、個人の反応の違いであるとはいえ、未来へ私たちを誘う招待状ともいえる。科学と技術はいつの時代でも、香水の技術を前進させるように支えてきた。

1950年代、クロマトグラフィーが誕生した。ガスクロマトグラフィーとは、きわめて複雑な天然の混合物で、揮発性にばらつきのある分子を同定し、分離することを可能にする技術である。1960年代には、マススペクトロメト

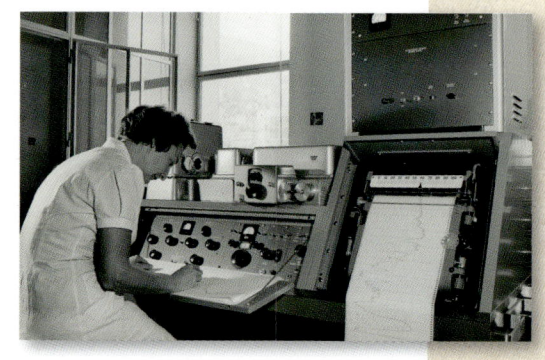

1960年代、調香師たちが新技術のクロマトグラフィーを活用した

リーと併用することによって、精油成分を同定する作業を加速させた。ローズ精油を例にとると、1950年代には50種の分子が同定されたが、70年代に

ヘッドスペースの技術はあらゆる原料の香気成分を捕らえる

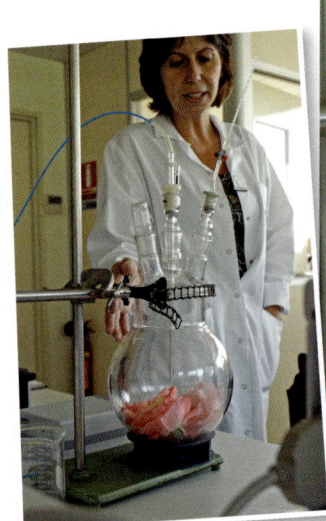

は200種、90年代には400種が解明されている。これらの分子の一部は複製され、新しい合成品が生み出された。クロマトグラフィーには新たに購入した原料を分析して、市場の香料成分を同定し、数値化するという用途もある。現在では、香料業界のあらゆる研究所がこの技術を利用している。

香料産業における最新の技術

1980年代、市場向け商品としてはいつでも自然な素材が求められた。当時の香水は、消費者に幻想的なイメージを与える必要があった。消費者が庭で吸い込むような、生き生きした花の香りを欲したことがその背景にある。そのため、埋蔵石油のありかを探す際に用いる、ガス成分の分析技術を流用することになったが、70年代には香料産業にも導入されていた技術である。方法としては、第一にガラス製で球状のトラップ（捕臭器）を屋外に設置することから始まる。次に、捕臭器のなかに花を立ち木のまま密閉して24時間放置して、このあいだに放出される香り

今日の調香師は数百種類の香料を自由に用いることができる

の分子をすべて捕らえる。その目的は、クロマトグラフィーとマススペクトロメトリーによって、これらの成分を分析・同定することにある。こうして、花の中心から流出する最も軽い香りを生のまま収集する。その後、天然と合成の成分を用いて、香りの再生を簡単にする「型」ともいえる、香りのIDカードを作成する。この方法のメリットは、生来の香りに損傷を与えずにすむことであり、無害なクローン化の類いといえる。いわば、「香りのトリック」のようなものだ。

さて、その特徴を説明しよう。この装置の利点はどこにでも利用でき、空中にも設置できることだ。ヘッドスペース装置は花々や果実類が放出する香気成分の収集を可能にする技術である。ガスの流れにのって、香りが吸着カラ

塗料メーカーが調合技術のオートメーション化を普及させた

ムに捕集されると、研究室では化学式を再構築することが可能になる。

　ダイナミックヘッドスペース法では、花々の栽培地に設置し、真空のヘッドスペース装置の吸着カラムに香気成分を捕集するが、その周期を測定分析することができる。なお、分析は一般に研究室で行われる。球状フラスコ内は真空にするために内部温度を下げてあり、植物はかなり低温の環境に置かれる。このように捕集された香気成分は空気を押し出して濃縮するので、これを分析にかける。

　固定相マイクロ抽出法（SPME）には分析用の揮発成分を捕らえ、凝縮させる機能がある。この装置の利点は移動可能なシリンダーを用いることにあり、ヘッドスペース装置よりも扱いやすい。さらに、溶剤や複雑な付属機器を必要としない。この新技術は、1990年代初頭に水質と大気の状態を分析するために開発されたものだが、持ち運びが簡単なため、花々やその他の原料の香気を分析する際に用いられている。水中でも利用できる利点もある。

「生命(いのち)のある香り」

　この業界の研究所では捕らえがたい物質を捕集して、言語化しにくい成分の解読に努めている。進化の歩みを止めることなく、「リビングパルファン」つまりあたかも生きているかのような印象を与える香りの技術革新に、新たな一歩を踏み出している。香粧品香料と食品香料を創案する世界のリーディングカンパニーではこの実績を蓄積している。たとえば、ジボダン社ではハイテクな気球を飛ばして、熱帯樹林の林冠に咲く、珍しい花弁から開花時に放つ香りを空中から捕集している。IFF (International Flavors and Fragrances) 社にしても、NASAと提携し宇宙空間でさまざまな品種のローズを分析し、この実験を「オーバーナイトセンセーション」と命名した。クエスト社では2004年に水中で珊瑚の香りを生息場所で再現したほか、熱帯林を探索し、植物相（フローラ）を破壊することなく、植物の香りを捕集した。このグループは寺院のにおいも分析したのだが、嗅覚に働きかけて私たちを寺院にトランスポートさせることが目的だ。調香師はこのように錬金術師だけでなく、魔法使い、デミウルゴス（造化の神）にもなれるわけである。

　こうした未来志向の素材は、研究開

ミュゲは天然香料の採取できなかったが、現在は再生可能である

発の途上にある。植物は、大量に香料用分子を製造する化学工場といえよう。また、天然資源研究所の技術は進歩し、遺伝子工学に基づいて、ネイチャーアイデンティカルで香料生産に役立つ、生分解性分子の製造を手がけるであろう。この方法では合成に費やすプロセスを短縮できるほか、製造用エネルギーを節約することができ、自然保護にもつながる。あとは実地に移すまでだが、香料産業に永続性をもたらすこうした技術について、まだ十分かつ客観的な分析がなされていない。

　最近の溶剤抽出法には、超臨界状態にある炭素ガスを用いて成分を抽出するという1980年代に開発された技術がある。この抽出法は胡麻、ジンジャー、ホワイトペパーなどに新しい香りをもたらすが、二酸化炭素が無毒無臭のガスであることから、主に食品産業が利用している。天然物の最も良い香りを穏やかに抽出でき、スパイス類によく用いられ、有機農法産物に向く抽出法だが、その経費は現在でも割高である。

これらの香気成分の製造と調合を、現在オートメーション化された工場で行う

合成のノートで蘇る香水技術

　現在、香料の約90％は化学的に合成されている。毎年、新たな化学成分が10種類ほど追加され、調香師にとっては一連の新製品から、自分のパレットに加える香料を決めるのは容易なことではない。ジャン＝クロード・エレナは調香師が自問する内容を要約して、次のように記している。「この香りは新しいものなのか。あるいは、すでに低価格で存在する香りと、技術面における性能が同等なのか。それとも優れているのか。この香りは該当する香りのカテゴリを拡げることができるのか[11]」香料産業の歴史は、新しい合成成分の発見が節目を刻んでいる。個性的な香水のクリエーションを可能にし、香りに新しいトレンドをもたらすのである。多数のテーマに基づいて、新しい分子を発見すべく研究が進められているが、一方では、合成化学研究と天然物の分析、そして新しい分子の発明を手がける部門があり、もう一方では生化学研究による新分野の開拓、古典的な合成化学では不可能でもあった分子の合成が行われている。

　毎年、新しい香気成分が多数見つかっているが、調香師のパレットに組み入れられ、香りに新機軸をもたらす分子

の数は限られる。すでに検証したように、ある分子の発見から香料産業で実用化されるまでには、数十年もの歳月が費やされる。もっとも現在では、有機化学の発明から嗅覚を刺激する斬新なノートに至る時間は短縮されている。

崇高な香水のハートには

　1908年に合成された「シクロジア」のベースとして発売されたヒドロキシシトロネラールは、それまで「無口」と称され天然香料がなかったにもかかわらず評価の高かったミュゲ（スズラン）ノートの鍵となる成分である。この分子は爽やかでナチュラルなノートの香水を創ることを可能にしたが、そのなかには「ディオリッシモ」（ディオール 1956）も含まれる。マクロサイクリックムスク（エグザルトリド、ムスコン、エグザルトン）は1925～1929年にかけて、

香水の調合は正確な用量が求められるため、コンピュータで計測する

グラースで長いこと栽培されている品種はジャスミン"グランディフロラム"。ジャスミン"サムバック"は調香師向けに近年に発見された

天然物と合成物中に発見された成分であり、今日の香料産業では使用制限のある、ニトロムスクの代替品として用いられている。「アナイスアナイス」（キャシャレル 1978）はエグザルトンを使用した最初のフレグランスのひとつだ。

　1950年には、天然のアンバーグリスの香りを再現する、アンブロックスという分子が合成され、マッコウクジラの乱獲を終了させた。そして、「ウルトラヴァイオレット マン」（パコ ラバンヌ 2001）に過剰投与され製品化された。カロンは1951年に製造された合成分子だが、マリンノートのキー成分として、アメリカの現代香水によく好まれ、特に男性用香水に用いられている。「ニュー ウエスト フォー ハー」（アラミス 1990）は疑いようもなく、マリンノートを配合した最初の香水である。マリ

栽培量は昔より減少したが、グラースは今も変わらずにジャスミン「約束の地」である

ンノートとアクアノートが、「ロード イッセイ フェミニン」(1992)、「ケンゾー プール オム」(1991)のような女性用と男性用多数の香水に道を切り開いた。ヘディオン——メチルジヒドロジャスモナート(1962)は「オー ソヴァージュ」(ディオール 1966)を大成功に導いた。ヘディオンはクリエーションに配合することを考えざるを得ない分子であり、新鮮で爽やかな空気のような印象を求める消費者への答えだった。そのために、今日ではヘディオンの入っていない香水を見つける方が難しいほどだ。1993年には、新しい品質のヘディオン——ヘディオンHCが合成され、「プレジャーズ」(エスティ ローダー 1995)の成功に貢献した[(12)]。

初期のローズケトンであるα-、β-、δ-ダマスコンとダマセノンは、1968〜1970年に合成された。ローズ調のフローラルノートに緑の果実のようなアクセントが多少含まれる香りだ。香水では「プワゾン」(ディオール 1985)の調合に初めて用いられた。このノートは未発表のフルーティーフローラルを加えることになり、後に続く製品も多かった。ダイナスコンという「突き抜けるようにフレッシュ」な感じを与えるグリーンノートが1973年に見つかり、当初はガルベックスベースとして販売されていた。この香料は「クールウォーター」(ダビドフ 1988)と「エターニティー フォー メン」(カルバン クライン 1989)という、1990年代に先駆的に登場した、新しいタイプの男性的な清々しいノートをたっぷり含む香水に用いられている。ハバノライド、ムセノン、エグザルテノン(1993)という、大環状ムスクが発見され、これまでよりニトロムスク様効果の高いムスクノートの製造が可能になった。このノートを最初に用いた香水は、「ジャンポール ゴルチエ フェミニン」(1993)、「ブルガリ フォー メン」(1995)、「トゥルース」(カルバン クライン 2000)である。

今日、合成化学は香りの創造に不可欠な要素である。新技術を飽くことなく探している市場では、新しい分子と新しい効果の発見は、競争しても獲得すべき至宝である。新成分は最初にファインフレグランスに割り当てられるが、経済的な配慮とマーケティングの方針による。高級香水の市場に導入された後には、化粧品および洗剤製造業者が香料として用いる。

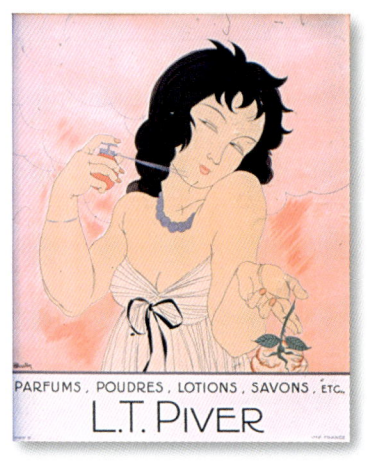

今日ではすべてに香りが付香されている。特に衛生関連製品に目立つ

限りある天然物資源

　それでも天然物には未来がある。新しい天然資源が発見されれば、流行することは間違いない。マグノリアの花由来の精油とサンバック ジャスミンとキンモクセイのアブソリュートが香料産業に導入されてわずか20年しか経っていない。中国では、お茶、飲料、タバコの香りづけに用いられてきた香料である。しかし今では、香料産業ではごく一般的に使用されている。

　現代では、香水製造業者が工場で直接に香料をアルコール溶液に入れて希釈することはない。1950年代に「調合香料」が創香に携わる企業の出現と同時に誕生したのである。香水製造業者たちはブランドの「調合香料」——香料ベースを販売するが、企業は自社で希釈と調整を手がけ、最終的にアルコール溶液を調合したことを証明する。調整を専門に行う企業が市場に参入することで、製造内容は大幅に普及し一般化する。グラースが「香水の都」であり続けるためには、今後は香水と食品香料の成分を専門に手がける必要がある。天然物は市の活動の一部として残るにしても、伝統的な地元の製品は減少するからだ。

香りはいたるところに存在する

　ここで、大衆化という大きな変化が香水だけでなく、社会の全領域に及んだことを理解する必要がある。現在ではあらゆる製品（衣類用洗剤・石鹸・食器用洗剤）に香りがつけられ、家の外のオフィシャルな空間でも、プライベートな空間と同様に、よい香りがするのは当たり前になっている。ディフューザー（拡散器）やキャンドルを例にとると、調香師は法規の範囲内で臭気を防いでいる。食品香料にしても同じく、感覚の分化を失わせて、ひとつにまとめるゲームの範疇で開発されている。そうなると、私たちは本来の味を感じとっているのか、あるいは香料を味わっているのか判断しにくい。この大規模な産業において、プレステージのある香水は膨大な数の香粧品のごく些細な割合を占めるに過ぎない。社会現象として、20世紀のあいだに香水は大衆化し、かつ国際化され、今や誕生から三千年も経ている。香水が特別で、特権的な品物であった時代はとうに過ぎ、製品の平均寿命も短くなったが、その代わりに日用品として、誰もが自由に入手できる時代になった。

　香料産業の進化というと、どのよう

な可能性を示唆するものだろうか？ 現代のバイオテクノロジーの動向に則した倫理を見つけることができるのだろうか？ これからの天然香料産業に期待されるのは、21世紀の発展を支える夢の実現だろうか？

そして残るものは？

調香師は香水の完成品にむけて、評価テストを行う

　香水という芸術は、いつの時代も技術と科学の力に支えられ、フレグランスと、製品を包むパッケージ（香水瓶など）のコスト節減という枠のなかで進化してきた。そして、知識を探究するとともに、あらゆる技術をその根本から検証するように試みている。興味深いことに、レオナルド・ダ・ヴィンチは「真の科学は、においを嗅いで生じる結果から生まれる」と説いている。現代の香料産業は、さらに並外れて厳しい規制に直面しており、いくつかの使用する原料も論争の的になっている。地球単位のグローバル化が加速して進行するなか、行き過ぎた設定がクリエーションを「麻痺させる」傾向がある。

　ルネサンス時代にレオナルド・ダ・ヴィンチが表明したように、「力は抑圧されると生じる」のだから、抑圧と自由のバランスを調整するように努力することが必要となろう。調香師は自然がなすべきことを知っているように、自らの芸術を実践するために、十分に時間をかけて、自分の独創性を信頼することを学び、そして、自らを探究する必要がある。そうすることで、現代の特性は、夢と美しさをもたらすこの産業に、いつでも道を指し示してくれることだろう。

エリザベット・ド・フェドー

---

1. DETIENNE M., Les Jardins d'Adonis. La mythologie des aromates en Gréce. Paris, Gallimard, 1977, nlle éd. avec postface, 1979, Folio Histoire, 2007, p.12.
2. D'après MUNIER Brigitte, Le Parfum à travers les siècles. Des dieux de l'Olympe au cyber-parfum. Éd. Le Félin-KRON, 2003.
3. BRUN Jean-Pierre, «Une représentation de la fabrication et de la vente des parfums sur une peinture de Pompéi». In Une Histoire mondiale du Parfum, p. 49-50.
4. PLINE l'Ancien : Histoire naturelle, éditions et choix d'Hubert Zehnacker, Folio classique, 2007.
5. FARGEON Jean-Louis, L'art du parfumeur, 1801, p. 4-6.
6. Savary des Brulons, Dictionnaire universel du commerce, d'histoire naturelle, des arts et métiers. 4 tomes, 1762.
7. FARGEON Jean-Louis, op. cit., p. 2.
8. BLAIZOT Pierre, Parfums et parfumeurs, Paris, Éditions À l'étoile, 1946, p. 133.
9. VERLEY A., Sur les substances rares qui anoblissent les huiles essentielles, 1935, p. 90.
10. BEAUX Ernest, Souvenirs d'un parfumeur, Revue de l'Industrie de la Parfumerie, s. d. vers 1950.
11. ELLENA J.-C., Le Parfum, p. 41., collection «Que sais-je ?», éditions PUF.
12. BLANC Pierre-Alain (société Firmenich): «La recherche de nouvelles molécules : clé de l'innovation olfactive », In Une industrie du rêve et de la beauté, 2006, Éditions d'Assalit.

香水を表現する

シルベーン・ドラクルト

絵画や彫像を模写したり、書籍やオペラについて論評することは、さほど難しくなくても、適切な語彙・表現をもたないことから、香水から受ける感情を的確に伝えられずに、もどかしさを感じるときはよくあるもの。

ゲラン社における私の責務は、マーケティングと創作者の調香師のあいだに立って、そのような感情を通訳して伝えること。マーケティングの意向をよく理解して、調香師が用いる技術用語を説明することにある。

私がよく耳にする表現をここにあげてみよう。

フレッシュ！
頻繁に使われている。「新鮮さ」が技術的に何から生じているかなど、まともに受ける必要はない。無条件に「とてもよい香り、なかなか感じがよい」という意味。

スパイシーですね
技術面から、たとえスパイス類が一切入っていないとしても「この香水には個性がある」という意味。

きつい！ 重い！
どうやらこの香水が気に入らない様子。フレグランス本来の香りや世界からかけ離れた香水を開発するには、一種特別な才能が必要だ。

ここには、3つの香水と3つの感覚がある！
ことは深刻。つまり、トップ、ミドル、ラストノートをかなり明確に区別することができると告げている。言い換えると、この香水は融和が十分ではない、さらに香り立ちがよくない、終わり方と発展の仕方が調和していないと教えている。

私には湿った土に思える
おそらくパチュリが少しばかり多すぎるか、うまくまとまっていない。

あまりに酸っぱい、あまりに苦い、のどに刺激がある…
試作品には柑橘系が若干多すぎて少しきつく感じられる。

洗剤や化粧石けんのにおいがする
おそらくジヒドロミルセノールの入れ過ぎ。あるいは単に、この香水にはムスクが過剰に入っているのかもしれない。

赤ちゃんのにおい！
ホワイトムスクか、ビターオレンジの花が強い印象を与える、と訳せる。ム

スクノートは多すぎるくらい入れても、かえって肯定的な感じを与えることが多い。

おしろい、古書、乾燥したにおい、鼻につく、「チクチクする」

イリスやウッディノート、古典的なバイオレットノートなどが強すぎるときの感想。扱いにくい原料のミモザにしても同じように、「粗い」、または「古めかしい」感じを与えることがある。

不潔ですね。牛か馬、厩舎(きゅうしゃ)のようなにおいがする

インドール系のアニマルノート、またはインドールそのものか、レザーノート、シベットタイプや"馬"のにおいがするパラクレゾールが過剰。

キャンディ、キャラメル、熱いミルク、マシュマロ、オーブンから出したばかりのお菓子

やり直しは簡単。バニリンとバニラビーンズ、またはマルトールが過剰に含まれると、ラズベリーとキャラメルのようなにおいになる。

野菜か、トマトのにおいがする

グリーンノート、特にシス-3-ヘキサノール、トリプラールが少し孤立し(十分に融合していない)、わりと粗野な感じである。

軽油か石油のにおいがする

シス-3-ヘキサノールタイプのグリーンノートが過剰なときによく起こる。

鼻をつく感じ

ウッディアンバーノート、カラナールタイプでこの反応が起きる。私も個人的にこの香りに敏感なので、たとえ微量しか入っていなくても嗅ぎ分けられる。

マニキュアかバナナ、ラッカーのようなにおい

女性がよく口にする言葉。ベンジルアセテートが多すぎる、と調香師ならば理解する必要がある。

白い糊(のり)のにおい

これは簡単!アニシックアルデヒドか、ヘリオトロピン、クマリンが生じる効果。

青リンゴのシャンプー
肯定的な答えではなく、少しばかり「安物」という意味合い。

サンタンクリーム、休暇、浜辺、熱い砂…
どちらかといえば、ポジティブな意味合いがあるので、パフューマーは自発的にこれらのノートを用いる傾向がある。とても好まれ、とても「ヨーロッパ的」な香りだが、太陽を避けるアジア人とアメリカ人にはあまり知られていない香調。

チーズのにおいがする
動物臭と酪酸のにおいが混じった状態を意味する。

干し草、刈り取った草
どちらかというと、肯定的な意味合いをもち、特にトリプラールのようなグリーンノートを表す。

人形のあたま、セルロイド
バニラの香りが付香された"コロール"のような人形を思い起こさせる表現だが、この香りは小さな女の子たちにはにおいの刷りこみになっているので、大人になっても、これらのノートを忘れることはないと思う！

ポロネギのにおいがする
ヴェルトフィックスの量に気を配るべき。邪魔をしている可能性がある。

トースト、焦げ
おそらくピラジンが過剰であると考えられる。

においが、もはやわからない、鼻に麻酔がかけられた感触
イオノン類といっしょに、バイオレットノートが入っているかどうかを確かめる必要がある。

　最近カナダに旅行したときに、ジャーナリストたちがゲランの香水について、「この香水は吐き気を催させるわね」と話しかけてきた。実は、彼女たちはこの香水がとても好きだと伝えたかったのである。手放しに賞賛すると、感想をお知らせくださったわけである！

　暗号文の解読は重要である。時に粗野な表現であっても、その背後に隠された意味を理解することが任務であり、適切な質問を返すことによって、指摘された要点の理解を深めることがとても大切だ。

シルベーン・ドラクルト
パルファン ゲランの開発とエバリュエーション（評価）部門のディレクター。ブランドのマーケティングに使用する言葉が、調香師には異質に感じられることがよくあると感じていた。かたや調香師の話し方が一般大衆に理解しやすいというわけでもない。シルベーン ドラクルトはこの２つの宇宙を結びつけるインターフェースを務めるが、双方の望みや感情を通訳して伝えるのは難しい任務として受けとめている。彼女はパルファン ゲラン社の専属調香師であるティエリー・ワッサーのアシスタントとして、香水から化粧品、メイクアップ商品に至る一連の創作過程に携わっている。

香料植物図鑑 [1]

38人の調香師と植物

1	イランイラン	52
2	イリス	56
3	ガイヤックウッド	60
4	カシスの芽	64
5	カッシー	68
6	カルダモン	72
7	ガルバナム	76
8	キンモクセイ	80
9	クラリセージ	84
10	サンダルウッド	88
11	シスタス	92
12	シナモン	96
13	ジャスミン	100
14	ジンジャー	104
15	スターアニス	108
16	スチラックス	112
17	セダー	116
18	ゼラニウム	120
19	チュベローズ	124
20	トンカビーン	128
21	ナルシス	132
22	バイオレット	136
23	バジル	140
24	パチュリ	144
25	バニラ	148
26	ビターオレンジ	152
27	フランキンセンス	156
28	ベチバー	160
29	ヘリクリサム	164
30	ベルガモット	168
31	ベンゾイン	172
32	マテ	176
33	マンダリン	180
34	ミモザ	184
35	ミント	188
36	ラベンダー	192
37	ローズ	196
38	ワームウッド	200

イランイラン

Cananga odorata (Lamarck) Hook
J. D. et Thomson　バンレイシ科

So pretty
ソープリティ

熱帯林に育ち、香りのよい花をつける樹木で、原産地はフィリピン。20世紀初頭に、フランスの修道士がインド洋で指導にあたり、栽培が始まった。コモロ諸島のアンジュアン島には、最も成功しているプランテーションがある

金ほどの値打ちのある花を計量し、勘定して購入する

　イランイランノキ属にはいくつかの変種があり、「優秀品種（ラボンヌ）」と呼ばれるものは黄金色の小さな花を無数につけ、香りはとても上品である。大きな花をつけ、エキストラクトがあまり評価されていない変種とはちがい、この品種は繁殖用に役立てられている。今日、精油の世界市場に出まわる製品のほとんどは、コモロ諸島（マヨット島を含めて、40～50トンの生産高）とマダガスカル北部のノシベ島（15～20トン）で栽培されている。

　花の収穫は香りが最も強い、夜明けから午前9時までに行う。成熟した花だけを摘みとるが、花が完全に開いて、内側の中心点、つまり花弁の根元に小さな印が現れているものだけを採集する。傷ついている花がひとつでもあると、収穫した生の原料全体の質が劣化し、精油の品質を落とす原因になる。マダガスカルでは、この花が一年中咲いているものの、生産期は乾季（5～12月）である。

　主な製品は淡黄色から濃黄色をした精油で、香りは官能的で濃厚な甘さがあり、フローラル、バルサミック、ほのかにスパイシーな香調である。この精油は調香師のパレットの要であり、シャネル No.5、ゲランのサムサラなど多くの香水に用いられている。水蒸気蒸留によって得られた精油は、商業的に5等級に分けられる。「スーペリアエクストラ」（最も比重が高く、0.965）は蒸留の最初の30分間に抽出される精油。「エクストラ」（比重 0.955～0.965）は次の1時間に得られる。これに続く品質、つまり「サード」（比重 0.905～0.910）は蒸留時間が6時間を超えた分の精油である。良品（スーペリアエクストラ、エクストラ、ファースト）の留分はイランイランの製品の約 1/3 を占める。ごく最近まで、精油の価格はその比重によって決められていた。

イランイランとマダガスカル産バニラビーンズのアイスクリーム（4人前）

全乳　500 ml　　　卵黄　卵 5、6個分　　　バニラビーンズ　1本
生クリーム　100 ml　粉砂糖　150g　　　　イランイランの精油　3滴

切り込みを入れたバニラビーンズを、牛乳と生クリームに加えて沸騰直前まで温める。別のボールで卵黄と粉砂糖をあわせ、全体が白っぽくなるまで泡立てる。そこに、あわせた牛乳と生クリームを少しずつ、かき混ぜながら加え、鍋を弱火で温めながら、沸騰させぬようかき混ぜる。全体にこってりしたら、冷やしたボールに移してかき混ぜる。冷めたらイランイランの精油を加え、冷蔵庫で12時間保存した後に、バニラビーンズを取り除く。次に、ミキサーに入れ、かき混ぜてから、冷凍庫に入れる。バナナは、油をひいたフライパンで焼き、ラム酒を上からかけてカラメル色になったら火を止める。アイスクリームには、このバナナを添えて完成。

〈香気成分〉
主要な揮発成分──
リナロール、p-メチルアニソール、ベンジルベンゾエート、ゲラニルアセテート、ベンジルアセテート

植物の効用──
イランイランの精油には、性感を高めるという、まことしやかな評判がある。料理用の植物油を大きめの大さじ1杯分用意し、精油を100滴ほど混ぜて、パートナーの背中や足をマッサージする。もっともこの精油には他の効用もあり、女性の不感症、不安症、もろい爪、そして抜け毛にもよい。

バンレイシ科に属し、同じ科のカナンガ Cananga odorata と混同されることが多い。両者の違いは、カナンガの香りは繊細さに劣る。野生のイランイランは巨木で、樹高15〜20mになるが、栽培者は花を収穫しやすいように大胆に剪定し、若い枝を下方にたわめて、果樹のように手入れしている。

マイヨット島を象徴する花

マイヨット島のバニラとイランイランの博物館

長い間、マイヨット島から輸出される唯一の資源であった、バニラとイランイランの二つの植物に関する多数の記録と栽培・生産用機器が、島の数人の教師の情熱が実って、博物館に収集された。数年前から、マイヨット島の製品は、人件費がはるかに安いマダガスカル、コモロ諸島、さらにザンジバルのような国々と競うことになったが、マイヨット島では製品価格の上昇を原因に、これらの植物の栽培が減ってきている。この博物館が定期的な展示会を催している。

イランイラン

ジャン・ギシャール　*JEAN GUICHARD*

私の出身はグラース地方である。家族が何世代にもわたり香水産業で働いてきたので、それを生かそうと、この職業を選んだ。しかし、グラースにはここ40年間、6ヵ月以上滞在したことがない。

実を言うと、調香師になったのは偶然で、そもそも興味を抱いていたのは、国際取引だった。ロベルテ社は「技術を学ぶと同時に、英語も学ぶように」と、私を英国に送り出してくれた。

ヤードレー社の調香師で、植物学者のロバート・カルキンのもとで3年間勤務した。ロベルテ社にはヤードレー社の系列会社を創立する責務があった頃だ。このとき、私はこの職業の醍醐味を味わうことができた。

1984年には、ルール社に入社したが、私の人生に幸運が訪れたのだと思う。ここでは、並外れた才能をもつジャン・アミックと仕事をした。ルール社はジボダン-ルール社から、ジボダン社になり、その後はクエスト社を吸収した。

〈作品の紹介〉

La Nuit, Paco Rabanne, 1985
Loulou, Cacharel, 1987
Anouk, Puig, 1989
Deci Delà, Nina Ricci, 1994
Eden, Cacharel, 1994
Loulou Blue, Cacharel, 1995
So Pretty, Cartier, 1995
Les Belles, Nina Ricci, 1996
Soleil, Fragonard, 1996
Concentré d'Orange Verte,
　Hermès, 2004………

太陽の香りのノート

イランイランは香水にトップノートをもたらす珍しい花で、「ルル」(キャシャレル)の創作にふさわしかった。その花はジャスミンとチュベローズにやや似た特徴があって、共通する成分がある。花は黄色のだが、調香師はこの香りを「白」と捉えている。

ジャスミンやチュベローズとの配合はよく行われるが、二つの花には精油がないため、アブソリュートだけを使う。エッセンスよりももっと重くなり、残香性も高くなる特徴がある。この組み合わせは、香水にフローラルのトップノートを与える。イランイランには香りを嗅ぐと気持ちがよくなる、日焼け用オイルのような側面が少しある。日焼け用製品のなかでも、よい香りがする「アンバーソレイユ」がよく例に挙げられるが、サリチレートを多量に含む製品を指す。イランイランの精油にも、私たちが追求するエキゾチシズム(異国趣味)と見事に調和するこのノートが存在する。

―イランイランを含む香水―
- オルガンザ/ジバンシイ 1996
- ソレイユ/フラゴナール 1996
- ソープリティ/カルティエ 1995
- アマリージュ/ジバンシイ 1991
- デューン/ディオール 1991
- ルル/キャシャレル 1987

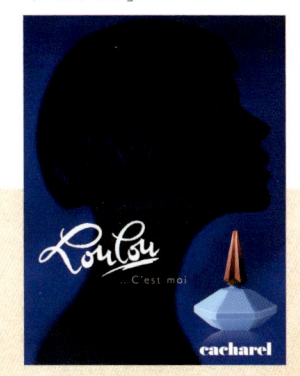

「ルル」の誕生

「私が最初に付けた香水でした」という女性によくお目にかかる。有名なキャッチフレーズ「ルゥルゥー、私よ」が記憶に残っているらしい。当時はアネット・ルイがロレアル社でキャシャレルを創立した特別な時代で、私たちは「ルル」「ルルブルー」「エデン」を創作した。「アナイス アナイス」という若者向けの、ソフトでロマンチックな香水が成功を収めてから、私はキャシャレルに加わった。「ルル」の発売はその4、5年後。アネット・ルイの「若いアナイスも少し年齢を重ねた。若々しさ、優しさは変わらないが官能的になった」という言葉から、加える要素はバニラビーンズと思った。

あの時代には、ジャンシャルル・ブロッソーの「オンブルローズ」のようなパウダリーな香水が流行していたが、この香水にはバニラ調のとても甘い香りと白粉に似た香りがあった。そこで、「ルル」でもバニラの香りを強めたのである。しかし、それでは物足りなかったことがわかる。アネットから、「ルル」は少しエキゾチックな要素を加味するようにと示唆されたのである。「ジャン、ゴーギャンの絵を見てみなさいよ」。彼女にとって、クチュールのブランド、キャシャレルを有名にした主役は花々だった。そこで、イランイランならバニラと調和するであろうと考え、マダガスカルのイランイランに取り組んだ次第である。

イランイランがトップノートのキャシャレルの「ルル」

ジボダン社付属調香師養成学校

2004年から、この学校のディレクターに就任している。世界で創作される香水の30%はジボダンスクールで研修を受けた調香師たちが手がけている。そのなかに、ジャック・ポルジュ（シャネル）、ティエリー・ワッサー（ゲラン）、ジャン＝クロード・エレナ（エルメス）らが連なる。毎年平均して3名の調香師を、パリ、ニューヨーク、サンパウロ、上海、シンガポール、ドバイの各クリエーションセンターにおいて育成している。

研修期間は3年間で、ファインフレグランスでも、石けんや洗剤、トイレタリー製品などの製造であっても年数に変わりはない。調香師は科学者と芸術家、化学者と詩人の混合であるとよく表現される。ジボダン社では、得意分野がはっきりと異なる調香師を100名雇用している。そして、社の必要に応じて、科学者、または芸術家に育成するかの進路が定まる。

イリス

Iris pallida Lam/*Iris germanica* L./
Iris florentina L. アヤメ科

L'heure bleue
ルール ブルー

北半球全域に生育し、ヨーロッパのほか、アジア、北アフリカ、北米に生育している。香水製造用の原料となるイリスは、主にイタリアのトスカーナ地方で栽培されるが、*Iris pallida* の産地はモロッコのアトラス渓谷とフランスである

香水製造に用いる最も高級な原料

　植物名の由来はギリシア神話。輝く色とりどりの羽の翼をもつイリスは、神々の言葉を人間に伝えるメッセンジャーとして、ゼウスに仕えていた。彼が飛翔すると虹が残ることから、大地と天空をつなぐ任務があると考えられていた。

　香水に使うイリスは、最も高価な原料のひとつ。精油やイリスバターの価格は 1kg あたり 1 万〜 1.5 万ユーロである。根茎オリスルートは手作業で採集され、加工前に約 3 年間石ころだらけのなかに埋めておく。その後、皮をむき、洗浄して乾燥させる。ただしこの段階では何も香らない。香気成分が形成されるのはジュート製の「南京袋」か木箱に入れて 3 年間乾燥させ、合計 6 年間も寝かせた長いプロセスの結果である。

　2004 年の年間生産高は 195 〜 210 トン、そのうち *Iris pallida* は 45 〜 60 トン（伊産、仏産）、*Iris germanica*（モロッコ産）は 150 トンだった。主な製品は精油であり、根茎を粉砕した粉末を 0.5 〜 1.5 バールの圧力下で、20 〜 36 時間水蒸気蒸留にかけて抽出する。色は白から黄色で、バイオレットノートの香りがする。常温では固体のためイリスバターとも呼ばれ、収率は約 0.02％ と微量である。脂肪酸と脂肪酸エステルで構成される。なお、香りを豊潤にするのは、多量に含まれるバイオレット調香気をもつイロン類である。これらの脂肪酸を除去すると、黄色い液状のイリスアブソリュートができあがる。なお、原料に対して収率が 0.002 〜 0.003％ を越えることはない。このような収率の低さがイリスの法外に高価な値段を裏付け、なぜ高級品の香水や化粧品、石鹸のみに使用が限られるのかを理解することができる。根茎の粉末はエタノール抽出することもでき、約 15％ の収率でレジノイドをもたらす。

花は魅惑的だが、香水用の香料は乾燥させた根茎から得る

〈香気成分〉
イリスバターの主成分は脂肪酸（特にミリスチン酸）と脂肪酸エステルである。しかし、バイオレットの香気成分のイロン類を多量に含むことが、このエキスの香りを豊かにする。

植物の効用——
かつて、乾燥させた葉や根茎の粉末に多くの薬理効果があると、さかんに研究されていたイリスだが、今日では往年ほどの名声には恵まれていないようだ。ギリシアではヘビのかみ傷、胃痛、腸の痛み、咳、浮腫などの薬の成分に含まれていた。アラビア薬局方にはすでに掲載のあったイリスを帝国内の修道院で栽培するように推奨したのは、シャルルマーニュ大帝であった。

多年性の草本植物で根茎をもつ。アヤメ属の品種は 210 種あり、園芸種は無数。香水に用いるのは「トスカーナのイリス」Iris pallida Lam と、「ヴェローナのイリス」Iris germanica L、そして Iris florentina L. の三種のみ。他殖性植物のため、自然交雑種が多数存在する。なおほとんど根茎で繁殖するが、球根で増える品種もある。

フルール ドゥ リス

フランス王朝のシンボルは、元来イリスの花

フランク王国の王クロヴィス（451〜511）が西ゴート人との戦いで勝利を収めた後、王家のエンブレムとして、旧支配者の旗を飾っていた三匹のヒキガエルにかわり、黄色いイリスの花が選ばれた。やがて百合の花が図案化され登場するのは、若年王ルイ 7 世がこの花を王位とキリスト教の象徴として、1147 年に決定したとき。「フルール ドゥ ルイ」（ルイ王朝の花）として洗礼を受けた花は、それから「フルール ドゥ リュース」という名に改め、さらに「フルール ドゥ リス」に変更された経緯がある。果たして、花は百合（lys）か、それともイリス（iris）なのかという混乱が生じた。ただし、有産階級や富裕な農民たちが時々百合の紋章を付けていることは確かだ。

57

イリス

アマンディン・マリー AMANDINE MARIE

母はジボダン社に勤務していたので、ラボのアシスタントたちが香料を調合するのを私も楽しんでよく手伝っていた。いまでもその雰囲気を覚えているほど。

大学で医学を二年間深く学んだ後に、最初の恋人たちのもとに戻ることにして、ISIPCA を選んだ。職業研修時には、ロベルテ社にアシスタントとして受け入れられ、グラースの後にはパリに移り、ミッシェル アルメラックに師事した。

天然原料の世界が、こうして開かれたのである。2003 年から、私はロベルテ社の調香師として勤務している。

〈作品の紹介〉

Lui, Rochas (Michel Almairac 共作), 2003
Dunhill Signature, Dunhill (Michel Almairac 共作), 2003
Black For Her, Kenneth Cole, 2004
L'eau d'Iparie, L'Occitane, 2005
VGV, Van Gils, 2005
Iris, L'Occitane, 2007
I'm Going, Puma, 2007
Le Petit Prince, Eau de Bébé, Le Petit Prince, 2008
Ullalala, Nickel, 2008
Korloff n°1, Korloff Paris, 2008
Chloé, Chloé (Michel Almairac 共作), 2008
Mythos, Parfums Grès, 2009
Magic Bubbles, Tartine et Chocolat, 2009
Mexx Black, Mexx, 2009……

ひとめぼれ

花壇に咲くイリスの花はとても華やかだが、香りには失望してしまう。ただし、イリスバターにはいっぺんで恋に落ちた。香りには多面的な特徴があるので、ウッディと同じくフローラルノートにも組み合わせることができる。バイオレットやミモザ、ウッディの香気がきわめて濃厚なことに加えて、あちこちにキャロットとフルーティなラズベリーの香りが感じられる。

イリスの香りを本物らしく模倣した合成香料はまだ知られていない。たとえ原料を自由に使うことができて、香りの効果をいくらか感じさせる配合が完成しても、天然のイリス本来の香りを再現できる成分は未知である。

ロクシタンの「イリス」は、「地中海沿岸の庭園を散歩する」場面を連想させるように、ブランド側の希望に沿って創作した。「Iris d'Italie イリスディタリー」のミドルノートにはベルガモットを少し加え、ほのかなグリーン調のフルーティバイオレットノートを加え、トップノートをもっとフレッシュな香調にし、ラストノートにはベチバーのウッディ調と、甘いアンバー調が香りをふくらませる。

―イリスを含む香水―

- イリス ノワール／イヴ ロシェ 2007
- ルール ブルー／ゲラン 1912
- ミトス／パルファム グレ 2009
- 24（ヴァンカトル）フォーブル／エルメス 1995
- アルページュ プールオム／ランバン 2005

香りのあまり強くない花よりも原料として注目されているイリスバター

現代仕様に合わせる

　ISIPCAの最終過程では、エルメスの「ベラミ」を現代的にアレンジする課題があったのを覚えている。そのときにとてもはっきりしたレザーノートの構造について理解し、認識を深めることができた。ひとつの香水を現代の趣向に合わせて変えるのは緻密な作業を要する。その香水が本来もつ香調の本質に逆らうことなく、しかも自分の想像力を制限せずに、むしろ解放することが求められる。現代仕様にするプロジェクトのなかで、最も一般的な計画のなかには、法的規制のような別の束縛に従うことも求められるかもしれない。たとえば、初回の製品が創作された後で、動物性原料やニトロムスクが使用禁止になっている。あるいは、いくつかの製品が市場から姿を消した可能性もある。そこで、最初の処方に従いながら、現代の趣向に適合し、新世代の好みにも合った「現代仕様」の代替え品を探す必要がある。

　「ベラミ」にはもはや製造されていない、複数のメチルイオノンの香調を元に組み立てたレザリーな特徴があった。そこで、1986年に発売された「ベラミ」の本質を保ちながら、今日の趣向に沿うような創香にするために、スチラックスとバーチ、ベチバーを研究するに至った。そして、言うまでもないが、10年経過した今でもなお、私は同じ内容の仕事を続けている。

ひとつの香水を共作する

　この職業についてまだ経験は浅いのだけれど、ひとつの香水に対して二人、またはそれ以上の調香師が一緒に署名する機会がさらに増えていると感じている。ロベルテ・パリのチームでは意見交換をする習慣があった。

　私自身はミッシェル・アルメラックと三つの香水を共同で制作している。ロシャスの「ルイ」をとても誇りに思っているが、その理由は最初に手がけた作品であるというばかりではない。次に「ダンヒルシグニチャー」、そして、もちろん、ミッシェルとは共同で仕事にあたり、コティ社の「クロエ」は2年間にわたる長い仕事となった。次々といろいろなアイデアを出し合って、プロジェクトを新しい方向に進行させたのだが、このアプローチはたしかに心を豊かにしてくれたと思う。

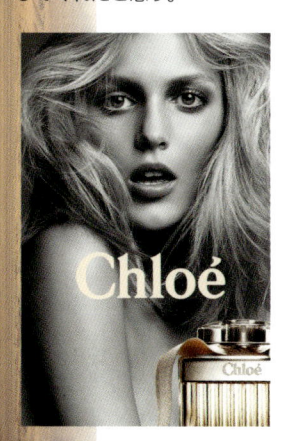

ガイヤックウッド

Gaïacum officinale L. ハマビシ科

Le baiser du dragon
ルベゼー デュ ドラゴ

南米とアンティル諸島の原産。主産国であるアルゼンチンのグランチャコ地帯とベネズエラ、パラグアイの熱帯性の森に自生する

ガイヤックウッドの材密度は約1.3と堅く、別名「ガイヤック」「生命の木」と呼ばれる樹木の仲間である。船具の滑車や部分品のほか、船舶用プロペラシャフトの製造原料として使われる。集中的な伐採が行われたときには、野生種は生存が脅かされるほど大幅に減少したが、現在、ガイヤックウッドの輸出国では、材木の売買に管理制度を設けている。

材と小枝を樹脂とおがくずに加工して精油を抽出する。水蒸気蒸留法では5〜6%の収率で精油を得るが、抽出時間が延長されて、ほぼ24時間かかるときもある。精油は半結晶状の白色または黄色を帯びた塊で、ウッディな香気で、バラのような香りと、焦げくささも感じられる。

香水の処方ではミドルノートの保留剤として用いられる。また、ローズ調の配合にも成分として含まれている。ガイヤックウッドの価格は中程度を維持しているために、石鹸や化粧品の他に、大半の食品に香料として用いられている。

ガイヤックウッドはヨーロッパでよく活用されるエキゾチックな樹木

ガイヤックウッドの森が減り、合成品のプールが増えている

ニンジンのピューレ──オリーブ油とガイヤックウッド風味（4人前）

ニンジン　800g　　　　ガイヤックウッドの精油　1〜2滴
ジャガイモ　200g　　　生クリーム　大さじ2杯
オリーブ油　大さじ3杯　塩・胡椒

薄切りにしたニンジンとジャガイモを蒸して、すりつぶしピューレにする。そこに、オリーブ油と生クリーム、ガイヤックウッド油を加え、かき混ぜる。このときに、必要に応じて、少量の牛乳を加えて適度に薄めてもよい。調味料で味を整え、魚料理や子牛料理に添える。

〈香気成分〉
精油は強いローズ調の香気をもつ、グアイルアセテート前駆体と同じように用いられる。抗酸化作用も備わる。主要成分はセスキテルペン類だが、なかでもアルコール類を豊富に含み、グアイオールとブルネソールが最も多い。

植物の効用──

フランスの薬局方には1884年からガイヤックウッドの記載がある。1930年代にもっと効果的な治療薬が登場するまで、浸剤は梅毒と結核症に薬として用いられた。その樹脂は関節炎の薬として長いこと医療に役立てられた。

ガイヤックウッドは樹高約15mに成長する。樹皮は厚くて滑らかで、灰色を帯びている。青い花はのちに白く変わり、黄色い小さな果実をつける。葉は常緑性で、卵形である。

ブールゲーム

高密度の木材ガイヤックウッドでは、船舶用の滑車や車軸、プロペラシャフトなど、多種類の商品としての販路がある。そして、リール北東のルーベや、ベルギー国境付の都市トゥルコアンに伝わるブールゲーム──ペタンクやボーリングのような競技では今でも道具の原料として用いている。「ブール」はガイヤックウッドで作る（時にはケブラチョで代用）。直径10〜15cm、重さ4〜8kg。これを「ブーロワール」と呼ばれる長方形のゲーム場で、その端の穴めがけて投げるのだ。あまりに勢いが強いと、ブールはうまく穴に入らずに失敗してしまう。ブールを銅製の「エタック」というディスクに変更する計画があり、実現が待たれる。
(www.associationsaintlouis.chez-alice.fr)

61

ガイヤックウッド

エベリン・ブーランジェール ÉVELYNE BOULANGER

いつでもにおいに敏感だったの。今でも生まれ故郷ノルマンディーで、洗いたての洗濯物を外に干すにおいと、刈りたての草のにおいを一緒に思い出す。

植物と花がとても好きだったので、植物学を勉強しようと決めていたのに、化学のIUT過程を修めた後でISIP（ISIPCAの前身）に入学して、1980年に卒業。

ロベルテ社のアシスタント調香師として、ジャン ギシャールの下で勤め、このときには「巨匠」エドモンド・ルドニツカに何回か出会う機会に恵まれた。

その後は、ジボダン社の調香師となり、次にクリエーション アロマティクスに務めた。現在は、シムライズ社のモーリス・ルーセル・チームの一員である。

〈作品の紹介〉

Io, La Perla, 1994
Deci Delà, Nina Ricci（Jean Guichard 共作）, 1994
Charlie Gold, Revlon, 1995
Dalistyle, Salvador Dali, 2002
Eaux d'Eté First, Van Cleef & Arpels, 2002〜2007
Comme des Garçons : series2, Red, Carnation, 2002 ; series3, Incense, Jaisalmer, et Zagork, 2002 ;
series4, Cologne Anbar, Cologne Citrico, 2002
Bogner Wood Woman, Bogner, 2003
Life by Esprit pour femme, Coty, 2003
White Musc for men, The Body Shop, 2007
Eden Park, EdT Homme, 2008
Just4 U, Lulu Castagnette, 2007
Aqua Lily, The Body Shop, 2008
Lulu Rose, Lulu Castagnette, 2009
QS by S. Oliver, Men, 2009.

正統に評価されないエッセンス

エッセンスへの評価は低く、フレグランスの香調説明ではほとんど記述されることがない。つまり、あまり評価が高くないと知っておく必要がある。

エッセンスは安価なことから、石鹸製品によく用いられるが、約15年前に再流行したので、今日でも多くの香水に成分として含まれている。どことなくスモークハムを連想させるが、もちろんハムそのものではなく、燻製のにおいを感じさせる。

時に甘く、センシュアルで、ミドルとラストに深みをもたらす香料。私は「ボグナーウッドウーマン」に用いたが、このときは「ピスタチオ ツリー」つまりアーモンドとフローラルを合わせた少しグリーンな組み立てにして、ウッディとバニラをラストノートに選んだ。「ジャイサルメール」にもフランキンセンスとセダーとともに配合して用いたが、「ホワイトムスクフォーメン」にもガイヤックウッドを使用している。

この香りにはバルサミックでスモーキーな特徴があるので、ウッディノートとレザーノートのつなぎとして、残香部に使われることが多いが、

—ガイヤックウッドを含む香水—
● バヒアナ／メートル パルフュムール＆ガンティエ 2005
● ル ベゼー デュ ドラゴン／カルティエ 2003
● ジントニック ハッピーアワー／ジントニック 2009
● ゲラン オム ロー／ゲラン 2009
● PI／ジバンシイ 1998

時としてミドルノートにもその波動のような快い感じが現れる。

製品ラインアップを拡げる

　香水から発展させて、商品のラインを拡げたいという製作依頼はたびたびある。その場合には、石鹸やクリームにアルコール溶液で溶解させた調合香料を配合すればできあがると思われがちだ。しかし、実際はそれほど単純な作業ではなく、商品の安定性を長期間保つ上で、その調合が製品のアプリケーションと反応するかどうか、可能性を確かめる必要がある。市場に出す前には熱の影響、光の作用、水との親和性などを対象として、複数の試験を行う必要がある。さて、香りが安定しないときにはどうすればよいか。この場合は、問題を生じる原因物質を突きとめて、分量を変更するか、または代替品を探すことになる。

　さらに、時間の経過につれ、ある香りが弱まるか、または逆に強まるかなど、感知される香りがどう変化するのかを確かめる必要がある。つまり、トップノートを強調するには、処方のバランスを初めからやり直す必要がある。ひとつの問題を解決すればひとつの答えに至るわけではない。付香するという行為自体がクリエーションなのである。

香水から、化粧品のラインを作ったひとつの例

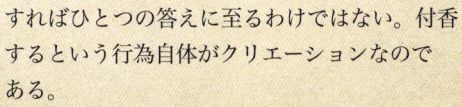

正統に評価されていないエッセンス

　ザ・ボディショップから、男性用のムスキーノートを作ってほしいと依頼を受けたときに、私は「愛される」をテーマとして念頭に置いて、心に浮かぶ言葉をつれづれに書き留めた。それから、これらの言葉に関連性を感じる原料を探した。

　私には仕事のスタイルとして、ミニマリストのように、純化させる方向に舵を取りたいという望みがあった。そのために、使用原料は20種ほどに抑えて、トップ、ミドル、ラストという古典的な組み立てさえも忘れるように努めた。そこで、ムスクノートの丸みがとても心地よく感じられる部分に、サンダルウッドとアンバーグリス（オリジナルな、海への思い）の明るい、センシュアルなノートを合わせた。男っぽい香調と少しセクシーな香調の組み合わせに、ベチバーとタバコ様の複数のノートが重なって、ガイヤックウッドのスモーキーでレザーのような特徴と共鳴を起こす。そして、ラストにはベルガモットとラベンダーが現れて、ほのかでフレッシュな香りを残す……。

カシスの芽

Ribes nigrum L. ユキノシタ科
Chamade
シャマード

カシス＝ブラックカラントは樹高1～2mの低木。アジア原産で、チベットとカシミア地方から渡来したと考えられている。米国、カナダ、オランダで栽培。フランスでは、カシスはブルゴーニュ県とディジョン市の名産である

カシスの芽を化粧品用に採集する

スカンジナビアのように、寒冷で湿度の高い地方に生まれたカシスは、フランス国内では多くの地域で栽培されている。カシスはあらゆる部位を収穫して活用するが、香料産業では特にその若芽だけを用いる。

ギリシア人とローマ人はそもそもカシスを知らなかった。最初に登場する文書では、6世紀にこの果実が食用されていたと記されている。バイイ・ド・モンタラン大修道院長が『幾多の不調を癒す、賞賛に値するカシスの治癒力』という論文を発表したのち、1712年にはカシスの栽培が普及。「庭に出て、家族に必要なだけたくさんのカシスの木を植えよう」と記している。

カシスの芽（ブルジョン ド カシス）の抽出には有機溶剤を用いる。その結果、コンクリートが抽出されるが、その収率は2～4％である。コンクリートからは濃い緑色をしたペースト状のアブソリュートが80％近く抽出される。このアブソリュートの香りにははっきりとした特徴があり、強く浸透する。香調はウッディアニマル。手作業で1kgを収穫するには、約200ヘクタールの面積が必要であり、値段も高くなる。18世紀には、カシスは長寿をもたらす果実と見なされ、ブルゴーニュ地方では「クレームドカシス」という伝統的なリキュールを18世紀末から、生産している。このリキュールの歴史には、ディジョンの市長（1945～1967）を務めた高名な司教座聖堂参事会員キールの貢献があるのだが、彼はクレームドカシスを白ワインと混ぜて、冷やして食前酒にすることを創案した。

カシス芽のさわやかなハーブティ（4人前）

カシスの芽　大さじ3杯	枝　5本
レモンの皮　1/2個	水　750ml
花つきの新鮮なタイムの小	蜂蜜　お好みの分量

水を沸騰させてから、すべての材料を加え、15分間浸出する。ろ過した後に、熱を冷まして、冷蔵庫に入れて保存する。十分に冷えている方がおいしい。

〈香気成分〉
カシスの葉芽のアブソリュートには不揮発性の酸が80％ほど含まれるが、主成分はハードウィック酸である。分留抽出された揮発性物質はテルペン類を含む。モノテルペン類（Δ3-カレン、リモネン、β-ファランドレン、ρ-シメン）とセスキテルペン類（β-カリオフィレン）である。このアブソリュートが好まれる理由は、ごく微量に含まれる硫黄化合物類の香りにある。たとえば、4-メトキシ-2-メチル-2-ブタネチオールのような成分だが、猫の尿特有のにおいを生じるもとである。

植物の効用──
カシスの果実は下痢、のどの痛み、呼吸器系感染症の治療に良いとして、昔から知られていた。カシスの種子油にγ-リノレン酸（GLA）とオメガ6脂肪酸とともに、オメガ3が発見されたのは後世になってから。現在のカシスは今では、これら脂肪酸を得るための産業資源である。

カシスの道

ブルゴーニュ県コンカール村フリュイルージュ農園、カシスの手入れ風景

Ribes nigrum L. はとても香りのよい葉をつける。化粧品に用いるのは葉の新芽であり、あらかじめ刈りとった若枝から摘みとる（3月）ほか、古い小枝からも収穫する（5〜6月）。この芽には精油の分泌腺が備わるが、その香りには強く浸透する特徴があるほか、「猫の尿」特有のにおいを感じる。果実は食用になる。

ニュイサンジョルジュの観光局は最近になって、地域の生産者たちと提携し合い、長年コンカール村でカシス祭りを開催してきたが、イザベル（写真左）とシルバン・オリヴィエのイメージに沿って、カシスルートに伝わる昔のお祭りを再現することになった。なお、彼らが営む農園「フリュイルージュ」では観光客を受け入れている。(www.fruirouge.fr)。祭りのプログラムにはセミナー開催や、カシス畑を4輪馬車で走るイベントのほか、試食会、ハイキング、子供たち向けのお話会も開かれ、さらに、カシスを用いる美食発見会も開催されている。

カシスの芽

ダニエル・モリエール DANIEL MOLIÈRE

法律の勉強を終えた後のこと、義理の兄で、ルールとジボダンの学校で学んでいたパトリック・ド・ジバンシイが、家に持ち帰った香水入り小瓶に私はすっかり感化されてしまった！

24歳のとき、私はアメリカのジボダン社を自分の居場所と決めて、あとはすべてを放棄した。その後、ジュネーブにあるジボダン調香師育成学校に入学し、研修生兼若手調香師見習いとしてスタートした。

調香師になっていなければ、ワインに関心を寄せていたと思う。ワインには私たちの職業と同じように、産業があり、職人がいる。科学を重んじる状況があっても、この仕事にはいまでも錬金術に通じる部分があり、経験則に基づいて取り組み、創作にあたっている。しかし、そのために、あらゆる経験と照らし合わせても、処方を調合するときには、その結果について確証はもてない。

〈作品の紹介〉

Eau de Givenchy, Givenchy, 1981
Insensé, Givenchy, 1993
Evelyn, Crabtree & Evelyn, 1993
Fleur d'Interdit, Givenchy, 1994
Paradox pour elle, Jacomo, 1998
Femme, Jean Luc Amsler, 2000
Tam dao, dyptique, 2003
Jardin clos, dyptique, 2004
Révélation, Pierre Cardin, 2004
Night Fever, Chupa Chups, 2004
……

ただひとつ、ユニークなものを

エスペリデ（柑橘）に属するオレンジ、レモン、マンダリンを除けば、カシスの芽はフルーティノートのカテゴリでは、唯一の天然原料である。他の香料（最も一般に流通するのは、イチゴ、リンゴ、フランボワーズ、プラム、ガラナ）は合成品である。これらはレッドベリーノート、またはブラックベリーノートと呼ばれている、チェリー、フランボワーズ、グリオット（スミノミザクラの実）、イチゴ、プラムなどの香調である。これだけたくさんの香料があっても、調香師のパレットにある天然香料はほとんどブルジョンドカシスのみ。フルーツを話題にしても、カシスの実はまったく使わずに、葉の新芽だけを用いて、アブソリュートまたはコンクリートを抽出しているのは奇妙だ。

このアブソリュートには、カシスという木の特色豊かな香りがある。ブラックベリーの香調がとても強く、少し酸みを感じることもあるが、香りの特徴はトップノートである。この製品のはじけるような明解な特徴と相性がよいの

―カシスの芽を含む香水―
- ジャン ルイ シェレール/ジャン ルイ シェレール 1979
- アルマーニ マニア/ジョルジオ アルマーニ 2002
- カボティーヌ/グレ 1990
- クオーツ/モリヌー 1978
- アンサンセ/ジバンシイ 1993
- シャマード/ゲラン 1969

は、グリーンフローラルノート、さらにミュゲやナルシス、もうひとつの製品であるヒヤシンスタイプのフローラルノートである。

ファインフレグランス製品とトイレタリー製品

2004年、アジュールフラグランス社創作部門の部長として入社とともに、私のキャリアは転機を迎えた。シャンプーやシャワージェルなどの「ボディケア」製品に鞍替えすることになったのである。ファインフレグランス製品では、エチルアルコールを唯一の溶媒として用いるが、ボディケアの分野ではくさみがあれば隠す、つまりマスキングする必要がある。さらに、製品の品質や安定性などを提示する義務という基本業務もある。法的規制と価格との兼ね合いが、調香技術よりもさらに重要になる。芸術的な視点からすれば、あまり重要に思えないようなこうした条件は、香水ブランドが調香師の個性で展開する傾向が見受けられる時代にあって、トイレタリー製品の調香師をやや日陰の身にしている。

「ボディケア」はフレグランスを用いるもうひとつの製品である

キャプティブ

ジボダン社で、新しい香気成分を探知する、嗅覚のスクリーニングテストのプログラムに参加した。研究室内では、小さなガラスの瓶一本をそっくりそのまま鼻の下にもっていき、自然には存在しない新しい成分を発見することを期待しながらにおいを嗅ぐ。このような実験はこの業界では一般的に行われ、そのねらいは革新的な製品──キャプティブを提案し、特許を取得して製品を保護し、独占販売することである。言うまでもなく、企業は競合がその分子の同定に成功するまで、クリエーションに使用し続ける。いくつかの製品で成功を収めた後に、この企業は他の調香師たちにこれらの分子を提示する。企業は特許を取らない方が目立たないので良いと判断するときもある。このようにして、1990年代には市場に香料のカロン、──フレッシュなマリーンノートで海岸の香りを初めてリアルに再現した香りが登場したのである！

カッシー

Acacia farnesiana Willd./*Acacia cavenia* Hook.et Arn.
ネムノキ亜科

Une fleur de cassie
ユン フルール ド カッシー

Acacia farnesiana は、別名 *Cassie ancienne*、スィートカッシーと呼ばれる。インド原産で、オーストラリア、ニューカレドニア、アフリカ熱帯地域、アンティル諸島に自生。別の品種、*Cassie romaine* の主な栽培地はイタリアのリグリア州、アルジェリア、フランス

カッシーはプロヴァンス地方特有の樹木

　フレグランス製品に用いられるのは、二種類のカッシー（マメ科）であり、ひとつはフランス語で「ラ カッシー アンシャン（昔ながらのカッシー）」、別名ファルネーズと呼ばれる *Acacia farnesiana* Willd. である。もうひとつは「ラ カッシー ロマーヌ（ローマのカッシー）」*Acacia cavenia* Hook.et Arn. だ。

　ラ カッシー アンシャンはインド原産で、ヨーロッパには17世紀に輸入された。今日では、地中海全域で栽培されている。

　3年経つと、カッシーの木は花を咲かせる。5〜6年経った木であれば、花の収穫高は約500〜600gだ。フランスでは花の収穫期が9月初めから11月末まで。カッシー ロマーヌの生産高は低下し、香りの評価も劣る。花が少ないために、フレグランス製品に用いられることはあまりなく、もっぱら装飾用になっている。カッシーは一本だけ植えることもあるが、何本も並べて生け垣にすることもある。

　カッシーの花は、有機溶剤の石油エーテルか、ヘキサンを用いて抽出しているが、約0.5〜0.7％の収率でコンクリートが採れる。コンクリートからは濃い褐色をし、半液状の石鹸のような材質の、フローラルで、ミモザのパウダリーな香りをもつアブソリュートを30〜36％抽出できる。これらは、香水のトップノートとミドルノートに用いられることが多い。香水の歴史では、1906年にジャック・ゲラン作の「アプレロンデ」に最初に使用したことで知られる。

EXTRAIT de Casie.

カッシーの収穫風景

カッシーの木を栽培するときには、この低木は繊細な性質で、寒さを嫌い、零下4度以下では霜枯れすることを念頭におく必要がある。さらに、防風処置が必要だが、植林時に栽培地のまわりを壁で囲むことで解決できるだろう。ただし、木のまわりでは空気の流れを十分によくするほか、石灰質の土壌は好まないことを知っておく方がよい。この低木は一般的に、水やりはほとんど必要がなく、乾燥した夏を好み、秋になれば美しい花を咲かせる。

一般的な名称

ル カッシエ（カッシーの木）はプロヴァンスを象徴する木であり、別名も多数ある。たとえば、レヴァント地方のカッシエ、ファルネーゼのカッシエ、ファルネーゼのアカシア、小形のミモザ、カッシリエ、カネフィシエ、カッスのように。さて、アラブ語では単純にベンと呼ばれている。

〈香気成分〉
アブソリュートの主成分は、メチルサリチレート、アニスアルデヒド、ゲラニオール、ゲラニルアセテートである。

植物の効用──
昔、モロッコではカッシーの花を衣類の虫除けに用いたが、この植物には毒性があることを証拠づけた。さらに、カッシーのいくつかの部位はポマードの調合に用いられる。そして、収斂作用のある果実はのどや皮膚、目のいろいろな症状に使用されている。

カッシー、*Acacia farnesiana* はネムノキ亜科に属する、落葉性のミモザである。この小低木の高さは約10cm。垂れ下がる枝には、全長2〜5cmの長いトゲがある。葉は2回羽状複葉であり、黄色い球状した香りのよい花が咲く。

「カルメン」に登場するカッシー

作家メリメと作曲家ビゼーが生み出した、情熱的な性格のカルメン、そして彼女のカッシーの花束

「カルメン」(1845) で、作家プロスペル・メリメは、タバコ工場の上っ張りをカッシーの花束で飾った。ジョルジュ・ビゼー（オペラコミック「カルメン」1875）はこの描写を忠実に再現し、ドン・ホセが有名なカルメンチータに宿命的な情熱を抱くきっかけにした。
ビゼーの台本第1幕第5場：カルメンは上っ張りにカッシーの花束をつけ、口の端にカッシーの花をくわえて登場する。ホセが彼女に目をやり、それから静かに、仕事に戻る。彼女は胸につけたカッシーの花をもぎとるや、彼に投げつけ花が足下に落ちる。全員の突発的な大笑い。工場の鐘が12回鳴る。工場員と若者たちの退場……「ハバネラ」が流れる。

カッシー

ドミニク・ロピオン DOMINIQUE ROPION

天職に就くまで時間がかかったが、昔から香水が好きで、なんのにおいでも、口実をつけて嗅ぐ子供だったので、握りこぶしのにおいまで嗅いだものだ。香水よりも先に、世界をにおいで理解していたのである。

私はルール社の研修に参加するチャンスを得た。1978年には、当時の社長だったジャン・アミックがメゾン付属の調香師学校に加わらないかと提案してくださったので、その申し出を受け入れることにした。

最初の課題は香粧品であった。過去の偉大な処方を習得する、古典的な調香師育成研修コースを終えてから、私はトイレ用洗浄剤に付香する仕事についた。数ヵ月間、この製造技術を活用しながら、高名な香水の処方を製品に合わせて、再現していた次第である。洗練された魅力というといまひとつのトイレ用品だが、この仕事はとても愉快だった！

〈作品の紹介〉

Lace, Yardley, 1982
Ysatis, Givenchy, 1984
Amarige, Givenchy, 1991
Dune, Dior（J.-L. Sieuzac 共作）, 1991
Aimez-moi, Caron, 1995
Jungle Tigre, Kenzo, 1997
Une fleur de Cassie, Frédéric Malle, 2000
Very Irresistible, Givenchy (S. Labbé & C. Benaïm と), 2003
Amor Amor, Cacharel (L. Bruyère 共作), 2003
Pure Poison, Dior (C. Benaïm & O. Polge 共作), 2004
Armani Mania, Giorgio Armani, 2004
Alien, Thierry Mugler (L. Bruyère 共作), 2005
My Queen, Alexander McQueen (A. Flipo 共作), 2005……

策略家——カッシーの花

この花は「策略家」なので扱いが難しい。ミモザと同類だが、枝葉は密集しており、木は全体に丸みを帯びて、ミステリアスな要素が増える。イランイランの香りに似たアニマルノートの開発に、カッシーの花が成分として用いられている。硫黄とアルデヒドを含むので、自在に扱うのは難しいものの、それでも好んで創作に用いている。「ユヌ フルール ド カッシー」では、自分が望むことを実現するまで何ヵ月間も必要になった。試作品を放棄しては創作するという繰り返し。

この原料の難点は、アブソリュートの第一印象が薬品に似ているので、魅力的とは思えないことだ。そこで、もっと親しみやすいイメージを与えるように、他の香調を配合して、香り立ちを少し隠そうと試みる。この場合には、柑橘ノートをトップに配置するのも一案である。「ユヌ フルール ド カッシー」ではカッシーをほぼ4%と並外れて多く配合した。この決断が

―カッシーを含む香水―
- アマゾン／エルメス 1974
- フルール ド フルール／ニナ リッチ 1982
- ユヌ フルール ド カッシー／フレデリック マル 2000
- ヴェリィ イレジスティブル／ジバンシイ 2003
- アブレロンデ／ゲラン 1906

カッシーの才能を賛辞しているとよいと願う。

ブリーフィングに際して

　香水の仕事を、彫刻家や作曲家のように、香りの造形として捉えることを私は好む。香水のクリエーションに着手するには、多くの方法がある。通常の資料よりも、ブランド側からイメージを与えてくれると、私たちの方では創造性が刺激されて、インスピレーションが湧いてくるものだ。さらに、ブランド側が香水をイメージする雰囲気も描写してくれたならば、香りのイメージはもっと簡単に浮かんでくる。

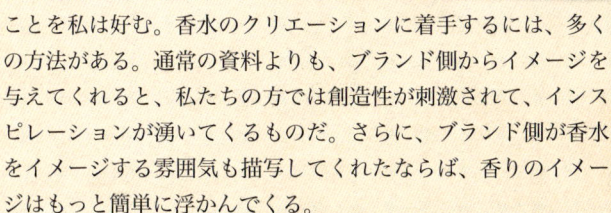

　マーケティングの提示する内容が、真摯で誠実な感情に裏付けられていれば、ブランドの求める香水を明確に感じることができる。そこで、中心のテーマを発展させて、インスピレーションを探し、想起させたいと望む原料のまわりに組み立てる。次に、奥行きと、ボリューム、コントラストの効果を用いて制作に当たる。試香紙に最初に滴下されたアコードと消費者が発見する香水の間に、大きな隔たりがあることは、よく起こる。そして、この二つの香水のあいだには、おびただしい数の試香紙が存在する。

カッシーの花を摘む風景、グラースにて

エイリアン──
ティエリー・ミュグレー、2008

「エイリアン　プール　エイリアン」（ローラン・ブルイェール、オリヴィエ・ポルジュとの共作）では、ティエリー・ミュグレーが最初からしっかりしたアイデアを持っていた。私たちは、社長のヴェラ・ストルビが選択したフローラルスパイシーノートに、ウッディアンバーが合わさり、少し暗さを感じる拡散性が好ましい、かなり強烈な印象を与える香調から、創作に着手した。この香りを元に、「エイリアン」を組み立てたのである。サリチレート類には太陽のような効果があって、日焼け用クリームをイメージさせるが、最初の暗い特徴を和らげてくれる。こうして、きわめて官能的でミステリアスな現在の香水にたどり着くまで、約2年の歳月を要した。ティエリー・ミュグレーチームは、香水に描く彼の世界を複数のイメージに嚙みくだき、私たちにブリーフィングしてくれた。そして、ティナ・バルツァーをモデルに、ポスター用の撮影をしたのは、ティエリー・ミュグレー自身である。

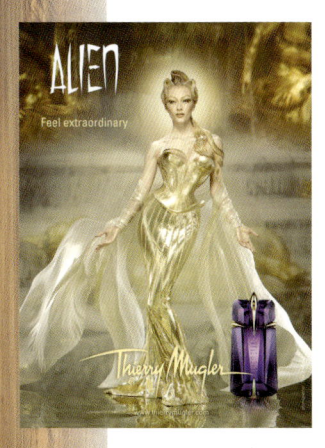

カルダモン

Elettaria cardamomum L. ショウガ科

Bois secret
ボワ シークレット

Elettaria cardamomum（L.）Matten var. *minuscule* Burk の主な栽培地は、インド（トラヴァンコール、マデュラ、マラバー、カナラ）、スリランカ、グアテマラ、タイ、インドシナ半島である

植物の根元に実る果実のみを使用

　最古のスパイスのひとつで、古代エジプトではすでに料理と香料の両方に用いていた。香料産業で一般的に使用される、緑のカルダモン、*Elettaria cardamomum* は、ジンジャーと同じショウガ科に属する植物である。スパイスとして用いるのは乾燥させた果実だが、2〜3cm のさく果に濃い褐色の小さな種子が 5〜20 個入っている。この種子を抽出すると、香水の成分になる芳香物質が採れる。カルダモンは長らく野生植物であったが、現在では栽培されるようになった。多彩な料理に、日常的に用いているインドでは栽培が特に盛んで、世界の主要な生産国に数えられる。

　カルダモンを原料に作られる主な製品は精油であり、果実全体、あるいは種子だけを砕いて粉末とし、水蒸気を通して抽出する。カルダモン精油は透明な液状で、無色から黄色である（収率は 2.3〜8.4%）。精油の大部分は食品産業向けの菓子、缶詰、ソース、リキュールなど、多種類のフレーバーに用いられる。高価な商品であるため、香料業界では使用量をできるだけ控えている。

　農産物加工用として興味深い製品であるにも関わらず、濃い緑色を帯びる褐色（エタノール、アセトン処理）の樹脂状の製品はいまだ手つかずのままである。

ポークのフィレミニオン 洋梨添え──カルダモン風味　（4人前）

ポークのフィレ肉…600g　　　エシャロット…1本
洋梨…2個　　バター…50g　　ヒマワリ油…大さじ1杯
レモン…1個　　塩・胡椒　　　辛口の白ワイン…100ml
カルダモンの粉末　　　　　　　アムベール地方のフルムチーズ…50g

　洋梨を四つ切りにして、バター 30g と一緒に強火で早めに炒め、やや堅さが残る程度になったら火から下ろす。そこに、レモン汁少々、塩、胡椒、カルダモンを加えて味を整える。エシャロットをみじん切りにし、鍋に入れ、白ワインを加える。半分の量になるまで煮詰め、塩と胡椒で味付ける。
　フィレ肉を四等分し、塩をふる。フライパンにバター 20g とヒマワリ油を入れて高温で焼く。焼き具合は好みで決めること。肉を取り出し、胡椒とカルダモンで味つける。煮詰めた白ワインとエシャロットをソースにするため、これをフライパンに入れ、底についた肉汁を溶かしながら混ぜ合わせる。できあがったら、肉の横に、エシャロットと、洋梨の四つ切り（盛りつけ前に軽く加熱する）を添え、サイコロ状に切ったフルムチーズをいくつか盛りつけして、完成。

〈香気成分〉
精油の主成分——α-テルピニルアセテートと1,8-シネオール。その他にリナロールとα-テルピネオール、サビネン、リナリルアセテートを高比率で含む。

植物の効用——
カルダモンが薬用になることは、古代ギリシア・エジプトの時代から知られていた。消化不良、鼓腸、胃けいれんのような消化器系のトラブルに用いられた。味が受け入れやすいため、あまり味の良くない消化薬に加えられることもあった。

先祖のグラスに

北欧の伝説には神々の飲料——カルダモン風味の「ヒドロメール」がよく登場する

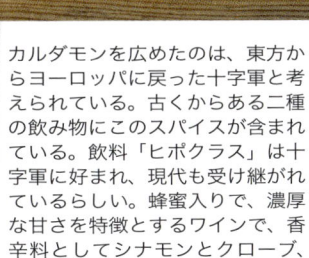

カルダモンの実はショウガ科エレタリア属のいろいろな品種から採取される。香料産業で用いられる品種は主に、*Elettaria cardamomum* (L.) Matten var.*miuscula* Burk. である。草本植物のカルダモンは根茎から茎をのばす。その形はアシに似ている。熱帯性の湿地帯で野生で育つ姿に出会うことがある。

カルダモンを広めたのは、東方からヨーロッパに戻った十字軍と考えられている。古くからある二種の飲み物にこのスパイスが含まれている。飲料「ヒポクラス」は十字軍に好まれ、現代も受け継がれているらしい。蜂蜜入りで、濃厚な甘さを特徴とするワインで、香辛料としてシナモンとクローブ、ジンジャー、カルダモンを用いている。

もうひとつの「ヒドロメール」も、カルダモンで風味づけしている。水と蜂蜜を用いて、酵母発酵させた飲料である。「ヒポクラス」と同じく多種類のスパイスを含む。口あたりのよい飲み物で、アルコール度数は15〜16度。

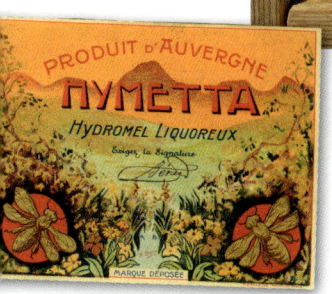

カルダモン

パスカル・スィーヨン PASCAL SILLON

香水の世界と私を結ぶ縁はなかったのだが、生物学を学んでいる時分に、ISIPCA（香水・化粧品・食品香料国際高等技術学院）の存在を知ることがきっかけとなった。これはまさに、私の人生に嗅覚を介するメッセージの量が増えること、そして私には香りが重要であることを知らせる啓示だった！

ISIPCA の口頭試問では、広い空間を香りで満たしたいと述べた。折しも、Club Med（地中海クラブ）が潮騒やエキゾチックな小鳥たちを世に吹聴していたときでもあり、自分でも「いつか海の香りを加えてみせる！」と誓いを立てたほどだ。

ある日、社の調香師の独創力を高めるために、会社で美術史の授業が開催されたことがある。このときには、芸術家の作品を吸収でき、作品への理解をたしかに深めることができた。しかし、一番の収穫は芸術作品と、私たちのささやかな香りのクリエーションは、取り組み方が同じであると思えたことで、まさに、啓示を得たのである！

〈作品の紹介〉

シムライズ社では Le Petit Marseillais のシャワージェル：Ciste et Gingembre、Fleur de fraisier、Verveine-Citron、オークモスとバジルを爽やかな現代風にした。シャンプー類：ロレアル社 "DOP"、コルゲート社パルムオリーブ。ニベア フォーメンシリーズのアフターシェーブバーム、アンチリンクル、シェービングムース/ジェル等、約20種の製品を制作。

そのままですでに香水

カルダモンそのものが香水であり、二つの特徴を備えている。香り立ちは柑橘系のはじける果皮のノートで、マンダリン、オレンジ、タマリンドに加え、すっきりしたライムというシトラスノートが備わるため、私には黄色、さらにオレンジ色にも感じとれる。同時にとても重たい、ホットでスパイシーな特徴があるし、辛みもある………。この対照的な特徴は、香調をはるかに魅力的にするので好ましい。トップノートのフレッシュな香りとミドルノートのスパイシーな熱さを結びつけて、たくさんの香水を誕生させた。カルダモンを多量に用いることはないが、男性用の香調によく見つかる優れたミドルノートであると思う。「ニベアフォーメン」に使用して、若くてはじけるような新しい特徴を与えることができた。

香水製品の将来は？

調香師ばかりではなく、ファインフレグランスの世界でも、「供給過剰」という共通の問題を抱えている。毎年、約1000種の新しい香水が発表されるなか、2、3年後まで生き

―カルダモンを含む香水―
- シルバーブラック/アザロ 2005
- ボワ シークレット/エヴォディ 2008
- ヴォワル ダンプル/イヴ ロシェ 2005
- フェミニンドゥ/サーリニ 2009
- オートゥール デュ コクリコ/オルラーヌ 2009
- アラル/オジェール SARL 2009

柑橘類の特徴と、辛みと……

残る製品は10種ほどに過ぎない。ファインフレグランスの将来は良質の天然原料を復活させ、独創的な香りづくりに加えて、マーケティングが明解に真実を語ることにある。創造性については、私が注意深く研究したピゲグループを例にあげて説明しよう。「ニナ」「リッチリッチ」「ワンミリオン」「ブラックXS」の後で、新製品を発表する予定はないものの、彼らの香水は創造的な香りを大切にする方針がうまく機能している。その方針には首尾一貫したアイデンティティが感じられる。マーケティングが「香り」と「感情」に重きをおくことなく、金銭的な収支ばかりを重視して追求するのであれば、神話はもろくも崩れさってしまう。

幸いなことに、逆のケースもある。「エンジェル」のテスト結果ははかばかしくなかったが、「パルファム ティエリー ミュグレー」時代に担当者だったヴェラ・ストルビがこの香水をいたく気に入り、リスクも顧みずに発売を決めた。結果、その判断が香水を成功に導いたことは有名である。

ニッチな製品が私たちの仕事内容に最も近いと思っている。オリジナリティを求める顧客が、今日の成功に導いてくださっていることは確かだ。セルジュ・ルタンスのようなクリエーターは消費者テストを無視して、果敢にもリスクを選ぶ。彼は自ら思う通りに創作するのだが、私たちにしても目指すところは同じであり、実現に向けて努力している。

事前の戦略について

ファインフレグランスと香粧品の隔たりは徐々に狭まっている。そして、大成功を収めた香水をシャワージェルやシャンプーに応用する、いわゆるトリックルダウンの傾向も長く続いている現象だ。しかし、それとは逆にトリックルアップ、つまり私たちが創作する香りが、香水にインスピレーションを与える現象も増えているように感じられる。そこで、クライアントから企画を依頼されたときには、提示された内容と並行して、ボディケア製品ばかりではなく、ファインフレグランスも提案するように、クライアントより先にアイデアを発展させている。たとえば、若者が欲しいと思う、香りの素材すべてについて考える。

私たちは、ロレアル社やヘンケル社といったわが社のクライアントが抱えている顧客の反応を分析している。このような手法が一般化されてきたので、企業もしだいにこちらの提案内容に興味を示すようになっている。目下は、ひとつの香りが拒絶されたときに、いかにそれを明日の「夢中・中毒」に転化できるのか（例:「エンジェル」）——その可能性を分析して検討中である。

ガルバナム

Ferula galbaniflua Boissier et Buhse / *Ferula rubricaulis* Boissier / *Ferula ceratophylla* Regel et Schmalhausen セリ科

Vent vert
ヴァンヴェール

セリ科の三種 *Ferula* 属を基原植物としている。イラン北方に育つ *Ferula galbaniflua* Boissier et Buhse とイラン南方の *F. rubricaulis* Boissier、トルキスタンの *F.ceratophylla* Regel et Schmalhausen である

ガルバナムは大きなセリ科の植物

　根は、ずんぐりしたビートの根に驚くほど似ている。根に切り込みを入れるか、根と茎の境に切れ目を入れると、ガルバナムのゴム樹脂が滲出し採取できる。香料には二種類が商業化され、ひとつは「ペルシアのガルバナム」「硬質のガルバナム」と呼ばれる製品で、粘稠性がなく、固形の時もある。色は白く、表面は黄みがかっている。香りが強くバルサム調である。

　もうひとつは「レヴァントのガルバナム」「軟性ガルバナム」と呼ばれ、丸い粒状で粘り気があり、時間が経つと固まる性質がある。光沢の有る無しに分かれるが、色はやや黄みか赤みを帯びる。樹脂は固形に近く、植物の残渣が混じっている。このガルバナムには針葉樹に似た強い香りがあり、グリーンとウッディが特徴的。実際のフレグランスに用いるのはこの香りだけ。

　収穫はイランがほぼ独占している。首都テヘラン市の北東に位置するエルブルーズ山脈が産地である。毎夏、高く伸びる茎を求めて、収穫者が広大な不毛の土地をくまなく探索する。丸みのある根を掘り出しては切り込みを入れる。2週間後にも同じ工程が繰り返され、ゴム樹脂を採取するが、2度目の収穫用に再度切り込みを入れておく。

　昔は年間100〜150トンの収穫があったが、1980年代の採集が難しかった時期を経て、現在は年間約50〜60トン収穫されている。

　ゴム樹脂をハイドロディスティレーション法（直接蒸留法）にかけると、透明な精油（収率18〜24％）が抽出され、オリエンタルやグリーンタイプの製品に頻繁に使われる。有機溶剤抽出法では固形または半固形のレジノイドが採れるが、濃い琥珀から黄みがかった褐色をし、グリーン、バルサミック、ウッディ、アニマルの香りをもつ。

緑茶とガルバナム風味のサブレ（4人前）

柔らかくしたバター　150g	ドライイースト　1/2袋	バニラ風味の砂糖　1袋
砂糖150g／卵白　卵1個分	抹茶　1g	必要であれば水を適量加える
小麦粉　150g	ガルバナムの精油　2滴	

オーブンをあらかじめ180℃に温めておく。バター、砂糖、バニラ風味の砂糖、ガルバナムの精油を撹拌器で混ぜる。そこに卵白を加え、次にあらかじめ抹茶とドライイーストを混ぜておいた小麦粉を加える。サブレの生地がまとまったら、直径5cmほどの円筒形に整えてラップで巻き、冷蔵庫で30分ほど寝かせて生地を整える。焼くときには、薄めの輪切りにして、硫酸紙を敷いたオーブンプレートの上に並べて、約15分間かけて焼

〈香気成分〉
精油の主成分は、α-, β-ピネン、リモネン、δ-3-カレン、ガルバノレン、1.3-(E),5-(Z)-ウンデカトリエンと、1.3-(Z),5-(Z)-ウンデカトリエン）である。

植物の効用──
アロマテラピーでは、ガルバナムの精油を抗感染作用と抗炎症作用、鎮痛作用によって用いるが、催淫作用があることから用いられることもある。その香りにはグリーンでスパイシー、そしてバルサム調を感じる。かつては、治療薬として、呼吸器系感染症や腹部膨満感、腹痛に用いられた。現在内服は行われていない。

オオウイキョウ属の三種、*Ferula galbaniflua* Boissier et Buhse、*Ferula rubricaulis* Boissier、*Ferula ceratophylla* Regel et Schmalhausen を香料に使用。草本植物で根をまっすぐに下ろす。草丈 1～2m。不毛地帯に育ち、海抜 2800m まで生育可能。（写真は *Ferula communis* L.）

パルファムと王子

古代エジプトでは儀式の際にガルバナムを用いた

フランス・アビニョン大学の研究者たちはエジプトのダシュールに設営した、考古学者 J. ドゥモーガンの遺跡発掘現場で、1894～1895 年に収集された古代エジプト時代の標本の分析を試みた（ヴィクトール ロレ コレクション、リオン市）。出土された品目には、オオウイキョウ属（ガルバナム）の樹脂も含まれており、ハソール皇女（前 1897～1844 年）の埋葬品として出土された家具のなかに発見された。このコレクションのヒエログリフのひとつは「最初に選ぶ香り」を連想させ、その次には「野菜」を表象する文字が続く。

油性の香膏は、古代エジプトの後期（前 750～前 30 年頃）に至るまで、葬礼用に使われていた 9 種のオイルのひとつである。

カルバナム

ジャニーン・モンジャン　JEANNINE MONGIN

幸運なめぐり合わせで、フレグランスの世界にデビューしたのは1956年のこと。最初にリュバン社で、アンリ・ジブレのアシスタントとなり、その後シムライズ社でユベール・フレイスの下で若手調香師となった。レンセリック社ではジョルジュ・サンと実りの多い一年を過ごし、その後、IFF社に入社した。においの評価委員会（Odeur EvaluationBord）ではルノー・セネック付きエバリュエーターとして携わったが、このとき香りの職業であらゆるジャンルを一巡したことになる。ギー・ロベールの生徒兼アシスタントを務めた後に、調香師として働くようになった。

ジボダン社で16年間研鑽を積み、キャリアを作り1992年から10年間、ISIPCAでファインフレグランスを教えていた。

オズモテーク Osmothéque 財団の一員として貢献し、20世紀の香水製造業を詳細に検証する、「歴史」を主題に据えた『Nouvelles de l' Osmothéque』に編集長として携わった。

〈作品の紹介〉

記憶に残る香水は、彼女のキャリアで最初と最後で成功した作品。1969年の「ファッション」は婦人服デザイナーのレオナールが初めて発表した香水で、豊かなミドルノートのシプレ調。イランイランでトップノートを軽くし、アニマリックなインフュージョンを残香部に配し、さらに若干のアルデヒドを用いて、トップの立ち上がりを爽やかにしている。1993年には流行のフローラルブーケを取り入れた香水を、同じ名称で発表。1990年に創作したシスレー「オーデュソワール」もウッディとパチュリを主体に据えたシプレ調の組み立てにした。トップノートはわずかで、すぐにフリージアとガーデニア系のフローラルが香り立つ。ガルバナムの緑の香りをアクセントにした豪華なブーケ。

森にいるような香り

ガルバナムは野生の草本植物である。その精油には春の河岸のような香りがあって、爽やかなトップノートの香りを引き立てる。精油のピラジン、トマト、ニンジンの茎葉の香りの特徴は興味深い。

レジノイドの深いグリーンノートの香りを嗅ぐと、私は森の緑陰に運ばれる。湿った森のにおいがするパチュリと、地衣類と樹木、根のにおいのオークモスとベチバーを配合すると、ガルバナムはまさにクラシックなシプレ調の「精髄」となる。

ジェルメンヌ・セリエは女性初の調香師であったと思われるが、1945年に、バルマンに「ヴァンヴェール」を創作したときには、ガルバナムの輝きを存分に生かしきった。若さと瑞々しさ、春の躍動感を想起させる目的で、8%のガルバナム・エッセンスをこの香水に用いたのである。それから20年経って、「ヴァンヴェール」は、グリーンフローラルが魅力的な「グラフィッテイ」（カプッチ1963）や「フィジー」（ギラロッシュ1966）、「オードゥカンパーニュ」（シスレー1974）といった一連の香水のパイオニアになった。

―ガルバナムを含む香水―
- イザティス／ジバンシイ 1984
- オー デュ ソワール／シスレー 1990
- ヴァンヴェール／バルマン 1945
- イヴォワール／バルマン 1979
- No.19／シャネル 1970

バルマンの「ヴァンヴェール」。ルネ・グリュオのイラストを用いたポスター

調香師のパレットには

調香師のパレットの授業では、香りの進化を教えた。新しい柑橘系の香りは軽くなり、あらゆる種類のフローラルノートと、グリーン、マリン、シプレノートなどが登場。ウッディが現れ、シプレの後には、ついにアンバーノートが加えられた。柑橘系からアンバー調まで、香調はますます洗練され、香水の表現もそれを受けて変化する。20世紀初頭の偉大な調香師の歴史と、19世紀末から香水産業が前進する方向を定め、新しいカテゴリを切り開いた大家の偉大な作品についても教えた。

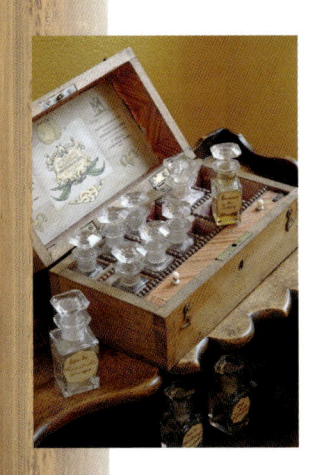

香りの表現

香りの世界では独自に表現する用語がないために、音楽や絵画、彫刻などに用いる言葉を充てる。ISIPCAで、香りの表現について教えたときには、香水製造に用いる原料と結びつけながら、普段の暮らしで出会う品物を考察し推論する方法によって、野菜や果物の形状やにおい、触感を香りの言語に翻訳することを生徒たちに指導した。

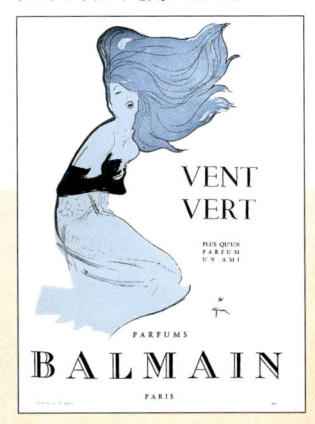

アプリコットは丸くて滑らかだから、サンダルウッドの香りを思わせる。その触感は柔らかで、ビロードのようではないか？そこで、トンカビーンを想起する……アプリコットの果肉は柔らかくて、少し酸みがあるのでは？いくつかのフルーティアルデヒドのよう。そして、アプリコットの仁はウッディな構造を連想させる…。

こうして、生徒たちは形容詞と香りを結びつけ、誰にでも理解できる表現を適切な技術用語に置き換えた。「甘くて、丸く、フルーティ」というテーマを元に、それぞれが深い思索に入る。香りのパレットに助けてもらいながら、実際に創香する段階に進み、香水に配合する複数の香調を見つける課題に取り組んだ。ひとりずつ調合を手がけた後に、参加者全員で作品を批評した。

キンモクセイ

Osmanthus fragrans Lour. モクセイ科

Osmanthus Interdite
オスマンサス アンテルディ

中国原産のキンモクセイが、桂林市近郊の群山に多く育つ。「桂林」とは中国語で、金木犀の森を意味する。他に重慶市、成都市、台湾省新竹県もキンモクセイの産地である

キンモクセイは房状の白いかわいい花をつける

　この常緑性の低木は、古代中国の皇帝の庭園跡にあった。香りのよい花を咲かせるので、しだいに庶民も栽培を始めた。キンモクセイがとりわけ好むのは、亜熱帯性気候と小石の少ない地味豊かな土壌、適度な雨と、強い太陽に照らされる環境である。中国と台湾の市場では乾燥させた花を、菓子類とお茶の香料として長いこと使用してきたが、最近では食品香料（たとえば、ヨーグルトのアプリコット風味）にも用いられている。

　小さな花は木全体を覆うようにして、房状に咲く。花の収穫期間は3週間である。枝を叩くか揺すって、地面に拡げた布の上に花を落とすが、こうして収穫された花は、塩水が入った樽いっぱいに入れられ、工場に出荷される。抽出器が扱える容量と、キンモクセイの栽培地が遠方の各地に分散している難点があって、花の収穫はまれにしか行われていない。

　樽に入れた花をきれいな水で洗い、水気を切ってから、ヘキサンや石油エーテルを溶剤に用いて抽出するが、数ヵ月のあいだこの作業は何度も繰り返して行われる。この抽出法を可能にするのは、かつてグラースで用いられた、樽の栓（流水口の思わせる栓の一種）のような装置だ。この抽出法で採れるコンクリートの収率は約1.5〜1.7%である。これを加工処理すると、濃い褐色のアブソリュートを70%の収率で得ることができる。ファインフレグランスでは大変に値打ちのある製品である。

　このコンクリートをヨーロッパの香水業界に紹介したのは、中国人と連携して共同作業を行ったグラースの *LMR* 社であり、1985年頃のことである。当初の生産高は 1*kg* に限られていたが、現在では約 100*kg* にも達するようになった。

ウーロン茶とキンモクセイの花のジュレ

ウーロン茶　大さじ3杯　　　水　1ℓ
キンモクセイの花　大さじ2杯　レモン 1/2 個
砂糖　400g　　　　　　　　寒天粉　6g

沸騰させた湯にウーロン茶とキンモクセイの花を入れ、10分間浸出させる。茶こしで濾してから、砂糖、寒天粉、レモン1/2個分の果汁を加えて沸騰させる。用意した容器それぞれに取り分けて、ふたをして冷蔵庫で冷やす。

〈香気成分〉
アブソリュートは370種以上の成分が同定されているが、時にアプリコットに似た香りの特徴は、主要成分のα-とβ-イオノン類とダマセノン類に由来する。

植物の効用──
慢性の咳には、乾燥させたキンモクセイの花、根、樹皮を浸剤にして用いる。キンモクセイのアブソリュートは、ヘアケアやスキンケア化粧品に配合されるほか、除虫効果もある。製品の薬用植物らしさをキンモクセイのアプリコット調の香りで、マスキングすることがよく行われている。

中国・広西壮（チワン）族自治区。のこぎりの歯に似た丘陵地帯はキンモクセイの伝統的な栽培地

キンモクセイは1〜2mの高さに育つ低木。開花時期は年に2回、5月〜6月と9月〜10月。主な品種は花が白色の「ギンモクセイ」と花が金色でもっと香りの強い、甘いフルーティフローラルな「キンモクセイ」。（写真は、Osmanthus × burkwood）

キンモクセイの町
香りのよい花を咲かせるキンモクセイは、中国桂林市の伝統的なシンボルである。今から二千年以上前、秦朝の時代に設置された桂林市は広西壮（チワン）族自治区にあり、とても人気のある観光地である。観光スポットは、漓江（リコウ）と「龍の歯」と呼ばれる、のこぎりの歯にも似た美しい丘陵地帯である。

キンモクセイ

ジャン・ケルレオ JEAN KERLÉO

旧制中等教育を修了し、兵役を終えてから、ヘレナ・ルビンスタイン社に入社したのは 1955 年のことである。ジャック＝ジャン・ツェンという、才能豊かな調香師の助手となり、この仕事にかける彼の情熱を教え込まれたが、8 年後に彼が退社したときには、その後任に配属された。1965 年には若手調香師として、「フランス調香師賞」を受賞し、1966 年には「エモーション」を創作した。

ジャンパトゥのメゾンに入社したのは 1967 年で、最初は技術主任として勤め、それからメゾン専属調香師として 33 年間勤務した。フランス調香師会々長に就任し（1976～1979 年）、それ以降は名誉会長となる。オズモテークを創設し、2008 年まで会長を務めた。そして、2001 年には「フランソワコティ賞」という栄誉を授かった。

〈作品の紹介〉

Jean Patou :
1000, 1972
Eau de Patou, 1976
Patou pour Homme, 1980
Ma collection, 1984
Eau de toilette Joy, 1984
Ma Liberté, 1987
Sublime, 1992
Voyageur, 1995
Patou for ever, 1998
Le parfum de Venise, 1999……

Lacoste :
Eau de sport & Eau de Toilette, 1968
Eau de Toilette Lacoste, 1984
Land, 1991
Eau de Sport, 1994
Booster, 1996……

アプリコットの香水

キンモクセイの栽培は主に中国で行われている。花は広州の市場で年一回販売されるが、現地でコンクリートを抽出してから、グラースでアブソリュートに加工する。このモクセイ科植物を、フランスでは数都市でも装飾用に植えているものの、面白いことに花からの香料採取にはまるで興味がない。キンモクセイの香りにははっきりした個性があり、フローラルでフルーティな香調ともに、ピーチとアプリコットの特徴も備わり、特にアプリコット様の香気が目立つ。私はキンモクセイを香水 1000 のなかに 1～2% で加えたのが、香水に初めて用いたケースである。独特の個性を保つため、それ以降キンモクセイを香水に用いたことはない。とても高価な製品ではあるが、今日では値の張らない合成の代用品がある。

33 年間、香水と関わって調香師賞を受賞してから、私は一目おかれるようになり、ジャン パトゥの共同経営者で、1936 年に社の後継者になった義理の兄、

―キンモクセイを含む香水―
- ナルシソ ムスク フォー ハー コレクション/ナルシソ ロドリゲス 2009
- オスマンサス/ザ ディファレント カンパニー 2001
- テール ド サーマン/フラパン 2008
- 1000/ジャン パトゥ 1972
- オートゥール デュ ミューゲ/オルラーヌ 2009
- オスマンサス アンテルディ/パルファム ダンピール 2007

キンモクセイの花を乾燥させて準備する

レイモン・バルバスは専属調香師のアンリ・ジブレ亡き後、後任として1967年に私を雇用した。当時のパトゥのメゾンは、オートクチュールを専門とし、年2回、80種のデザインを発表していた。アンリ・アルメラスによる「世界で最も高価な香水」と形容される「ジョイ」（1930）が成功したにもかかわらず、香水は3年から4年に1回発表される二次的な事業であった。

クリスチャン・ラクロワの辞職に続いて、クチュール部門が1987〜1988年の時期に閉鎖されるまで、香水はクチュールを補充する製品といったイメージを帯びていた。他の調香師との競争を経て、1968年にジャンパトゥのラコステ「オードスポーツ」と「オードトワレ」を創作するに至った。こうして、私はメゾンの専属調香師という肩書きを得たのである。

スブリーム！

1992年に創作した「スブリーム」は、香水瓶、プレゼンテーション、名称とトータルで、パトゥ社の協力者とチームワークで仕事をした賜物である。フレグランスはセミアンバー調のフローラルで、私たちの香水ラインでは革新的な製品だ。香水のクリエーションに携わったチームは誰もが十分に満足していたので、香水の名称は単刀直入に「スブリーム」（崇高）と決定した！

常軌を逸したエピソード

キンモクセイは、私の香水「1000ミル」のシンボルである。レイモン バルバスからエリートな香水についてよく考えるようにと依頼があり、「ジョイ」のジャスミンとローズよりも完璧な組み合わせの美しいブーケを創作する上で、「価格にあまりこだわる必要はないし、急がないから」といわれた。彼が求めていた香水はスーパー「ジョイ」ともいえる、並外れて優れた製品だったのである。もしかしたら、彼は義兄の栄光に少し嫉妬を感じていたのかもしれない。それから約2年かけて、ジャスミン、ローズ、サンダルウッドなどを用いる調合を考え出したのだが、提示したところ、彼に言わせるとエキゾチシズムに欠けているという。そこで、当時は知る人もいなかった、非常にまれな原料で、高価な中国産キンモクセイのアブソリュートを試すアイデアが浮かび、結果的にはこれが成功に導いてくれた！あくまでも、エリート主義に固執するレイモン・バルバスは初回限定で、1000個の香水瓶に通し番号を入れて販売した。購入者の顧客一人一人の氏名が刻印されていたのだが、一般に名士ばかりで、販売日には6台のロールスロイスを繰り出して、納品に当たった。

クラリセージ

Salvia sclarea L. シソ科

Équipage
エキパージュ

ヨーロッパ、北アフリカに自生。主産地はロシア、フランス、米国、ハンガリー。さらに、ドイツとブルガリア、モロッコでも栽培されている

クラリセージの収穫風景

　セージの変種は多いが、香水用は *Salvia sclarea* のみ。植物の地上部を開花時期に収穫し、小屋のなかで最長で5〜6時間乾燥させてから、抽出にかける。クラリセージからは香水用に複数の製品が生まれる。収穫した新鮮なまま、または細かく裁断した原料を水蒸気蒸留にかけると、0.12〜0.15％の収率で精油が得られる。精油は黄褐色の液体で快いハーバルグリーン、エーテルの香気をもつ淡黄色の液状であり、ラストノートは強いアニマルアンバーだ。「伝統的な」セージには赤ワイン様の苦みを感じることもあり、細かく裁断した生のセージから抽出した精油にはグリーン系の渋みが感じられる。

　石油エーテルで抽出したコンクリートは不均質な半固形状で、大部分がスクラレオールの結晶で、明るい緑色のペースト塊内部にあり、ここからアブソリュートが80〜89％の収率で採取される。なお水蒸気蒸留での抽出後、アンバーノートの香りをもち、誘導体生成に用いるスクラレオールが豊富なコンクリートを得られる。

　スクラレオールはアンブロキサンという香料の原料に用いられるが、アンブロキサンは香りが強く生分解性に優れるために、商業的に大成功しており、香粧品に使用される機会が増大していることに加え、法律上の理由からもスクラレオールの需要が増している。フランスでのクラリセージ抽出の立役者であるボントゥー社は、5ヵ年計画で持続可能な開発市場向けにスクラレオールを生産し、セージ関連産業を新しい方向に導くことを目標に据えたプロジェクトを考案している。

小さな野菜のピクルス — クラリセージ風味（4人前）

ニンジン…3本	タイムの枝…2本	白ワインビネガーまたは
小さいタマネギ…10個	ローレルの葉…2枚	リンゴ酢…1ℓ
ズッキーニ…2本	クラリセージの葉…15枚	塩…適宜
カリフラワー…1/2個	クローブ…2個	
赤ピーマン…1個	コリアンダーの種…15個	

　ニンジンとタマネギの皮をむく。ニンジンと芯を除いたズッキーニを長さ3cmの棒状に切り揃える。カリフラワーは小さな房状に分ける。すべての野菜に塩をまぶしてから、水切りをし余分な水分を落とし、24時間冷蔵庫に寝せておく。

　次に、酢を鍋に入れ、ハーブとスパイスを加え沸騰させる。熱を冷ましてから24時間、冷蔵保存する。乾燥させた野菜を、広口びんに入れ、そこにハーブとスパイスの入った酢を加える。1ヵ月置くと、おいしくなる。

〈香気成分〉
主成分──
リナリルアセテート、リナロール、ゲルマクレン D、スクラレオールが含まれる。クラリセージのアブソリュートの成分は主にスクラレオールである。

植物の効用──

古代ローマ人はセージをサルビア・サバトリック──救済し、治癒に導く植物であると考えていた。ただし、セージの精油は量を過剰に使用するとたしかに毒性が生じ、低血圧症の原因にもなるため、使用には注意が必要だ。セージには抗炎症作用に加えて、ニキビと脱毛症に良い効果があると考えられている。

シソ科の多年草。強い香気をもち、長軟毛に覆われている。草丈は自生の状態では40cm〜1m、栽培植物では1.6mに至る。方形の堅い茎は直立し、枝分かれする。表面には腺毛があり、精油の源である芳香物質を含む。

セージを身につけた、軍の獣医団による騎兵隊の訪問

セージの肩章

1843年9月1日、騎兵隊の治療にあたる軍の獣医団は軍服の上着の袖と襟につける「馬蹄」の記章を「セージの葉」に変更した。現在も変わらずに、その記章が用いられているのだが、変更するに至った理由については今も明らかにされていない。昔の蹄鉄用の道具との関わりか、あるいは単に「傷を治す」という働きに基づく決定なのだろうか？

85

クラリセージ

マティルド・ビジャウイ MATHILDE BIJAOUII

オズモテークを訪れたとき、このような世界が存在していることを発見し、香水に関連する仕事があることを知った。北アフリカ出身の私の家庭では、父が香りが濃厚な料理を作っていたので、自然と香りにはとても敏感になった。ISIPCAを知ったのは13歳のときであり、毎年博物館の開放日になると出かけていた。入学に必要な化学のDUEGを取得し、1999年には入学が認められた。IFF社に3年間勤めたのち、2004年にはマン社にファインフレグランス部門の調香師として入社した。

〈作品の紹介〉

Lily & Spice, Penhaligon's, 2005
Jacomo for men, Jacomo, 2007
Cédrat, Roget & Gallet, 2007
Art Collection #08, Jacomo, 2010
Fleur de Noël, Yves Rocher, 2008
Perry Ellis for men, Perry Ellis, 2008
Squeeze, Lilly Pulitzer, 2008
Lulu Rose, Lulu Castagnette, 2009
Ovation, Oilily, 2009
Like This, État libre d'Orange, 2010.

アロマティックな植物

頻繁に使わないもののクラリセージのアロマティックで甘い香調はお気に入り。タイム、ローズマリー、ラバンジンといった芳香植物特有の強いカンファー臭がない。ノートには、タバコ、アンバー、スクラレオールを含むため、ほぼミネラルノートと表現してもよい。スクラレオールはアンブロキサンというウッディアンバー調のラストによく用いられる香料の原料である。アンブロキサンはアンバーグリスの香りを連想させる。

セージには、ベルガモットと相性がいいティーの一面があり、オリエンタルグルマンノートに爽やかさを与えるチョコレートの特徴も備わっている。ここで用いるのは、仏産クラリセージとロシア産変種で、両者ともセージの香りがありながら、特徴は異なる。アブソリュートではもっと重い成分が保留されるため、クマリンや、タバコの特徴がさらに強くなる。一方で、エッセンスの香気は揮発性があり、フレッシュ。スクラレオールの香りは、アンバーグリス（マッコウクジラの分

―クラリセージを含む香水―
- パトゥ プールオム/パトゥ 1980
- ジャコモ フォーメン/ジャコモ 2007
- ジュール/ディオール 1980
- エキパージュ/エルメス 1970
- ズィノ/ダビドフ 1986

泌物）を連想させる。

　セージというと、男性用の二つの初心者向け香水を思い出す。ひとつは「ドルチェガッバーナ クラシック」（1994）。ウッディアロマで、ミドルノートはラベンダー、カルダモン、エストラゴン、セージ。二つめは、「ドリーマード ベルサーチ」（1996）で、セージがトップノートに用いられ、ラベンダーとマンダリンが組み合わされている。スパイシーオリエンタルノートの「ジャコモプールオム」を創作したときには、チョコレートノートに寄与するセージのエッセンスを使用した。

ペンハリガン

　1870年ロンドンで開業した。英国生粋の歴史をもつ。香水はシングルフローラルで、ミュゲ（スズラン）、ライラック、ローズをテーマにしている。ユリをテーマにした作品は、うっとりするほどフェミニンで私も大好きだが、そもそもユリからは香料を抽出できない。この開発研究の最後に、生意気さを感じさせる香調がラストノートに欠けていることを発見していた。ユリは花の芯の部分に、サフランを思わせる、黄色い小さなおしべがあるが、これをヒントに私は処方を完成できた。デビュー当時の作品でもあり特別な思い出として、今も心に残っている。

スクラレオールは、アンバーグリス（マッコウクジラの分泌物）の香りを連想させる

ライク ディス

　ティルダ・スウィントンはスコッドランド出身の俳優であり、2008年にオスカー賞を受賞している。とても才能に恵まれた女優さんで、燃えるような赤毛でも知られている。真の信頼関係を築くことにより、意外性を秘めた謎めく個性を深く理解するように努め、彼女のイメージに基づく「ライク ディス」（エタリーブル ドランジュ、2010）という香水にこの個性を投影するように創作した。

　クリエーションの香り立ちには、彼女の髪を思わせるオレンジ色を中心に配置した。彼女からインスピレーションを受けて、いくつかの香料が閃いたので、アコードの組み立てに用いたのである。マンダリン、ジンジャー、ヘリクリサム、キャロット、ポティロン（皮がオレンジ色の西洋カボチャ）などである。アーティスト自身が私の香水を気に入って、使用してくださっているそうなので、とても嬉しく感じている。
（写真は、ティルダ・スウィントン）

サンダルウッド

Santalum album L. *Santalum spicatum*（R.Br.）
Santalum austrocraledonicum Vieill.　ビャクダン科

Paloma Picasso
パロマ ピカソ

最も使われる *S. album* L. は、インドマイソール、中国、マレーシア、インドネシアで栽培。他の品種は、オーストラリア産 *S. spicatum* R.Br. とニューカレドニア産 *S. australedonicum* Vieill. の二種

数が減ったサンダルウッド

サンダルウッドははるか昔から活用されてきたが、香水に用いられるようになったのは前世紀からである。サンダルウッドは半寄生植物で、根から土壌の栄養分を吸収できず、近隣の植物の根に、自らの根を固定させて樹液を取りこむため、寄生された植物が被害を受ける。サンダルウッドの精油は木の樹皮、または根を裁断した小片の粉末を原料とし、一般に、現地の初歩的な蒸留器を用いるか、ヨーロッパの高性能機器による水蒸気蒸留によって抽出される。水蒸気蒸留によって原料を40〜70時間抽出することで、5〜6％の収率で精油が採れる。その精油はやや粘性のある透明な液体で、ほとんど無色か、透明な黄色をしており、香りはマイルドなウッディである。サンダルウッド油はオリエンタルタイプの香水に用いられる主な香料だが、独得な香気に加えて、揮発性の少ない成分が、トップとミドルの揮発性の高いノートを保留するうえで有用な利点としてあげられる。なお、化粧品と機能性香料にもこの精油は使用される。オーストラリア産サンダルウッド油は、一般に、石油エーテルを溶剤として、真空下でレジノイドに加工した蒸留物である。特別な抽出法としては、原料のおがくずにアルコールを加えて行う温浸法があり、茶色のレジノイドが得られる。

蜂蜜とサンダルウッド風味のスパイス入りケーキ

小麦粉　250g
溶かしたバター　250g
砂糖　100g
クリの蜂蜜　100g
アニスの精油　小さじ1杯
レモンの皮　1個半分
卵　4個
サンダルウッドの精油　3滴
ドライイーストの粉末　1袋

オーブンをあらかじめ180℃に温めておく。卵と砂糖をあわせて、白くなるまで撹拌する。ここに、溶かしたバターと小麦粉、ドライイースト、柔らかくした蜂蜜、アニス、レモンの皮、サンダルウッドの精油を加える。ケーキの焼き型にバターを塗り、少量の小麦粉をふってから、種を流し入れ、オーブンで約40分間焼く。オーブンから出して、室温になったら食べ頃になる。

〈香気成分〉
主に、(Z)-α-サンタロールとβ-サンタロール、(Z)-α-ベルガモトール、エピ-β-ベルガモトールを含む。

植物の効用──
中医学では白檀の精油を胃痛と数例の皮膚感染症に用いる。ヒンズー教ではサンダルウッドを燃やした煙は瞑想を深めながら、魂を高揚させると考えている。

樹高約10mに成長し、香水に用いるのは Santalum album L、Santalum spicatum（R.Br.）、Santalum austrocaledonicum Vieill. である。卵形の葉はひ針形で、常緑性であり、わらの色に近い黄色の小さな花が沢山咲き、この花はのちに、赤みを帯びるようになる。褐色、または暗赤色の樹皮が淡い緑色の心材を保護している。

神聖な木

ガンジス河沿いにある葬送用の火葬台

約4000年前から、サンダルウッドはヒンズー教の儀式で重要な役目を帯び、ミイラの調合にも含まれていた。インド人は額の中心につける「ティラカ」と呼ばれる装飾に使用する。
ガンジス河沿いのベナレスでは、死体の火葬用に長年使われてきた。一回の火葬に400kg近い薪が必要となるが、毎日約200件の葬儀後にも必ず、灰が聖なる河に撒かれていた。
しかし、あまりの多量の消費によって、ある頃からサンダルウッドは激減し、今日では政府が、生産と輸出を厳しく管理している。これまでのように使用されることはあまりないが、一方で、精油が安価になった。

サンダルウッド

ジャック・ユークリエ　JACQUES HUCLIER

　生まれたのは、ジャスミンとローズの畑からは遠い土地で、運命的に調香師になる要素は何もなかったのだが………。
　化学で DUT（技術短期大学部修了免状）を取得してから、一生同じことを続けることなど想像できなかったので、英語で言う「out of the box」の感じだった。その時分に興味があったのは、料理や既製服製造、自然、植物で、すでに香水も心にあった。ISIPCA に入学を申し込んだところ、許可された。
　のちにシムライズ社になる、ハーマン＆ライマー社に最初に勤めてから、1990 年にはクエスト社に移り、オリヴィエ・クレスプとピエール・ブードンと一緒に仕事した。1998 年からニューヨークで 5 年過ごし、現在はジボダン社に務めている。

〈作品の紹介〉

Vanilla Musk, Coty, 1994
A★Men, Thierry Mugler, 1996
Anna Sui, Anna Sui, 1998
Asphalt Flower, MAC, 1999
B★Men, Thierry Mugler, 2004
Reflets d'Eau pour Homme, Rochas, 2006
Victory League, Adidas, 2006
Ice★Men, Thierry Mugler, 2007
Jette Dark Sapphire, Jette Joop, 2008
Silver Shadow Private, Davidoff, (Calice Becker 共作), 2008
Ricci Ricci, Nina Ricci (Aurélien Guichard 共作), 2009
A★Men Pure Coffee, Thierry Mugler, 2008
Starlight, Étienne Aigner, 2008
A★Men Pure Malt, Thierry Mugler, 2009.

マイソール産サンダルウッド

　調香師にとって、マイソール産のサンダルウッドは、グラース産のジャスミン、オーベルニュ産のナルシスのように、香りの一級品である。
　インドでは国内の過剰消費が痛手となって、現在、法律で厳しく管理されている。必要以上に材木を伐採すれば、最低でも 20 年の懲罰を受ける。インドを訪問した際に、普段の暮らしや家具、宝石箱など、死者を火葬する儀式以外にも、サンダルウッドをあらゆる場面で用いているところを目のあたりにした。しかし、生産地では材の価格が $1kg$ あたり約 2 ユーロにもかかわらず、精油になると約 1500 ユーロは信じがたい。
　精油を受け取ると、$α$- と $β$- サンタロールを 90% 未満含有されている必要性から、色合いと比重を念入りに確認する。香りについてもチェックする。サンダルウッドはウッディ系で、甘さとバルサム調の香気に加えて、特にミルキーな香りが備わっている必要がある。このミルキーなノートは、オーストラリア産よりもマイソール産の特徴

―サンダルウッドを含む香水―
- エンヴィ ミー／グッチ 2004
- パロマ ピカソ／パロマ ピカソ 1984
- ジャスト 4U／ルル カスタネット 2007
- ブラック フォーハー／ケネス コール 2004
- サムサラ／ゲラン 1989

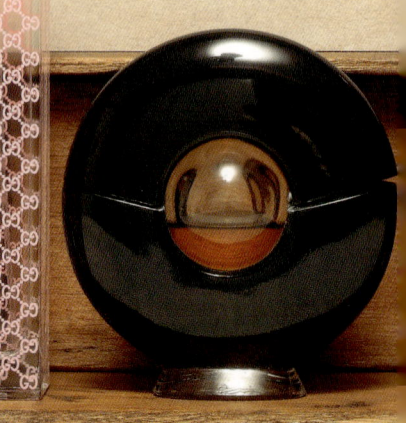

サンダルウッドの粉末を袋に詰める

である。

　他のウッディノートのように、揮発時間がかなり長いため、強い残香性が求められるラストノートに位置づけられる。トップノートとミドルノートを捕らえて、皮膚に香水をとどめる保留剤として最適である。ねっとりして、まろやかで、残香性のあるミルキーさが香水に厚みを与える。サンダルウッドを、他の原料とともに用いると、キーアコードを創ることができる。オーレリアン・ギシャールとともに創作した「リッチリッチ」では、グラース産の美しいローズであるセンティフォリアと、インド産のチュベローズにサンダルウッドを組み合わせた。ジャン=ポール・ゲランの代表作「サムサラ」ではジャスミンと配合されている。また、サンダルウッドはベルガモットやゼラニウム、ベンゾインとの相性がとても良いのだ。Santalum austrocaledonicum は植物学的には異なるものの、精油はマイソール産とかなり似ている。ただし、ミルキーな香調はやや薄れ、ねっとりした香調も少なくなり、リッチさも控えめである。香り立ちはもっとドライで、渋みも少し加わるが、香水には優れた効果をもたらす。市場に登場したのは2003年頃で、この精油は制作費用を節約する必要があるときに、マイソール産の代用品として用いられる。

A★Men

　女性用の「エンジェル」(1992) が成功した後、コンセプトである祭りの縁日と綿菓子の思い出というアイディアを発展させながら、ティエリー・ミュグレーはこの香水のパートナーとして、男性用の新しいオリエンタルグルマンノートが欲しいと感じていた。そこで、私も熟考を重ね、天然コーヒーのアコードを用いることを思いついた。香水では初めて用いられるアコードだった。

　「A★Men」(1996) は、サンダルウッドとパチュリを組み合わせたが、サンダルウッドはとても鮮明な印象を与えている。パチュリは20%まで配合できるが、サンダルウッドが1%を越えることはまれである。

　「A★Men」でサンダルウッドを除いて、調合を試みたことがあるが、それはもはや同じ香水とは思えず、バニラがとても強くなり、ほんのわずかにチョコレートを感じさせるものの、ミルキーで、ねっとりしたサンダルウッドの特徴が欠けていた。

　「エンジェル」は「A★Men」のように、神話的な人物や天空のシンボル、星々を想起させるが、これは当時の広告ビジュアルにもあるイメージだ。この広告では、宇宙飛行士風の人物が香水瓶を手に携えて水から飛び出してくる構図だった。まさに、ミュグレー ワールドのイメージである。

シスタス

Cistus ladaniferus L. ハンニチバナ科

Le parfum de Venise
ル パルファム ドゥ ヴニーズ

スペインに多く育つが、特にアンダルシア地方に多い。生育地は、他にポルトガル、南仏、イタリア、アルバニア、ギリシア、アフリカ北部のマグレブ諸国。主要生産国はスペインである

地中海の太陽の下、べとつくシスタスの樹脂を収穫

地中海沿岸の丘陵地帯に、広範囲に自生している。ビオランド社のスペイン工場はプエブラ デ グスマンにある。シスタスが果てしなく広がるアンダルシア州アンデバロの中央部に位置する。夏は猛暑に見舞われるため、この植物は香りの強いゴム樹脂を分泌して、厳しい気候から身を守る。樹脂は、独得のアンバーの香りを放つ。葉には夏の猛暑と乾燥から保護する分泌毛がある。樹脂の採集は、アンデバロの共同体から数十人の刈り手が動員されて行う伝統行事だ。野原に出てまったくの手作業で、ラブダナムのゴムを収穫する。樹脂を連続抽出する方法だと、年間3000トン以上収穫されるシスタスの束から、エッセンス1トンとコンクリートを50トン生産できる。

「ザモラ」と呼ばれる伝統的な手法では、数日間あらかじめ干しておいたシスタスの枝を水槽内の沸騰水に浸す。すると、水よりも比重の低い樹脂が枝からにじみ出て水面に浮かんでくる。ところが、「アンダルシア流」では、この枝を重曹入り水溶液で加熱処理後に、硫酸を用いて中和させる手法で行う。この時点で、ゴム状の沈殿物が生じるしくみだ。そして収率は約3〜3.5％とさらに良くなる。

このような樹脂には水気が残っているため、真空下で乾燥させた後に、有機溶剤を用いてレジノイドを抽出する。その後で、色の濃い、バルサミック アンバー調のコンクリート、またはアブソリュートを採ることができる。他の樹脂類と異なり、このゴムには不揮発性成分、ワックス、炭化水素などが多い。

洋梨のポワレ——ハチミツとシスタス入りキャラメルソース和え（4人前）

| 洋梨 6個 | ハチミツ 50g | シスタス精油 2滴 |
| 砂糖 120g | 水 少量 | バター 20g |

キャラメルを作るため、フライパンに砂糖100gを入れ、そこに、シスタス精油とハチミツ半量25gを加えて加熱する。キャラメル色になったら、火からおろし、水少量と残りのハチミツを加えて、底についた部分を溶かす（デグラッセ）。洋梨の皮をむき、芯を取り除いて四等分に切る。バターと残りの砂糖20gをフライパンに入れ、洋梨を加えて、炒め煮にする。洋梨に火が通ったら、最初のキャラメルソースと和えて皿に盛りつけ、アーモンドのチュイル（薄いクッキー）を添える。

〈香気成分〉
精油には300種以上の成分が含まれる。1%以上の比率で含まれる分子はそのうちの約10種類のみであり、ピリジフロロール、アンブロックス、コパボルネオール、クベパン-11-オール、ボルネオールなどである。

植物の効用──
ラブダナムの精油の歴史はとても古く、遠い昔から使用されてきた。精油には収れん作用と出血に効果的な成分もいくらか含まれる。効用としては、出血、ひびやあかぎれ、ニキビ、切り傷によいほか、傷の治癒を促進する作用もある。呼吸器系には抗菌作用があるため、咳と気管支炎、鼻炎に効果的だ。

亜種は var.albiflorus Dunal と、var. ma-culatus Dunal、var.stenaphyllus (Link) Grosser の三種。香料用は Cistus ladaniferus L. var. maculatus Dunal のみ。1～2mに育つ小低木の枝は密集し、葉に光沢がある。緑葉の裏は白い。変種の識別は花の色。ピンク色から紫色、時に赤花をつける種と、白花の種がある。

昔から採集されていた

ヤギの毛についた樹脂を手作業で採集する

ラブダナムは粘稠性の樹液、または樹脂様の物質であり、植物シスタスからの浸出物。古代ギリシア人もこの粘けのある樹脂とその採集法を知っていた。ディオスコリデスの時代、さらにさかのぼってヘロドトスの時代にもラブダナムを採取していた。ロープを使ったり、シスタスの枝葉を食べたヤギのひげと臀部に付着した樹脂を丁寧に剥がしたりして収穫していた。1777年発刊の『科学体系百科事典』より引用

シスタス

ピエール・ニュエンス　PIERRE NUYENS

科学を学んだ後に、私はブリュッセルの出身でもあり、オランダのナアールデン香水学校に入学した。

若手調香師の習いとして、パレットを構成する2000〜3000種の原料を記憶したが、香粧品の製造にはファインフレグランスよりもはるかに技術的な規制が多いことがすぐに理解できた。

現在はベルフランス・フラグランス社でシニア調香師として勤務し、あらゆるアプリケーションの創香を手がけている。

主な活動のひとつとして、フランス調香師会（la Société française des Parfumeurs）に積極的に関わっている。本会の副会長に就任しているほか、研究会や技術教育委員会の会員でもある。

〈作品の紹介〉

Madeleine, parfumage du Métro
Amande douce Bien-être, antiperspirant et déodorant
Epsil, lessive Leclerc
Vigor, nettoyant ménager
Méli-mélo de melon, P'tit Dop, bain douche enfant
Le Chat, Bubble-gum party, gel douche enfant（ギリシア仕様の製品）
Le savon du Cuisinier, Le Petit Marseillais, Laboratoires Vendôme
Pink Sugar, Aquolina Parfum
Versus Time for pleasure, Versace, gamme complète
Huile d'Olives, Crème pour les mains, Yves Rocher
Fleur d'eau, Agir Carrefour, parfum d'ambiance Éco-planète……
Événementiel : Labyrinthe olfactif de Serge Lutens (2004)……

ガリーグの香り

シスタスは、コルシカ島のマキ（かん木密生地帯）やプロヴァンスのカランク（岩に囲まれた湾）を連想させる香りだ。べとつく葉を何枚か、指でこすってみよう。シスタスの樹脂らしい独得な香りが広がる。調香師にとって、品格のある大切な原料である。アルコリックパヒューマリー（香水）ばかりではなく、香粧品のシプレとバルサミック、アンバー調のアコードの成分にも用いる。クラシックフゼアとモダンフゼアのようなアロマティックな香調によく調和する、豊かな美しいノートがある。

香粧品

香粧品とは、シャンプー、洗剤、ハウスホールド製品、ボディ用の衛生製品、化粧品などを指す。それぞれに特徴があり、ケースバイケースで解決していく技術面の問題を抱えている。例をあげて説明してみよう。たとえば、ムースと化粧品の場合では、原料と主要成分が水と反発しないように、親水性構造をもつ物質を選ぶ必要があるのだが、原料との適合性とともに、香りの拡散性でも一致している必要がある。私たちが使用する原料のほとんどは親油性で、水と混じりに

─シスタスを含む香水─
- エリタージュ／ゲラン 1992
- ロリータ レンピカ オゥ マスキュラン／ロリータ レンピカ 2000
- パルファム ド ヴニーズ／ジャン パトゥ 1999
- エヴォラ／ジャルダン ド エヴォラ 2009
- シークレットローズ／パルファム ド ロジーヌ 2009
- アザロ 9／アザロ 1984

くい疎水性がある。たとえば、洗剤の界面活性剤が洗浄作用を起こすように、香りを付香する製品中の活性成分が成分の溶解を助けることもある。しかし、活性をことごとく抑制するタイプの物質では、この類の機能は低下する。

　天然素材が発するにおいという別の問題もある。トイレの水垢を除去するジャベル水（塩素系の殺菌・漂白剤）、脱毛剤の硫黄臭、染毛剤のアンモニア臭などを想像してほしい。香りを加えない限り、このようなにおいは製品には致命的で、調香師は加工前の製品にはない魅力を付加しなくてはならない。「安心感」「好感」などの要素を盛り込んで、「成功」する商品に転じていく必要がある。

　これらのアコードを組み立てるときには、最終製品を実際に使う時の、ありとあらゆるシチュエーションを想定しながら行っている。香りにはハーモニーが求められるが、いつも同じ香りを維持しなくてはいけない。そして、製品の使用開始から終了まで、共通の特徴が必要である。このように細心の注意を払って創作した香水は、香りの一貫性が香りの代名詞となって、人々の心に記憶されてゆく。

　すべての条件を完璧に満たすことは難しいが、調香師ならばこのような条件を満たす、優れた香水を目指すべきである。

香粧品は技術面の挑戦である

洗剤の方程式

　香粧品の仕事では、洗剤を手がけることが多い。洗剤は多量に販売される製品だが、大きな制約が数多く存在する。たとえば、粉末洗剤には香料に著しい酸化作用を及ぼし、劣化させる漂白剤が含まれている。他に障害になるのは、粉末洗剤の構造だ。付香するときには粉末粒子の表面に、空気の動きに敏感に反応する香りを施す。洗剤の香りは、厚紙のパッケージに吸収されやすいが、消費者には商品の香りがわかりやすくなるため、必ずしも短所とはいえない。さらに、商品を販売する国によって、経済事情と製品に関する規約条項が異なるため、各市場の商業的規模と法律を考慮して準じる必要がある。香粧品は、あらゆる製品に物理化学的な制約が課される世界である。しかし、制約はどのようなものであっても、私にとっては好奇心と想像力をかき立てる刺激剤となっている。

シナモン

Cinnamomum zeylanicum Blum /
Cinnamomum cassia Nees ex Blume　クスノキ科

Note de luxe
ノート ドゥ リュックス

真正シナモン *Cinnamomum zeylanicum* は、スリランカ、セイシェル諸島、マダガスカルで、主に栽培される。中国産シナモン *Cinnamomum cassia* の主産地は中国だが、日本とベトナムでも栽培される

シナモンの生育には高温多湿の気候が必要

　樹皮、チップ、葉からは、部位ごとに特徴の異なる精油が採れる有用な木である。成長すると樹高20mに達するが、収穫しやすいように生産地では剪定して低木に保っている。収穫期は年に二回。二度訪れる雨季の後で、枝を切り樹皮を剥がすのだが、この時期の樹皮は湿り気を帯びるため、乾期よりも収穫しやすい。スリランカではこの作業を、伝統的にカースト階級でサラガマと呼ばれる農夫が行う。植え付けから3～4年経つと、農園では1ha（ヘクタール）につき約70kgの樹皮を収穫できる。10年経つと収穫高は230kgに上ることもある。木の生育には高温多湿の気候が必要となる。

　シナモン精油は主に樹皮から抽出するが、現地では素朴な設備で水蒸気蒸留を行う一方、ヨーロッパでは最新技術によって抽出する。収率は0.5～1%。スリランカ産のシナモン油は、濃い赤褐色をしている。

　葉から水蒸気蒸留して抽出した精油は、明色から濃色まで、色調に幅のある琥珀色で、オイゲノールのようなスパイシーな香りがあるため、オリエンタルタイプの香水原料になるほか、砂糖菓子、飲料、ソースのフレーバーの調合に用いられる。セイロンシナモンの樹皮は有機溶剤での抽出も行われ、10～12%の収率でレジノイドを得ることができる。中国産シナモンの精油は、*Cinnamomum aromatium* Neesの葉、葉柄、若い枝を水蒸気蒸留した抽出物である。黄色から赤い栗色をし、シナモン独特の香りがする。

チコリ、オレンジ、シナモンのクリーム（4人前）

卵黄　　卵5個分	チコリパウダー　大さじ3杯
砂糖　　100g	オレンジの皮　1/2個分
牛乳　　1/2ℓ	シナモンパウダー　ひとつまみ

　オーブンはあらかじめ150℃に温めおく。牛乳は沸騰させる。卵黄と砂糖をあわせ、全体が白くなるまで泡立て器で混ぜあわせ、チコリとオレンジの皮、シナモンを加える。そこに、加熱した牛乳を少しずつ加えていくが、途中で手を休めないようにする。
　これを型に流し込む。湯煎にかけながら、オーブンのなかで約20分間加熱する。その後、焼き具合を確かめながら、オーブンから出して、熱が冷めたらできあがり。

〈香気成分〉
精油の主成分──
(E)-シンナムアルデヒド（70%以上含む、シナモンの香りを構成する）、オイゲノール、シンナミルアセテート、1,8-シネオール、リナロールである。

植物の効用──
人体への二つの実験が行われ、シナモンの効用が明らかになった。
ひとつの研究では、シナモンの摂取で、糖尿病と心臓血管系疾患、高血糖症と高コレステロール血症を生じるリスクファクターが10～30%低下することがわかった。もうひとつの研究からは、シナモンにはインシュリンの働きを助ける効果があり、スパイス中の抗酸化物質がもたらす抗炎症作用と合わさり、心臓血管系疾患に好ましい働きがあるほか、関節症予防と症状の緩和にも役立つ可能性が認められた。(www.phytonutrition-sante.com)

秘密保持に成功！
セイロンでは、サラガマという階級がシナモンの樹皮を剥がす仕事を専門に行っていた

クスノキ科若枝の内皮である。香水製造業に用いる品種は二種類。セイロンシナモン（*C. zeylanicum* Blum）の評価は高い。一般名称は、カネルフィン（上質）、ヴレカネル（真正）。他に、中国に生育する *C. aromaticum* Nees があり、*C. cassia* Nees ex Blume という学名もあるが、しばしば、中国シナモンと呼ばれる。

紀元前5世紀に、ヘロドトスはシナモンを探し求めたアラブ商人の会話を報告している。彼らが発見した湖岸地帯は、はるか遠方の人跡未踏の地で、「シナモンロール」で巣作りをする、羽の生えた奇妙な動物が守っているという。商人はそのシナモンを得るために、両目を除く全身を皮で覆って忍び寄り、鳥の食欲を逆手にとって、巣の近くに牛肉を置いておびき寄せ、貴重なシナモンの木から引き離したのだという。
これは、おとぎ話なのか、あるいは商売上の秘密を守る策略だったのかはわからない。

シナモン

ドミニク・プレイサッス DOMINIQUE PREYSSAS

科学を修めてから、グラース市のフラゴナールで香水と出会った。それ以降は調香師としてごく典型的な経歴をたどったが、ISIP（ISIPCA の前身）で 3 年間学んでから、グラース市のルール社付属調香師学校で研修を受けた。

いくつかの企業を経験し、CPL Aromas 社という処方開発では英国最大手の企業に入社した。中小企業においては、ファインフレグランスに関連する、ありとあらゆることに興味をもたなくてはいけないのだが、同時にパーソナルケアと呼ばれるジャンルのシャンプーや石鹸、キャンドルにも目を配っておく必要がある。個人的には、多種類のテーマやテクニックに、次から次に取り組むことがとても好きである。

〈作品の紹介〉

Witness, Jacques Bogart, 1992
Fluid Iceberg Man, Eurocosmesi, 2000
Jaguar Classic, Jaguar, 2001
Jaguar Prestige, Jaguar, 2007
Bougie Anti Tabac Épice d'Orient, ED Denis et Fils
Miyabi Man, Annayake, 2009
Miyabi Woman, Annayake, 2009
Bougies. Win CPL, Vanilla Bourbon Bougie Parfumée, System U Denis et Fils, 2009……

あらゆる製品に含まれている！

香料、食品香料、医薬品、加工食品など多くの製品で活用されるシナモンには、いつでも賞賛の気持ちが湧く。葉と樹皮は精油の組成成分がほとんど同じだが、比率は異なる。樹皮の精油には香りを作るシンナムアルデヒドが 30 〜 40％と豊富に含まれ、オイゲノールも少量含んでいる。葉から抽出した精油は、クローブの香りのオイゲノール分が増える。この差が、二つの香りに大きな違いを与える。

シナモンの香りには、二つの明確な特徴がある。スパイシーというには、あまりにホットともいえるし、ウッディにしてはとてもドライだ。そして、香水、拡散器（ディフューザー）、石鹸、キャンドルなど、あらゆる製品に適応できる特性は、まさに希少価値である。

天然のオイゲノールを含む利点から、葉からの精油が最も多く使用され、男性用香水でも使われている。現在では法的な規制があり、数種の成分を精留して除去することが義務づけられている。セイロン産と並ぶ品質の中国産

―シナモンを含む香水―

- ジャスト カヴァリ フォーハー/ロベルト カヴァリ 2004
- ル パルファム ロワイヤル/ジャン パトゥ 1996
- ムスク ラヴァジュール、/フレデリック マル 2000
- ペリー エリス フォーメン/ペリー エリス 2008
- ノート ドゥ リュックス/エヴォディ 2008
- ワン ミリオン/パコ ラバンヌ 2008

シナモン、ホット・スパイシー、ドライ・ウッディ……

シナモンも入手している。こちらは、ホットな香調というよりは、ペッパーノートの強い「安っぽい」シナモンだ。さて、どちらを選択するか。ここでも経費の問題で決まることが多い。

香料としてのシナモンとは

　シナモンの香りは強く、強烈な「個性」があるため、使用量は控えめになりがちだ。オリエンタルスパイシーの成分として使われる香りだが、たとえば女性向け香水「ユースデュー」（エスティローダー 1953）には、男性向け香水のようなカルダモン、クローブ、シナモンという強烈な組み合わせが含まれている。

　さらに、効果を婉曲して発揮するため、微量の約0.5％にして用いることもある。良い例が、パコラバンヌの「ワンミリオン」。この香水のトップノートに生じるホットな香り立ちは、シナモンとカルダモンの組み合わせによるものだ。私は処方や成分にシナモンをよく用いている。製品の配合量はいつでも、効果に応じて決めている。たとえば、スパイシーな入浴剤には適量を配合し、コントラストを望むときには、軽妙なタッチになるよう量を加減する。ジャックボガール社から、1992年に発売された「ウイットネス」には、もはや自分の処方ではあり得ないような比率で用いた。

超臨界二酸化炭素抽出法

　シナモン樹皮の抽出には、水蒸気蒸留法が長年用いられてきた。しかし今日では超臨界二酸化炭素抽出法の技術によって、香りの品質がさらに良い精油を入手できるようになった。この抽出法では複雑な手間はかからず、二酸化炭素を75バール（5気圧）、31℃でタンクに注入する。注入後には、液体と気体の中間にあたる物理的な状態が生じる。これをシナモン樹皮と混ぜると、精油となる抽出物が溶解するため、固形の残留物を除去した後にこれを回収する。この抽出法の長所は平常気圧に戻すと、二酸化炭素がすぐに気化するため、容易に除去できることだ。タンク内には最終的に、溶剤由来の不純物を含まない精油が残る。

　原料の香りを忠実に再現するこの抽出技術は、現在ではほとんどすべてのスパイス類に用いられているが、シナモンの香りにしても、その樹皮の香りにさらに近づいた。

ジャスミン

Jasminum grandiflorum L./ *Jasminum sambac* L.
モクセイ科

ジャスミンは二つの品種が香水製品に使用されている。*Jasminum grandiflorum* L. はエジプト、インド、イタリア、モロッコで栽培され、*Jasminum sambac* (L.) Ait. は中国とインドが産地

Ange ou Démon
アンジュ デモン

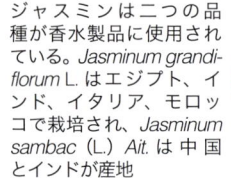

20世紀初頭のグラースの抽出工場、ジャスミンの花の選別

ローズとならび香料業界で至高の植物 *Jasminum grandiflorum* は、アラビア語「*yas(a)min*」に由来する。小さな白花が放つ繊細な香りは、皇帝やスルタンの庭園に彩りを添えてきた。ヒマラヤ渓谷の原産で、インドと中国の儀式には必須だった。*J.grandiflorum* は 18 世紀からグラースの香料産業の発展を担い、1930 年代までは主産地だったものの、やがて人件費の安い国で栽培され、現在の二大生産国はエジプトとインドで、モロッコでも栽培が続けられている。

J. sambac は、*J.grandiflorum* よりも肉厚の花をつけるが、インドではこの花を日常的に活用しており、庭の装飾や花の首飾りを作るために栽培している。ビオランド社では、タミール高原でこの花を栽培している。ジャスミンの花を最初に抽出したのは 1970 年代末期だが、急成長して、現在ではコンクリートの年間生産高は約 1.5 トンまで伸びた。

開花時期は夏だが、とても繊細な花で、日の出前に収穫を済まし、手早い抽出が求められる。長らく冷浸出法(アンフルラージュ)で抽出されてきたが、時間も経費もかさむという理由から、今では無極性有機溶剤(ヘキサンや石油エーテル)での抽出法に変わり、わずかな収率でコンクリートを採取している。1 トンの花を原料にして、ヘキサンで 2 〜 3 回抽出すると、約 3*kg* のコンクリートが得られる。その後のエタノール処理によって、コンクリートからアブソリュートを抽出するが、アブソリュートの収率は *J.grandiflorum* では 50 〜 65%、*J. sambac* では 55 〜 70% である。

EXTRAIT au Jasmin.

ジャスミン、バニラビーンズのクレームブリュレ (4人前)

卵黄 6個	生クリーム 400ml	カラメル用粗糖 適宜
グラニュー糖 80g	ジャスミンの花 20個	
牛乳 200ml	バニラビーンズ 1/2本	

オーブンをあらかじめ 150℃に温めておく。牛乳とクリームを混ぜあわせて沸騰させる。火からおろし、ジャスミンの花とバニラビーンズを加えて、15 分間浸出させる。卵黄とグラニュー糖を合わせ、白っぽくなるまでハンドミキサーで泡立てる。かき混ぜながら、牛乳を流し入れる。クレームブリュレ用の焼き型に、このミックスを流し入れる。湯煎にしながらオーブンで、沸騰させず、約 30 分間調理する。オーブンから出して、クリームのあら熱がとれたら、冷蔵庫に入れる。テーブルに出すときは、粗糖をまんべんなくクリームの上にふりかけ、オーブンかアセチレンバーナー、または電子レンジのグリル機能を用いて、軽い焦げ目をつける。

〈香気成分〉
ジャスミンアブソリュートの主な香気成分はベンジルアセテートとベンジルベンゾエート、リナロール。他にも、いくつかの化合物がごく微量な比率で含まれるが、そのなかにはジャスミンの香りを主に構成するインドール、シス-ジャスモン、メチルジャスモナートもある。

植物の効用――

他の多くの植物と同様に、ジャスミンとその抽出エキスが効果をもたらす、内科と外科の症状を挙げると長いリストができる。ジャスミンの精油は乾燥肌と敏感肌のケアばかりではなく、皮膚疾患を癒す作用があることも記憶にとどめておくとよいだろう。

インド原産モクセイ科の小低木。葉は5～9枚の小葉で構成され、この植物の大半は真珠のような白色の花を咲かせるが、開花時期は6～9月。赤みを帯びる花を咲かせる品種もある。品種は200種を越えるが、香水に用いるのは二種類で、Jasminum grandiflorum L. と Jasminum sambac L. である。

ジャスミン祭

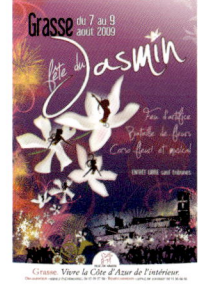

Rose Centifolia とならび、Jasminum grandiflorum はグラース市経済と密接な植物である。1946年に第一回目のジャスミン祭が開かれた。この「ジャスミナード」では美しい花々を豪奢に飾った山車が出るほか、多数のイベントが開催され、毎年参加したい夏祭りである。花を投げ合う「フラワーバトル」に使う花は合計5万本、山車は約2万本の花で飾られる。

ジャスミンといえば、パリではこの花をシンボルにした催しが開催されている。毎年、フランス香水委員会は印刷媒体に関わるジャーナリストと写真家の働きに報いるため、香水を主題にする最も優秀な報道に、金・銀・銅のジャスミン賞を授与している。

ジャスミン

ベルナール・エレナ　BERNARD ELLENA

エコール・ルール（ルール社調香師養成学校）に入学したときの野望は自分の香水を勧めながら、世界中を旅して回ることだったが、しだいに、自分の情熱はクリエーションであることを理解するようになった。

その当時は研修生も多く、賃金は支払われていなかった。研修期間は2年間であったが、3ヵ月ごとに主任調香師が研修生の中から3～4人を除外するのである。最初の1年間を修了することができれば、かなり良い兆候だった。

私たちはアコードを記憶し、原料を用いて実際に創作しながら、この仕事を習得していったのである。その後、美術館で美学生が巨匠の作品を模写するように、その時代の偉大な香水を模倣した。次には、それを応用して、シャンプーや石鹸、洗剤に応用するバージョンを作成した。

〈作品の紹介〉

Colors, Benetton, 1987
Tribu, Benetton, 1993
Oh my dog, Dog Generation, 2000
Woman, Lapidus, 2001
About man, Bruno Banani, 2004
Pure man, Bruno Banani, 2006
Style, Jil Sander, 2006
Stylessence, Jil Sander, 2007
Delite her, Esprit, 2007
Enigma, Oriflame, 2007
Altamir, Ted Lapidus, 2007
Eau N° 2, Sisley, 2009
Ange ou Démon, Le Secret, Givenchy, 2009
Oriens, Van Cleef & Arpels, 2010

ジャスミンは子供時代の思い出

グラースにはジャスミンがたくさん生えていたが、今でも思い出すのは、夏に2、3度、兄や祖母と一緒にジャスミンの花を摘んだときのこと。朝早くから起きて、特別に甘みを濃くしたカフェをデミタスカップで一杯飲ましてもらい、5時には畑に出た。花1kgあたり5フランの小遣いがもらえたが、1kg収穫するまでとても時間がかかったものだ。ジャスミンを原料にして優れた成分が抽出され、1960年代にはこの成分の合成香料 Hedione（ヘディオン）が誕生し、エドモン・ルドニツカはこれを「オーソバージュ」（ディオール 1966）に約2%用いた。その後、ヘディオンは多数の香水の創作に欠かせない成分となり、なかには30～40%も成分に配合した香水もあった。あらゆる香水に共通する香料ベースに用いられる成分となって、処方を組み立てるときに、私はいつもヘディオンから始める。同僚でも同じ手法をとる人は多いが、時にはジャスミン アブソリュートをごく少量用いて、合成品からは得られない、油脂っぽい特徴と花のワックス独

― ジャスミンを含む香水 ―
- ウーマン/ラピダス 2001
- スティレッセンス/ジル サンダー 2007
- スタイル/ジル サンダー 2006
- アンジュ ウ デーモン ル スクレ/ジバンシイ 2009
- N°5/シャネル 1921

得の効果を与えてみる。グラース産アブソリュートはたしかに並外れた良品だが、あまりに高額な上に、生産量が少ない。今日ではインドやエジプトから届く良品もあって安価である。

「アンジュ デモン、ル スクレ」

　私の最新作で、最初のジバンシイ香水なのだから、ほとんど名作といってもよいと自負している。原料にジャスミンを用いたが、エジプト産やインド産よりも、最近の中国原産の製品であるサンバックを使った。サンバックの花は *J. grandiflorum* に似ているが、香調は少し異なり、一般的な香気とともにサンバック特有の微妙な効果がある。付け加えると、ジャスミン茶に用いられる品種である。

　香水づくりは長期にわたるコンペティションにかけられることがよくある。他社の調香師たちと競い合うばかりか、社内競争もあるので、そこで最後まで残れれば、すでに優位に立ったと喜んでいい。

　兄のジャン＝クロードのように、私も原料のコレクターだが、パレットには250種を越えて所有することは許されていない。それでも、7音階しかない音楽のように、このコレクションで世界のすべての音楽を奏でることができる。

ジバンシイの「アンジュ デモン、ル スクレ」はジャスミン サンバックを使用

クリエーションがもたらす幸福

　イタリアで、自分の作った最初の香りの石鹸が発売されたときにはとても嬉しく、誇らしかったものだ。誰彼となく見せてまわった。その気持ちは今も同じで、クライアントが私の香水を製品として選び決定した時には、まるで20代に戻ったかのように心が喜びで満たされる。この産業は、厳しい競争に直面している。業界は、売れ行きのよい香水を求め、クライアントは急を要していることが多いし、香りがよく、機能的な製品をなるべく早く手に入れたがっている。わが社のような形態の企業では、社内のあらゆる香水を価格、テーマ、消費者などの項目に分類して、データ登録しており、香水の評価やサービスをこの情報に基づいて行っている。

リストの中からクライアントが選択したら、その時点で私たちは調整作業に入る。クライアントがひとつ、または複数のテーマを選べば、調香師は詩的な要素を一定量で配合するほか、喜びも組み合わせて創作する。この方法を用いると、毎回異なる展開が見られるので、とてもよい方法であると思う。

103

ジンジャー

Zingiber officinale Roscoe ジンジャー科

Feminité du bois
フェミニテ デュ ボワ

中国とインドのマラバー沿岸地方が主産地。インドネシア、日本、スリランカ、シエラレオネ、リベリア、ジャマイカ、南アフリカ、オーストラリアでも栽培される

アジアを連想するジンジャー

　アジアとインドでは古代からジンジャーを食用にしてきた。熱帯と亜熱帯の国々では頻繁に用いられ、ヨーロッパへは中世にアラビアのスパイス商人が伝えてから、料理に広く使われるようになった。ジンジャーの栽培は根茎を割って増やすが、収穫は年一回。香料産業と食品産業が用いる部分は、香気成分を豊富に含む表皮である。収穫後に根茎全体を洗浄し、細根を取り除き、水に浸して皮をむいて1〜2週間乾燥させる。インドでは1 ha あたりの平均生産高は12〜30トン、乾燥製品では2.5〜5トンの収穫量に匹敵する。抽出用の根茎は粉砕後に乾燥させ、ふるいにかけられる。淡黄色から褐色をしたジンジャー精油は水蒸気蒸留法、またはハイドロディスティレーション（直接蒸留法、収率1.5〜3%）によって抽出される。

　ジンジャーの粉末は、有機溶剤（アセトンやエチルアルコールが一般的）による抽出も行われ、レジノイドが収率3.9〜10.3%で得られる。粘稠性の製品であることが多く、独得な香りとフレーバーに特色がある。ジンジャーの濃い褐色は、ファインフレグランス製品に使用するときには難点となるが、ジンゲロール Gingerol とショウガオール Shogaol という成分が生じる辛さは食品飲料用フレーバーになり、ジンジャーエール、ビスケット類などにも使用される。ジンジャーが敬遠されていた時代もあったが、現在、西洋の美食界では愛好されている。

ブラックチョコレートのフォンダン —— 生のジンジャー添え（4人前）

卵　6個	チョコレート　250g	アーモンドパウダー　100g
砂糖　150g	バター　200g	バニラ
生ジンジャー（厚さ3cm）	コーンスターチ　大さじ3杯	ドライイースト　小さじ1杯半

　オーブンをあらかじめ180℃に温めておく。卵白と卵黄を分け、卵白はあらかじめ、メレンゲ状に撹拌しておく。
　卵黄に砂糖をまぜ、白っぽくなるまで撹拌器で混ぜる。ここに、細かく刻んだジンジャーを加える。チョコレートはサイコロ状に細かく刻み、バターと合わせて湯煎にかける。溶けたら、チョコレートを先を卵黄と砂糖のなかに注ぎこむ。ここに、コンスターチとアーモンドパウダー、ドライイーストを加え、全体を混ぜ合わせる。さらに、卵白のメレンゲとバニラを加える。型にバターを塗り、小麦粉をまぶす。材料を型に入れ、オーブンで約30分間焼く。オーブンから取り出し、熱を冷まして、室温になったらできあがり。

〈香気成分〉
精油の主成分──
ジンジベレン、β-ビザボレン、α-クルクメン、β-セスキフェランドレン

植物の効用──
アラビアの商人が中世にヨーロッパに紹介したジンジャーは、アジアの薬局方では、昔から掲載されていた。アジアで評判を得ていた効用のいくつか、たとえば性行為を「刺激する」作用について賞賛していたに違いない。最近の研究ではそのような催淫効果は認められないが、プラセボ効果は確認されているので、ジンジャーにはどうやら効果があるように思える。

草本植物で、肉厚の根茎から長い茎をおよそ1mの高さに伸ばす。茎からは常緑性で長いひ針形のよい香りのする葉が伸びる。ベージュ色から赤、または紫色をした花が穂状花序(すいじょうかじょ)で咲く。

ジンジャーこそ万能！

ジンジャー風味で愉快な料理

中世に、シナモン、ナツメグ、サフラン、クローブと一緒にフランス料理に取り入れられたスパイス。『Le Ménagier de Paris』(パリ良妻の手引)という大量に流通した、14世紀の写本(グーテンベルグ以前に発刊)に掲載されたレシピはジンジャーを取り入れているものが多い。「牛のすね肉。ジンジャーとクローブ、ピパーツ、粒コショウなどを合わせたブラックソースを作る。これを椀に盛りつけ、行者ニンニクの味を加えて食べる」と記載がある。スパイスが最富裕層の特権であったことは触れるまでもない。

ジンジャー

リシャール・イバネーズ　RICHARD IBANEZ

科学を学んだのちに、ちょっとした偶然の成り行きで、ロベルテ社に入社した。研究室の助手を務めた後には、メゾン専属調香師に付いて3年間実習した。

このように、私はロベルテ社ですべてのキャリアを積んだことになる。最初はグラースで、その後1983年からパリで勤務している。

〈作品の紹介〉

Sonia Rykiel, Sonia Rykiel, 1993
Framboise, Yves Rocher, 1997
Insomny, Michel Klein, 1998
Gingembre Savon, Roger & Gallet, 2000
Pure Lavender, Azzaro, 2001
Ibiza Hippie, Escada, 2003
Amande, L'Occitane, 2004
Gingembre, Nelly Rodi, 2005
Pure, Dunhill, 2006
Into the blue, Escada, 2006
L'Inspiratrice, Divine, 2006
Papaye, Ushuaia, 2006
Cat de luxe at Night, Naomi Campbell, 2007
Cabotine Delight, Parfum Grès, 2008
K n°111, Korloff, 2008
Azzaro Twin Men, Azzaro (Michel Almairac & Sidonie Lancecceur 共作), 2009
Cat deluxe With Kisses, Naomi Campbell, 2009.

生のままか、コンフィで

ジンジャーはあたかも抽象画のように華やかな花を咲かせるが、フレグランス製品に使うのは花でなく、根茎である。インドや中国のジンジャーは食品用に主に栽培され、伝統医療にもよく用いられている。多くの植物原料のようにはるか昔から使用されているが、ジンジャーは長いこと戸外不出とされていた。

ジンジャーは男性用のみならず、女性用のオリエンタルなノートの香水には欠かせないAmbrein（アンブレイン）という複数の香料ベースに使われている成分だ。1970年代以前に発表された「アンブルアンティーク」（コティ1905）、「シャリマー」（ゲラン1925）といった製品に軽いタッチで用いられている。

ジンジャーには多くの特徴があるので、機会を捉えては活用している。たとえば、とてもフレッシュなクエン酸のような収斂性があるが、まるで生のジンジャーを噛んだときのような味がする。その反面、ジンジャーの砂糖漬けを食べた味に似た、

―ジンジャーを含む香水―
- アン ジャルダン アプレ ラ ムソーン/エルメス 2008
- アートコレクション by #08/ジャコモ 2008
- シャリマー/ゲラン 1921
- フェミニテ デュ ボワ/資生堂 1992
- プレジャーズ フォーメン/エスティ ローダー 1998

アジア伝統医学、生姜入り薬つぼ

かなりホットでほとんどバニラに近い特徴も同時に持ち合わせている。石鹸のような妙な印象を受けるという中傷もある。たしかに、水蒸気蒸留法の精油からはそのような印象を受ける。精油の他に、レジノイドをアルコールで再処理してから抽出するアブソリュートを用いた時代もあった。このアブソリュートでは香調はもっとホットになり、重厚さが増して、バニラの香りが強調される。

　私たちは、ロベルテ社特製のButaflor（ブタフロール）という、ブタンガスで抽出するジンジャーエキスを使用しているが、香りの強さはこれら二種の香料の中間に位置する。このように、ひとつのエキスから異なる香りのパレットにアクセスできる。最近になって、市場には超臨界二酸化炭素抽出法による、とても優れたエキスが登場しているが、価格は当然のことながら、既存の製品と同じとはいかない。

二元性に取り組む

　ジンジャーには以前から興味を抱いている。調香にその二元性を生かして、相容れない原料を調和させ、処方があまりに凝り固まるのを防ぐために使用している。今日では、人々の香りの嗜好や生活様式が変化し、ジンジャーを使う機会も増えたので、私も好機を逃さずに生かすようにしている。

　状況に応じて、ジンジャーの爽やかでスパイシーな特徴がもたらす官能性と、バニラ様の丸みのあるノートを使い分ける。「アンソムニー」（ミッシェルクライン）では、ジンジャーとコーヒーが結びついて官能性が増し、香りがわずかに強くなる性質を利用したがこれは眠らない長い夜を連想させる。どのみち、不眠症という香水名そのものなのだが。「ジャンジャンブル」（ネリーロディ）ではバニラ様の快いまろやかさを前面に出すよう心がけた。

　原料はその起源で大きく異なる。たとえば、抽出法の違いで調合から受ける印象は変化しやすい。精油を使うのであれば、その特徴は揮発性のよさにあるため、爽やかさをできるだけ生かし、トップまたはミドルノートに主に用いている。それ以外の抽出物ではトップ、ミドル、ラストノートに使っているが、ラストノートには、バニラの香気がさらに強く現れ、ジンジャーの効果はさらに長続きするように感じられる。

　個性的な原料の揮発性と香りの強さを操る心得は、この職業では不可欠な技量となる。0.05％で配合すると、ほとんど香りが感じられなくなるが、1.0％ではあまりに目立ちすぎることになる。

スターアニス

Illicium verum Hooker シキミ科

Hypnose
イプノーズ

中国の南東部（広西チワン族自治区と雲南地方）にある広い温暖地帯と、ベトナム（ランソン地方、以前はトンキン）、カンボジア、ラオス、日本、フィリピンで、主に栽培されている

アジアだけに育つ植物、スターアニス

その歴史は紀元前1500年頃までさかのぼり、エジプト人は料理にスパイスとして使うだけでなく、飲料造りのため大規模な栽培をしていた。ヨーロッパに伝わったのは16世紀末。完熟した生の果実100kgから乾燥種子25〜30kgが採取できる。スターアニスの主な製品は、水蒸気蒸留して抽出する精油で、中国ではマンツァオと呼ばれ、生の果実を直火加熱式のアランビックに入れて蒸留する。ベトナムでは工場で抽出している。生の果実から抽出する場合は約48時間かかり、精油の収率は約2〜4％。乾燥果実ならば蒸留に約60時間かかり、収率は8〜9％である。果実は年に2回、4月と10月に収穫する。

抽出法がちがっても、いずれの精油も淡黄色から褐色を帯び、セリ科であるアニス様の香りは共通で、低温で結晶化する。ヨーロッパでスターアニスはもっぱらパスティスというリキュール製造に使われていたが、最近はアニスが主流になっている。菓子製造では、このアニスはフランス西部の伝統菓子ガレットの風味に使われる（牛乳で浸出）。ハーブティーに入れたり、中華用ミックススパイス「五香粉——大茴香・山椒・桂皮・丁子・茴香」の原料でもある。香水では男性用フゼア、アロマティック、シプレノートになるほか、パンドエピス（スパイス入りのハニーケーキ）の風味づけにも使われている（写真右は *Illicium anisatum* L.）。

ヨーロッパ原産のアニスはアジアの近縁種に花形の座が奪われつつある

スターアニスとレモン風味の子羊のクリーム煮（4人前）

ラム肉 800g	セロリ 1本	小麦粉 40g
ブーケガルニ 1束	ポロネギ 1本	レモン 1個
ニンジン 5本	スターアニス 4個	マッシュルーム 5個
クローブ 2個	カブ 2個	生クリーム 100ml
タマネギ 1個	バター 50g	塩・胡椒

ぶつ切りにしたラム肉を鍋に入れ、肉がかぶる程度に冷水を加える。塩を入れ煮立てる。アクをとった後、ブーケガルニ、ニンジン2本、クローブを刺したタマネギ、セロリ、ポロネギ、胡椒、スターアニスを加える。30分間煮込んだら、残りのニンジンを輪切りにし、サイの目に切ったカブと一緒に入れる。別の鍋でホワイトルーを、バター40gと小麦粉を弱火で炒めて作り、熱を冷ましておく。マッシュルームはレモン汁（1/2個）を塩と胡椒で湯通ししておく。肉に火が通ったら、沸騰している煮汁600mlを、ホワイトルーに少量ずつ加えながら混ぜ、沸騰したら火から下ろし、レモン皮（1/2個）と生クリーム、そして水気を切ったマッシュルームを加える。肉、ニンジン、カブは煮汁を切って鍋から取り出し。ルーをかけて皿にもりつけて完成。

〈香気成分〉
精油の香りは、主成分のアネトールである。ただし、アニスはフェンコンを成分として含むために香りが異なる。

植物の効用──
八角に含まれるシキミ酸からオセルタミビル酸塩が合成される。薬理活性のあるタミフルという分子はこの化合物から抽出され、抗インフルエンザ薬の成分に用いられるほか、鳥と豚インフルエンザの薬剤としても使用されている。スターアニスには健胃作用と駆風作用がある。薬用茶として飲用すると、おなかの張りや腸内ガスを抑えることができる。古代ローマの百人隊長にならって、種子を3つかみ分、枕の下に入れて就寝すると、安眠できるという。

スターアニスは八角とも呼ばれる。中国南部のシキミ科熱帯性常緑樹の果実。八角はトウシキミの木に実り、おしべとなる心皮のなかに木質化した八つの袋果があり、光沢のある種子が一個ずつ入っている。これらの八片が星形を作るため、ラテン語で「かわいい」や「誘惑」を意味する *illicium* と命名された。

フラビニー修道院のアニス
有名なアニスの砂糖菓子を扱うお店

ブルゴーニュにスターアニスを伝えたのは、アレシアの戦い（前52）に出征したユリウス・シーザーらしい。古代ローマ軍の医師は薬効の豊かさから、守備隊駐屯地そばで栽培を推奨。枕に入れれば悪夢を払うともいわれた。17世紀、フラビニー修道院のウルスラ修道女は、アニスの砂糖菓子を手作りしていた。革命後に製造所は5ヵ所に増え、各々が丸菓子を製造した。1920年代には製造業者が合併して「オギャランベルジェ」という商品名が統一されたが、「アニス ド ブラバニー」の箱には、今でも羊飼いの姿が描かれ、製造所も古い修道院中央にある。

スターアニス

アレグサンドラ・モネ ALEXANDRA MONET

13歳でパルファムの世界に魅了され、ISIPCAの存在を知るようになった。それから毎年、一般公開日になると出かけていたが、その数年後には入学することを決心していた。

第3学年に進級したときに、ミュンヘンのドローム社で研修する機会があったので、ドイツ語が話せないにもかかわらず、フランスを出発した。ミュンヘンで6年間、その後はニューヨークで1年過ごし、2007年にはパリのドローム社に迎え入れられた。

遠方に出かけるのが好き。旅のあいだは、嗅覚が私の感情をあやつる糸となる。香りに満ちた国、インドを旅行したことがあるが、いまでも思い出すのは、ラジャスタン州ラナクプール寺院の門のそばで、バラの花を売っていた男性のこと。彼のバラは美しく、花弁も厚くて、ちょうどその日に満開をむかえていた。今まで嗅いだことのない香りだった。

〈作品の紹介〉

Wish of peace, Avon, 2007
True glow, Avon, 2008
Bois secret, Evody, 2008
Note de Luxe, Evody, 2008
In case of love, Pupa, 2009
Parfum glacé, Baldinini, 2009
Gin Tonic Happy Hour, Gin Tonic, 2009
Fleur de Noël, Yves Rocher, 2009

アニシードとスターアニス

アニスとひとくちにいっても、アニシードとスターアニスの二種類がある。スパイス業界では、清涼感のあるスパイスと、ホットだと評価するタイプを区別している。

スターアニスは快いさわやかさのカテゴリに入り、調合に豊かな自然感を与えてくれる。ナチュラルで、フレッシュで「カリカリ」というニュアンスに近く、合成成分ではまだ発見されていないグリーンノートを目指して加えるのが好ましい。

ただし、香水に多量に使いすぎると白けてしまうから、節度を守って配合比率を最高1%までに抑えている。フレグランスの世界では、スターアニスを2通りの表現に用いる。ひとつは「オピウム プール オム」(イヴ サンローラン 1995)のようなミックススパイス。もうひとつは、リコリスアコードの成分として配合して、アニスノートの暗く重たい特徴を生かしながら、ウッディノートやグルマンノートと合わせる方法。すると、最初に発表された

―スターアニスを含む香水―
- ジャズ/イヴ サンローラン 1988
- イプノーズ オム/ランコム 2007
- ジャガー クラシック/ジャガー 200
- ミヤビ マン/アナヤケ 2009

「ロリータ レンピカ」(1997) のようにグルマンで重厚な雰囲気を表現できる。個人的にはフローラルノートを明るくする「ドラジェ」のように、エスプリの効いた処方を好む。化粧品への使用は少ないが、「貴族叙任状」を授かっているアニスだから、優遇される地位にある。アニスから連想する香りには、暗く重い、リコリス、黒に迫る色、セクシーという特徴がある。新製品のシプレの主成分にすることもよいのではないかしら。

ボキャブラリーの泥棒

二つの表現法をはっきりさせたいと思う。ひとつ目は「グルマンノート」。味覚から生まれ、甘味ある食べ物やビスケットやバニラ味のキャラメルのイメージを与える香調である。二つ目は「ソンブル」というウッディアンバーノートな雰囲気のことだが、黒の意味合いも含む。

普段使っている専門用語はそれほど多くはないが、「アルデヒド」など香気成分の化学式を参照するときや、香りから受ける強い印象を細分化して説明する用語など、いくつかの例外を除いて、香りの世界では他分野の用語を借用している。グリーンノートは視覚的な表現であり、グルマンは料理用語なのだから、私たちはボキャブラリーの泥棒でもある！

スターアニスは「さわやか」なスパイス

香りに心動かされて

ドローム社の自由な社風、創造性と精神性が豊かで、明暗のはっきりした香りの世界に出会えたことは幸運だった。すなわち、化粧品に対する概念を自分ではっきりつかむことができた。国柄によって知覚は異なるので、同一のテーマであっても、捉え方が大きく異なる。個人的な経験では、ドイツの「グルマン」といえばスパイス類（シナモン、クローブ）の特徴をバニラノートにあわせたニュアンスが近いかもしれない。

アメリカでは甘いメロンやイチゴなどのフルーティノートに、ヨーロッパ市場にはあまりそぐわないブチラート（酪酸エステル）が過剰に配合され、これが大成功している。フランスではグルマンノートをチョコレート、カフェ、リコリス、アーモンドなど多種多様な製品に加えて、特徴作っていることは有名だが、それでもバニラに対する忠誠心は変わらない。各国の市場が示す特徴を利用して、香りを調整することは喜びである。国それぞれのニュアンスを念頭に置くことで、調香師は国際的な能力を発揮することができると思う。

スチラックス

Liquidambar orientalis Mill.
Liquidambar styraciflua L. マンサク科
Cuir Ottoman
キュイール オットマン

香料用は二種類ある。トルコアナトリア産のアジアのスチラックス（*L.orientalis* Mill.）と、ホンジュラスとグアテマラ、アメリカで採集される、いわゆるアメリカンスチラックス（*L. styraciflua* L.）である

アメリカン スチラックスは樹高 30m に達する。

　スチラックス リキッドアンバーがヨーロッパに伝わったのは、おそらく 15 世紀末頃である。その語源はラテン語の *liquidus* とアラブ語の *ambar* に由来するが、ゴムが滲出し、シナモン様の香りがあることを示している。木の樹皮には樹液採集用の切りこみがあり、ここに切り込みを入れると、ゴム樹脂が分泌される。樹脂の収穫は 4 月に始まり、6 ヵ月間続く。樹液を布に吸収させる方法では、成熟した木一本につき、6 〜 8kg 収穫できる。この樹液を沸騰水で処理して、不純物を除去する。

　香りはフレッシュで、蜂蜜のような粘性があり、褐色から灰色を帯びているが、スチレン、バルサミック、スパイシー、ハニー様の香りがあり、フルーティで、アニマルノートのニュアンスも伴う。このゴム樹脂を水蒸気蒸留にかけると精油が抽出される。収率はアナトリア産のスチラックスでは 10%、アメリカンスチラックスでは 15 〜 20% である。精油は透明で、黄色から濃い褐色をし、バルサミックとシナモン様の快い香気をもつ。有機溶剤抽出法ではレジノイドが採れるが、その収率は、ヘキサンを用いると約 55%、アセトンでは 65 〜 70%、エタノールでは 60 〜 75% である。

　エキスはレザーノートとオリエンタルノートの香水の組み立てに用いられるほか、石鹸製造にも使用される。ゴムは桂皮アルコールと桂皮酸の原料でもある。

リキッドアンバー オリエンタリスは庭を飾る木として今日よく植えられている

〈香気成分〉
アジア産とアメリカ産の精油成分は、主にスチレンと α- と β-カリオフィレン、桂皮酸誘導体のレジノイドで、特に、ベンジルシンナメートとフェニルプロピルシンナメートを含む。

植物の効用

スチラックスの樹脂は燻蒸して、気道感染の治療に用いられる。アジア伝統医学では去痰作用と抗菌作用があるという。

褐色の液体という意味の *Liquidambar* 属の木であり、樹高30mに至る。落葉性の葉は香りを有し、触れるとバルサム様の香りを放つ。秋になると葉はとてもきれいな紫色を帯びる。その花は小さなブドウの房に似ている。(写真は、*Liquidambar styraciflua*)

死体防腐処理業者の香料のレパートリー

スチラックスは死体の防腐処理、ミイラ化の儀式に用いられていた

古代のエジプト人は、前3000年頃に伝統的な死体処理法を実践しており、スチラックスを思わせる微量の樹脂様物質が同定されている（オフィキナリス種と考えられる）。パリ人類学協会の会報誌(1915)によれば、エジプトから15,000km離れたペルーでは、インカ文明の墓（14〜15世紀）で複数のミイラを巻く布の破片から固形の樹脂様のものが見つかり、分析にかけたと記載されている。桂皮酸とスチロールの発見を証拠として、アメリカ大陸文明でもスチラックスが死体処理に用いられていた可能性があると考えられている。

スチラックス

オリヴィエ・ポルジュ　OLIVIER POLGE

私は調香師の息子であるため、現在の職業についたのだと思う。

香りの思い出としては、サンプルが所狭しと並んだ整理ダンスが浮かぶ。ただし、両親は香水よりも、絵画についてよく話をしていた。父から研修を受けたときに、香水の創作が、価値ある仕事だと合点がいったのである。

この仕事では、具体的な視点と職人気質、つまり手仕事に魅力を感じたものの、当初思い描いたイメージとはかけ離れて、ほとんどはオフィスで仕事をしている。

美術史を学んでから、グラース市のシャラボ社に入社し、1年間の研修を受けた。今は、IFF社の調香師である。

〈作品の紹介〉

Emporio White for Men, Armani (Carlos Benaïm 共作), 2001
Pure Poison, Dior (C. Benaim, D. Ropion 共作), 2004
Visit for Women, Azzaro (D. Bertier 共作), 2004
Apparition pour Homme, Ungaro, 2005
Cuir Beluga, Guerlain, 2005
Dior Homme, Dior, 2005
Flowerbomb, Viktor & Rolf (C. Benaïm, D. Bertier, D. Ropion 共作), 2005
Code for Women, Armani (D. Ropion, C. Benaim 共作), 2006
Miracle Forever, Lancôme (D. Ropion 共作), 2006
F by Ferragamo, Salvatore Ferragamo, 2007
The Kenzo Power, Kenzo, 2008
Only the Brave, Diesel (A. Massenet, C. Benaïm, P. Wargnye 共作), 2009
Eau Mega, Viktor & Rolf (C. Benaïm 共作), 2009
Jil, Jil Sander (B. Jovanovic 共作), 2009
Balenciaga Paris, Balenciaga, 2009………

レザーの香り

このカテゴリの香りはとても好きだ。少しレザーノートで、バルサミックな感じがある。私にとっては、ゲランの「アビルージュ」や、エルメスの「ベラミ」のようないくつかの偉大な香水と結びつく原料である。スチラックスはリキッドアンバーの樹皮から滲出されるゴムで、調香師は精油の他に、レジノイドも使用する。とてもまれではあるが、レザーノートのキー成分にはピロジェン調香気で、とてもスモーキーな香調が含まれているときがある。たとえば、歴史に残るレザーノートといわれる、1924年にウィーンで創作された男性用香水の「クニーズテン Kneze Ten」がその例だ。

レザーノートの香水に取りかかるときは、まるで暗示のように、最初にスチラックスが頭に浮かぶことが多い。この香料はシプレとオリエンタルノートの処方に深みを与えるからだ。トップノートにスチラックスを香らせたいときにはエッセンスを用いて、シナモンの効果をさらに際立たせながら、スチレ

─スチラックスを含む香水─
- クィール オットマン／パルファム ダンピール 2008
- A★Men／ティエリー ミュグレー 1996
- オンリー ザ ブレイヴ／ディーゼル 2009
- アルページュ／ランバン 1927
- ベラミ／エルメス 1986

ンの成分が生じる、巻き込む雰囲気のトップのレザーノートを生かすように試みる。あるいは、シナモンとオリエンタルな香りがさらに感じられる揮発性の低いレジノイドを優先して使う。

スチラックス リキッドアンバーのレジノイド

アートとその手法

どの原料が好きかと尋ねられることがある。こうした質問は、画家にどんな色を使うつもりかと尋ねるのに少し似ている。肝心なのは何を選択するかではなく、いかに用いるかにある。少し不自然な方法だが、創作には組成成分から発展させるように促される。ところが、私たちは配合をまず、考えている。フローラルブーケがテーマならば、ローズ、イランイラン、ジャスミンを話題にするのは、それほど意味のあることだとは思えない。香水は抽象芸術のように、使う原料から評価しようとはせずに、全体性を受け入れるべきなのである。

香水にまつわるエピソードをいつでも話題にしたがるものだが、私は専門家であっても皆さんと同じスタンスを取っている。つまり、ある香水が好きならば、それを分析しようと試みないこと。なぜなら、私が魅了されているのはその独得な世界なのだから。

ディオール オム、2005

当時、ディオールの男性用モードのアートディレクターだったエディ・スリマンと幸運にも会うことができた。彼はその頃、香水のクリエーションと香りの世界の探究に情熱をもっていた。そこで、私も香料や香りにまつわる話をし、複数の香水を嗅ぐ体験をして、この出会いから、香水製品ではあまり用いられていない、イリスを中心にフレグランスを組み立てたいと思うようになった。

イリスは実のところ、フローラルではなく、パウダリーでも、ウッディでもないのだが、実際には、この3つのノートが時おり少しずつ現れる。そこで、これら3つの特徴を中心において開発し、イリスに少し男性的で、アロマティックな特徴を与えながら、トップノートにはラベンダーとセージを、さらにラストノートにはベチバーとレザーノートを置くことにした。

セダー

Cedrus atlantica Manetti / *Cedrus deodora* G.Don. マツ科
Juniperus mexicana Schiede / *Juniperus virginiana* L. ジュニパー
Cupressus funebris Endlicher サイプレス

Cédre Olympe
セードル オリンプ

テキサスセダー *C.mexicana* は米国、メキシコ産。バージニアセダーは米国産。アトラスセダー *C.atlantica* はモロッコ産。ヒマラヤセダー *C.deodora* はヒマラヤ、アフガニスタン、インド、パキスタンに育つ。チャンチン *Toona sinensis* は中国に生育

セダーは樹高50mに至る木。2000年以上生きる

ヨーロッパに紹介されたのは17世紀半ばだが、セダーの生育条件に適した環境であったことから、現在はヨーロッパのほぼ全域にみられ、木の周径は数メートルに及ぶこともある。レバノンセダーは温かく独得な香りをもつ。木材は重宝されて宝石箱や小箱、家具に加工されたが、これらの製品を有名にしたのも実は香りのよさにある。耐食性のある材木でもあり、長年、船舶用の資材に使用された歴史もある。セダー材の香りはダニ除けになるため、小さなボール状に加工されて、衣装ダンスや戸棚によく用いられる。

一方、アレルギーを起こしやすい人には、車の汚染物質とセダーの花粉が付着すると、皮膚の発赤や、くしゃみの原因になりやすい。そのため、春の訪れを不安に感じさせる要因にもなっている。ファインフレグランスとトイレタリー製品に使う精油は、幹を切削したチップを原料にした抽出物である。抽出方法は原料の種類にもよるが、セダーには一般的に水蒸気蒸留法が用いられ、色つきの、粘性のある精油が採れる。一方、有機溶剤、エチルアルコール、石油エーテルを溶媒にして抽出すると、さらに色の濃いレジノイドを、半固形または固形の状態で得ることができる。

オヒョウの燻製とセダーの新芽のサラダ (4人前)

オヒョウの燻製 150g
スカロール（エンダイブ）　1個
ニンジン　1本
セダーの新芽　10個

生のマンゴー　1個
生のコリアンダー　適宜
リンゴ酢のビネグレットソース
　（フレンチドレッシング）適宜

オヒョウの燻製を薄切りにして、取り分けておく。小さじ一杯分のコリアンダーの生の葉をみじん切りにする。スカロールと、ピーラーで薄切りにして、細く刻んだニンジンを合わせてサラダを作り、ビネグレットソースで和える。サラダを皿に盛りつけて、そこにセダーの新芽とオヒョウの燻製の細切り、薄切りにしたマンゴーを載せて、コリアンダーを散らす。

〈香気成分〉
レジノイド類は複雑な成分を含むが、品種によって多様性がある。これらの構成成分は α- と β- セドレン、ツヨプセン、セドロール、セドレノールの原料として用いられることが多い。なお、これらの分子は、セドリルアセテート、cedramber®、vertofix® のような、香粧品に用いる重要な化合物を合成するときに用いられる

植物の効用──
セダー油にはリラックス作用、利尿作用、脂肪溶解作用がある。皮下脂肪を減らす助けになりそうだ。フケ予防の製品いくつかにも含まれていることがある。除虫、蚊とダニ除けにもなる。

マツ科の針葉樹。中近東とヒマラヤを原産とする裸子植物で、約250種類、11属に分類されている。セダーは一般に三角錐型の巨木に成長するが、ヒマラヤセダー (Cedrus deodora) は樹高50mに達する。モロッコの森「Cedre Gouraud」にあるような、寿命の長い木もある

ミレニアムのエンブレム
宗教と深い関わりのあるセダーがレバノンの象徴になった

セダーはレバノンの国旗の中央に描かれ、赤、白、赤という三本の帯の中央に描かれている。ラマルティーヌ（詩人・政治家、1790～1869）はこの国で最も有名な天然記念物であると述べているが、神のセダーと呼ばれる木は『神自ら植林した』と書物に記載がある一本のみだ。聖書の証人である、樹齢1000年のセダーは テュロスのアヒラム王と、エルサレムのサロモン王が統治していた時代を知っている。
この木は、中近東に生まれた三大宗教と関わりがある。ユダヤ教徒にはエルサレムに建設された、ソロモン王（前1000）の寺院の骨組みであり、キリスト教徒にとっては神聖な樹木、そしてイスラム教徒にとっては汚れのない純粋な木だ。
www.aupieddemonabre.free.fr

117

セダー

ミシェル・アルメラック　MICHEL ALMAIRAC

まだ若かった頃、ルール社の研究所を訪れたときに、将来への「始動装置」がオンに入った。これは実に不思議な体験で、近い未来に行うべきことをはっきりと自覚した。

ルール社の学校に入学し、それから若手調香師としてグラースで働いた後に、パリに転属されたのは、私にはある意味で昇進のように思えた。もっとも魅力的なプロジェクトに出会えるのは、言うまでもなくパリだから。現在、私は源流に戻って、グラースのロベルテ社に勤務している。

〈作品の紹介〉

Zino, Davidoff, 1986
JOOP !, Joop !, 1987
Escada Margareth Aley, Escada, 1990
Casmir, Chopard, 1991
Minotaure, Paloma Picasso, 1992
Burberry for men, Burberry for women, Burberry, 1995
Gucci Rush, Gucci, 1999
Rush2, Gucci, 2001
Aquawoman, Rochas, 2002
Gucci for men, Gucci, 2003
Armani Private Collection, Armani, 2004
Dior Addict2, Dior, 2005
Zen, Shiseido, 2007
Chloé, Chloé (Amandine Marie 共作), 2008
Azzaro twin men, Azzaro (Richard Ibanez & Sidonie Lancesseur 共作), 2009……

無視はできない香り

香りの世界ではセダー（シダーウッド）は避けることのできない香料のひとつである。この香りを嗅ぐと、無意識に多くの事柄を連想する。たとえば、鉛筆もその一例だが、教室で口に入れて噛んだときには、口内にこの香りが広がったことだろう。このノートはウッディとして面白い。ウッディ系の香りはすでにあらかた把握されているのに、セダーはそれほど明らかにされてはおらず、そのために神秘的に感じられるが、とても目立つ香りなので、他の香料よりも少しだけ扱いにくくなる。

処方は短かった

最初は原料の数も少なく、香水の製造はいたってシンプルだった。そのために処方は短く、単純で明解、そして簡潔であった。ところが、時が移り変わるとともに、合成原料が登場するようになり、調香師のメゾンにおいても過剰なほど増えたために、処方はしだいに長くなったのである。

自然は出し惜しみすることが多いので、合成製品の発展はま

―セダーを含む香水―
● マダム/ジャンポール ゴルチエ 2008
● フルール ド ノエル/イヴ ロシェ 2009
● Mexx ブラック/Mexx 2009
● クロエ/クロエ 2008
● エクラドゥアルページュ/ランバン 2002
● セードル オリンプ/アルマーニ プリヴェ 2009

さに輝かしい出来事であった。香りを抽出のできない植物もあるために、香気成分を合成して香りを再現する――たとえば、ミュゲ（スズラン）の香りにはヒドロキシシトロネラールを用いる。

　仕事のスタイルは、二人の人物から大きく影響を受けた。香料会社ルールの経営者だったジャン・アミックはある日、過去に作られた処方を単純化しながら、処方の過剰な部分を理解するように私たちに求めてきた。すると、これら処方の多くには成分として無用であるのに、なんとなく加えられ、香りの組み立てには何の作用も及ぼさない物質が入っていることを発見できた。

　自分でも復習してみたときに、エドモン・ルドニツカの言葉を思い出した。「たとえば、粘土や絵の具の色を2色、3色、4色と混ぜ合わせてゆけば、調和じみた印象が生まれるだろう。さらに5色、6色、そして10色目を掛け合わせると、粘土は茶色になって、もはや色を変化させるのは無理であることがわかる」

　どちらの先生も香水技術の理解を深めてくださったほか、アコードが形を成すときを見極めたり、製品によって異なるインパクトの存在を知ること、そしてシンプルでクリアな処方に戻ることを心得るように推奨してくださったのである。

処方が長ければ、その香水が成功するというものではない

モダンノートとクラシカルノート……

　現代の香水は、今の時代にマッチするものであり、新原料の発見と結びついているが、この新原料が真価を発揮するのである。たとえば、ジャック ゲランの「シャリマー」(1921)にはエチルバニリン（バニラ）、ルドニツカの「オーソバージュ」(1966)にはヘディオン（メチル-ジヒドロジャスモナート）、「フラワーバイケンゾー」(2000)にはムセノン（3-メチルシクロペンタデセノン）が含まれる。カロンにしてもこれはひとつの革命であった。数十年前から存在している原料であるにもかかわらず、カルバン・クラインの「エスケープ」でデビューしたのは、1993年になってから。このような製品は確実に複数の新しい組み立てを誕生させることになった。たとえば、ムセノンをオーデコロンの「ジャンマリーファリナ」に加えると、まったく異なる新しい香りが誕生する。

　類似品がまったく存在しない香水は、クリエーションに新しい道を切り開いた瞬間に、列の先頭を行くリーダーとして、プレステージのある模範的な作品に位づけされる。アマンディン・マリーと共同で製作した、最新版の「クロエ」のように、自分の手がけた香水のいくつかがこのカテゴリに入ることができれば嬉しい。

ゼラニウム

Pelargonium graveolens L'Hér. フウロソウ科

Wish of peace
ウィッシュオブピース

ローズゼラニウム（*Pelargonium capitatum x asperum*）の栽培はスペイン、イタリア、モロッコ、イスラエル、エジプト、中国で行われるが、最も大規模な栽培地はエジプト、中国である。ゼラニウム ブルボン（*P. graveolens*）と呼ばれる品種はいまでもレユニオン島に生育しているが、1870年にこの島に輸入された

ゼラニウムの若い葉の収穫風景

　原産地の南アフリカでは、ゼラニウムは今でも自生している。ゼラニウムの学名はギリシア語の *geranos*、仏語の鶴 *grue* を意味するが、鶴のくちばしを思わせるゼラニウムの実に由来している。浅裂でざらざらした葉は精油の分泌腺毛で覆われ、さわるとバラのような香りを放つが、とても香りが強い。若い茎は草質だが、古くなると木質化する。ゼラニウムの花は小さく、淡いピンク色で、散形花序に密集して咲く。

　少ししおれた状態で、葉と茎を水蒸気蒸留にかけると、バラのような香りの、黄褐色から黄緑色をした透明な精油（収率0.15〜0.3%）が採れる。有機溶剤（ヘキサン、または石油エーテル）による抽出法では、コンクリートを約0.2%の収率で得るが、これを原料としてシロップ状の粘性をもつ、色の濃いアブソリュートが60〜70%抽出される。

　この原料は、香粧品には頻繁に用いられ、特にフゼアノートに使用されることが多い。香りがバラに似ていることから、ローズ調香気としてバラと同じように使用されている。ゼラニウムの精油はアルカリの侵襲性にそれほど反応しないため、石鹸や洗剤の付香によく用いられる。精油は香料として、アルコールやノンアルコール飲料一般の多くに含まれるほか、大量生産される食品にも使用されている。

洋梨のポシェ──ゼラニウム風味（4人前）

洋梨　4個
水　500ml
砂糖　150g

バニラビーンズ　1本
ゼラニウムの精油　4g
無農薬レモン　1個

水と砂糖を鍋に入れて火にかけシロップを作る。皮をむいた洋梨を半分に切り、中の芯を取り除き、まんべんなくレモンのシロップをかける。皮むき器を使って、レモンの皮を帯状に2本そぐ。シロップに洋梨を浸し、そこにレモンの皮とバニラビーンズ、ゼラニウムの精油を加えて15分間弱火で煮る。火から下ろして、シロップごと冷やす。

〈香気成分〉
精油の主成分——シトロネロール、ゲラニオール、シトロネリルフォルミエート、イソメントン、グアイアジエン-6,9だが、栽培地と抽出法に応じて精油の成分は異なることが多い

植物の効用——
ゼラニウムの精油には傷の治癒促進作用があり、特に皮膚と爪の下、膣、消化器官を侵す真菌症に効果的だ。肝臓と膵臓の機能を活性化する作用と同様にリンパ系への刺激作用で知られる。ボディやフェイシャルの美容製品にも成分として含まれることもある。ハーブティは、のどの痛みに特に効果的だ。

香水製造業に用いられるゼラニウムはローズゼラニウムとも呼ばれるが、本来の名称はペラルゴニウムである。交配種が多数栽培され、草丈は1mに達するものもある。葉は浅裂。小さなピンク色の花を咲かせる。

ゼラニウムはアルザス地方のシンボル

ゼラニウム デイ

毎年7月末になると、アルザス地方のスタインセルツ市（バ＝ラン県）では、この地方のシンボルの花で、家々を鮮やかに彩るお祭りが催される。ウートゥルフォーレ地域のブドウ畑、リンゴ畑や牧草地に囲まれる小さな村は、夏のこの時期になると、音楽や民俗芸能に加えて、食通を楽しませる催しなど、たくさんのイベントで活気づく。

ゼラニウム

ナタリー・ザギガエフ　NATALIE ZAGIGAËFF

植物、庭、自然に心から情熱を感じる私は、香水であればこの情熱を生かせるだろうと考えた。ISIP（ISIPCAの前身）を主席で卒業して、それから15年間はトイレタリー製品とボディケア製品の処方を手がけてきた。いわゆるコスメティックとトイレタリー製品を担当していたが、今もソジオ社で同じ業種に就いている。

仕事と並行して、ISIPCAでは嗅覚とにおいの評価、処方作成をテーマに、学士課程の学生と修士課程にある専門家に教えているが、EFCM = European Fragrance and Cosmetic Master（ヨーロッパフレグランス＆コスメティック修士課程）では外国人学生が対象である。香料産業に携わる成人の職業人たちが、職業教育を続けて受けられるように基礎固めをしたところだ。

〈作品の紹介〉

パーソナルケア部門に約15年携わり、主にロレアル製品を担当。「ウシュワイア」シリーズではとても有名になった製品が二つあり、長期ベストセラーを記録。そのほか、シャワージェルの「レ・ドゥ・パルム」とシャンプーの「バパス—」がある。シャワージェルは「アディダス」(コティ)のほか「ウルトラドゥー」と「ペルル ドゥ クレーム ヴィタリテ デュ テヴェール」(どちらもオバオ)を手がけた。「アリゾナデザート」(メネン USA)のオードワレとデオドラント製品、「グランチャコ」(ウシュワイア)等のデオドラント製品を製作。現在、ソジオ社で創る私の製品はヨーロッパ市場向けではないため、あまり知られていない。

ユニセックスの花

ゼラニウムは、安価なローズして見なされることが多いが、最初に香り立つローズタッチ以外にも、たくさんのニュアンスをもつ原料である。北部アフリカを旅したときに、なんどもゼラニウムに出会う機会があったが、明らかに食品を連想させる特徴から、グルマンな印象を受けていた。ゼラニウムにはバラの香料入りの餅菓子ルックムを想起させる香りのほか、アジアで試食したライチにも通じる香りがある。ローズに似た香りにその理由を求める方もあるだろう。ところが、ゼラニウムにはローズノートばかりではなく、メントールのようにフレッシュで、どことなく霜を連想させる香りもある。この香調がゼラニウムに男性性と女性性の両方を与えている。香りにはとても冷たい要素もあって、少し攻撃的に感じられて、男性の一面を連想させる。そこに、ローズ調香気が食品にも用いられる特徴によって、女性的な個性をもたらす。ゼラニウムは私の心に北アフリカのマグレブ

―ゼラニウムを含む香水―
- カランドル/パコ ラバンヌ 1969
- ウィッシュ オブ ピース/エイボン 2007
- ウンガロ プール アッシュ/ウンガロ 1991
- クーロス/イヴ サンローラン 1977

のよい香りの思い出を呼び覚ます、ユニセックスな花なのである。私は、中近東向けでは男性向けの香調として用いている。

フゼアアコードの主成分

　ゼラニウムはフゼア アコードの構造の一成分であることを心得ておこう。かつては、ラストノートのウッディとオークモスの香調に、クマリンとサリチレートから生まれる、パウダリーでアーモンド調の香気を特徴にもつ、ベルガモットとゼラニウム、ラベンダーを配合したアコードを配分するのが定番であった。ゼラニウムはラベンダーがアクセントをつけるフローラルなミドルノートのキー成分だったのである。このノートに個性的な特徴を与えたのがゼラニウムだ。しかし、現在のフゼアアコードで、ゼラニウムの割合はかなり減少しており、もっと透明感のあるフローラルノートに座を譲っている。

　それに加えて、ゼラニウムも変化している。ベチバー ブルボンと同じように、レユニオン島のゼラニウム ブルボンは絶滅する傾向にあり、価格が高騰している。私たちが今日使用しているゼラニウムはエジプト産で、値段ははるかに手頃である。

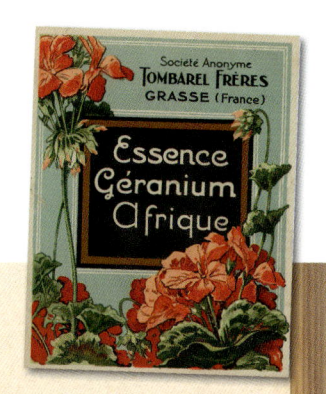

ユニセックスの花

　ソジオ社の調香師であり、主に輸出用ファインフレグランスのプロジェクトを担当している。輸出先は中近東、メキシコ、香港などで、香りの特徴から捉えると、かなり広大なエリアを手がけていることになる。各国特有の嗜好性があるため、それに従うことが求められる。

　たとえば、メキシコでは香りの強い香水が好まれ、グリーンノートとニトリルノートの他に、もっと技巧をこらした香りが必要になる。しかし、石鹸とシャンプー、シャワージェルのようなマスキングすることが難しい、すべての基材に香りを用いることは至難のわざであり、技術面でもかなり複雑な制限を受けている。このような必須条件に加えて、これらの販売国における価格がとても安いことを考慮すると、使用可能な原料はおのずと限定されてくる。

チュベローズ

Polianthes tuberosa L. ヒガンバナ科

Carnal flower
カーナルフラワー

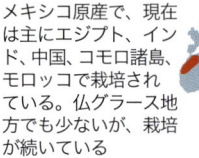

メキシコ原産で、現在は主にエジプト、インド、中国、コモロ諸島、モロッコで栽培されている。仏グラース地方でも少ないが、栽培が続いている

1920年頃のグラース。チュベローズ畑での収穫風景

メキシコを征服したスペイン人たちがヨーロッパに紹介したチュベローズの花を、グラース地方においても長いこと栽培し、花を冷浸法や、中性のオイルで抽出してきた。地中海周辺では、春の終わりにチュベローズの花が咲き始め、8月初めにはピークを迎える。毎朝、花の開花と同時に、花冠の摘み取り作業が行われる。なお、栽培地の土を毎年新しく入れ替える必要がある。1000本余りのチュベローズからは30〜40kgの花が採れる。プロヴァンスでは、平均して1haあたり3500kgが収穫されるが、中国では開花時期が6ヵ月間続くため、1haあたりの収穫高は7500kgである。この花は抽出用だが、ジャスミンの花のように、収穫後も香りを生成し続ける。今日、チュベローズの抽出には主に有機溶剤、石油エーテル、ヘキサンが用いられる。コンクリートの収率は0.12〜0.18%であり、黄土色から濃い焦茶色をしたワックス状のかなり堅い物質が採れ、ここから約40%のアブソリュートが抽出される。色はオレンジから焦茶色をし、香りは甘く、めまいがするほどである。

インドではチュベローズを現地の言葉で「夜の香水」と呼んでいる。結婚式の期間、婚礼の部屋をこの花で飾りつける習慣がある。式の最初の3日間は新郎新婦が対面することはないが、4日目になると初めてそばに寄り添う。このとき、チュベローズは不安を鎮めるとともに、喜びをかき立てる花として登場する。ジャスミンと並んで、官能的な花として有名なチュベローズは恋愛の共犯者である。

（www.esprideparfum.com）

アジアでは香水用に栽培されるほか、官能を象徴する花でもある

〈香気成分〉
アジアでは香水用に栽培されるほか、官能を象徴する花でもある。アブソリュートの主成分——1,8-シネオール、サリチル酸メチル、安息香酸エステル、メチルベンゾエートである。香りの特徴を作るのは、インドールとメチルアントラニレートのような窒素化合物である

植物の効用——

この植物が惜しげもなく周囲に放散する官能的な香りには、はたして相手を虜にする直接の効果が本当にあるのだろうか。言い伝えによると、かつてこの植物を栽培していた地域では、夜更けに若い娘たちが恋人とチュベローズの畑を横切ることを禁じていたという。我を忘れてしまうことを危惧しての策だ。

チュベローズは草本植物である。その花は乳白色の6枚の花弁で構成され、甘くて、深く浸透する香りがある。花は75〜120cmに成長する茎の先端に穂状花序(15〜20cm)で咲く。

ルイーズ・ド・ラ・ヴァリエールは上手にチュベローズを活用した

王宮での使い方

ルイーズ・ド・ラ・ヴァリエールは1661年、17歳で太陽王の宮廷に入った。ルイ14世はすぐに彼女に目をとめて妾にしたが、結婚してまもない、23歳の国王の愛人問題は王宮の親王派、そして1年前に結婚したばかりの若きオーストリア王妃マリーテレーズの激しい怒りを買うことになる。ルイーズは王とのあいだに4人の子供をもうけたが、一説では、彼女はチュベローズの花束を部屋に飾り、妊娠を王宮に隠したそうだ。当時チュベローズは妊婦の容態を悪くすると考えられていたのである。

チュベローズ

オーレリアン・ギシャール　AURÉLIEN GUICHARD

父は調香師、母は彫刻家で、両親から創作の厳しさとともに、創作にかける愛情を学んだ。祖父母はグラースでジャスミンとバラの栽培を手がけている。香水は土壌に才能と愛情を注ぎ、よい原料を作ろうとする、多くの男性や女性の手に委ねられている。

実をいうと、調香の仕事につくとは考えていなかった。夏に受けた講習がきっかけとなって、香水に開眼したのである。それから、ジボダンの学校では思い出深い3年間を過ごし、パリで1年間、次にはニューヨークで2年間………。

私のクリエーションは人々との出会いというつながりから生まれ、多様性は私の仕事に欠かせないインスピレーションの源だ。2005年の年末に、私はパリに戻った。

〈作品の紹介〉

Aqua Allegoria - Anisia Bella, Guerlain, 2004
Love In Paris, Nina Ricci, 2004
Chinatown, Bond, 2005
Unforgivable, Sean John (P. Negrin, C. Sabas, D. Appel 共作), 2006
Gucci by Gucci for men, Gucci, 2008
John Galliano by John Galliano, John Galliano (C. Nagel 共作), 2008
Eau de Fleurs de thé, Kenzo, 2008
Parfum OVNI, Kenzo, 2008
Ego Facto, Me Myself and I (J. Guichard 共作), 2008
Narciso Musk for Her collection, Narciso Rodriguez, 2009
Angel Sunessence, Thierry Mugler (L. Turner 共作), 2009
10- Roue de la fortune, D&G, 2009
Ricci Ricci, Nina Ricci (J. Huclier 共作), 2009
John Galliano, Edt by John Galliano, 2010…

意地悪なチュベローズ

チュベローズはお気に入りで、フルーティなジャスミンのような、エキゾチックな香りである。処方(シェーマ)では、プルノリドにジャスミンを合わせると、チュベローズを得ることができ、他のフルーティノートと合わせると、果肉の多い、異国的な印象を得る。チュベローズは7～9月に開花し、秋には寒さから保護するために、球根を掘り起こして保存する。春が来ると、これまでチュベローズを植えたことのない土地に球根を植えつけるのだ。甘く美しい香りと眠気を誘う官能的な感覚に加えて、花の特徴として、危険性も同時に存在している。ミュゲのような「無害」な少女のような雰囲気とは真逆の「意地悪」な花を思わせる。裕福で、体つきが豊満な感じだ。この香りから連想する色を、人に尋ねてみたところ、赤を思わせるという回答を得た。赤は危険、情熱、禁止と結びつく色だが、実際の花は白い！

チュベローズをテーマにする高級香水からはファムファタル（悪女）のイメージが浮かび上がる。ヒップからバストにかけての

―チュベローズを含む香水―
- ランソラン／シャルル ジョルダン 1986
- パンテール／カルティエ 1987
- カーナル フラワー／エディッション ドゥ パルファム フレデリック マル 2006
- リッチ リッチ／ニナ リッチ 2009
- マダム ロシャス／ロシャス 1969

ラインは肉感的で官能的で、まるで赤いドレスを着た、モニカ・ベルッチのように。

香水の名称にも暗さが感じられる。たとえば、セルジュ・ルタンスの「テュベルーズ クリミネル」（罪つくりな月下香）、フレデリック マルでドミニク・ロピオン作の「カーナル フラワー」（肉感的な花）。ディオールの「プワゾン」（毒）は言うまでもない。香水が危険な感じをにおわせて、魅惑する。

飼いならされたチュベローズ

ジャック・ユークリエと共作した「リッチ リッチ」はチュベローズを主成分に使っている。この花からは若いイメージを感じないと思う人もいるが、私たちはこの先入観を覆そうと、これまでと違う手法でチュベローズを扱うことにした。

最初は意外な手法で若々しく、社会の枠に捕らわれない現代感覚を表現した。美しいチュベローズはいつもどおりだが、調香という職業の魅力は、既存のやり方を変え、自由な創造のため、暗黙の了解を外すリスクを選べることにもある。処方も変えて、チュベローズとグラース産ローズアブソリュート、ヘッドスペースでのベルドニュイ（オシロイバナ）香気成分を配合した。コリコリした感じの素材としてルバーブを選び、ラストのパチュリで特徴づける。ニナリッチの伝統に照らして、フローラルノートを創作するという課題もある。深い残香性を与えることによって、現代風に仕立てた。

ニナリッチのリッチリッチには欠かせないチュベローズ

こちら側とあちら側の了見

ヨーロッパの香水は伝統的に、官能的で、残香性のある強い香調を特徴とする。これは悪臭を隠す効果が香水に求められた時代に端を発している。無意識のうちに、今でも美容の文化でもこの傾向が持続しているようだ。そのために、残香性のよい香水、香りが持続する香水を好むのである。ところが、アメリカ人はこのような世襲的な重さに捕らわれてはいない。彼らにはむしろ、ポジティブな香りを好む傾向があるので、アメリカの香水には、はじけるような香調の歴史がある。そこで、香りの組み立てはトップノートに重きがおかれている。新鮮さを強調して、トップノートは陽気、喜び、楽観、楽しみという要素を表現するのだ。一般の人々は、ポジティブで、心を魅了するような香水を期待している。現在では、このような格差は減る傾向にあるようだが、はたして完璧な香水は存在するのだろうか。

トンカビーン

Dipterix odorata Willd. マメ科

Ambre gris
アンバーグリス

Dipterix odorata Willd. の種子。熱帯アメリカの森林に育つ樹木で、オリノコ川流域のブラジルとアマゾン地域、ベネズエラで見ることができる

香料産業は果実の核に入っているトンカビーンのみを求める

　この品種から、最も人気のあるトンカビーンが採取されるが、ブラジルで「クマル」、ベネズエラでは「サラピア」という名称で呼ばれている。さらに、*Dipterix oppositifolia* Willd. と *Dipterix pteropus* Taub の種子も採集されているが、これらも同名のトンカビーンとして商品化されている。

　ベネズエラでのトンカの収穫は、インディオの部族や地域住民が手がけ、オリノコ川支流にあるカウラ流域が最も重要なエリアとなっている。トンカの木は栽培でなく自生で、種子の収穫は森で行われる。冬季に熟して、自然落下した果実を2〜4月の間に収穫する。その際には石製の道具を使い、まず殻とパルプ質を剥がして、褐色の皮に覆われた脂質の果肉から、象牙色の豆を取り出していく。そして、抽出に使用する前に日陰でしばらく乾燥させる。すると、表面が透き通った白色になる。トンカビーン特有の香りをもたらすクマリンは1820年に単離された成分だが、クマリンの生成には、豆を乾燥させる工程が必要だ。

　成長した木は年間15kgの種子を生産し、気候の変化を受けやすいため、1年に収穫されるトンカビーンは60〜100トンと幅がある。抽出には有機溶剤を用いてレジノイド(収率29〜46%)を得る。アブソリュートは70〜85度のアルコールを使い、原料のレジノイドから抽出する。豆重量の10〜15%に当たる。このアブソリュートは室温では結晶化した粉末で、明るい栗色から濃い栗色まで幅がある。アーモンド様の香りだが、温かく、甘いバニラのような香りも感じられる。

Le Comptoir Colonial
FEVE DE TONKA
Poids net : 60 G

子牛の胸腺——トンカビーン風味（4人前）

子牛の胸腺 600g	白ワイン 100ml	トンカビーンの粉末 2つまみ
小麦粉 適宜	塩・胡椒 適宜	生クリーム 大さじ2杯
エシャロット 2本	タイム 1束	

子牛の胸腺を熱湯に入れ、色が白くなったらあら熱をとり、下ごしらえのため1cm四方の大きさに切り分ける。これに小麦粉を振り、バターで手早く炒めた後、フタをしておく。エシャロットはみじん切りにし、フライパンに入れ、汁がしみ出すまで調理した後、白ワインを加えて煮汁を溶かし、塩・胡椒を加えて、トンカビーンの粉末を加える。さらにタイムを加え、全体量が1/3になるまで煮詰め、その後でクリームを加えて全体を混ぜる。炒めた子牛の胸腺とソースをあわせて完成。

〈香気成分〉
アブソリュートの主成分はクマリンと3,4-ジヒドロクマリン。ウッディ アンバー調とフゼア アンバー調の香水には0.1〜0.2％と微量な含有率で含まれる

植物の効用——
トンカビーンは強壮作用と抗凝血作用で知られている。アメリカ食品医薬品管理局は食品への使用を基本的に禁じている。それでも、最近は料理に含まれることが多い。

Dipterix odorata Willd.、*Coumarona odorata* Aub. L. と *Baryosma tongo* Gaertn と呼ばれる植物の種子。この熱帯性樹林は樹高20〜25m。幹は直径1.2mに達することもある。葉は偶数羽状複葉で互生し、ピンク色を帯びた紫色の唇形花をつける。この花から卵形の果実が実り、なかには豆が入っている。

干し草の香り
クマリン

トンカビーンの収穫は熟した果実が木から落ちるのを待ち、果核を割って種子を取り出す

クマリンは1820年にトンカビーンから単離された。植物中に無臭のクマリン酸グルコシドとして含まれるが、太陽の作用でゆっくりとクマリン臭のある白い薄片に変化する。
クマリンは1868年、化学者のウイリアム・パーキンによって合成されたが、干し草の香りから分離されたクマリンは、すぐに調香師たちの関心を集めた。1882年に、ポール・パルケはウビガン社の有名な「フゼア ロワイヤル」を創作して、フゼアノートという新たなジャンルを開拓したが、その数年後にはエメ・ゲランが「ジッキー」（1889）に取り入れた。トンカビーンとクマリンは現代の香水にはよく使用されている。

トンカビーン

ギヨーム・フラヴィニー GUILLAUME FLAVIGNY

幼い頃から、においを重視していた。今でも、幼稚園の牛乳パックのにおいを覚えている。鼻はコミュニケーションの道具であるにもかかわらず、学校では読み書きを習っても、においの学習は行われていない。

最初に自分の香水をもったのは 14 歳頃で、ギラロシュの「ホライゾン」と、エルメスの「オードランジュ」だった。私には聖域に属するものだった。ある日、エドモン・ルドニツカが香水について語った『Que sais-je（香りの創造）』を読み、私は啓示を受けた。そこで、エコロジーのコースを放棄し、ISIPCA に入学したのだが、その後、ジボダン社の調香師養成学校に進学した。

2002 年には、本校に在籍している時にウイスキーから得たひらめきと、一目惚れしたトンカビーンの出会いで生まれた香水を創作し、SFP の調香師研修生として最優秀賞を受賞した。

〈作品の紹介〉

Lulu, Lulu Castagnette, 2006
Oscar Bambou, Oscar de la Renta, 2006
Purplelips, Salvador Dali, 2006
La Môme, Balmain, 2007
Oscar, Red Orchid, 2007
Seductive Elixir, Naomi Campbell, 2008
Ambre Gris, Balmain, 2008
Eau de Sisley n° 1, Sisley, 2009
Cèdre Olympe, Armani privé, 2009

トンカビーンと私

大昔から香料として使われるトンカビーンは、私のお気に入りで、現地で本物を手にしたいと思い、ベネズエラまで足を伸ばしたことがある。これは、トンカビーンの印象を変える旅となった。私たちを出迎えてくれた子供たちの笑顔、生い茂るジャングルのなかで仕事に精を出す男たち………彼らの素朴で、本物の生き方を体感して、この果実に生活がかかっていることを実感した。生まれて初めて嗅いだ生の果実はこれまでのトンカビーンと似ているところがなかった。ずっしりと重く、乳白色をした果実は「焼きリンゴのイチジク添え」の香りを想起させたが、その形状は高さ 20 m の木に実ったジャガイモのようで、自然に落下するのを待つ。

きわめて贅沢な天然原料である以前に、未開のジャングルで採集される実なのだ。果実のなかには果核と仁がひとつずつあり、仁を乾燥させるとクマリンの香りを放つようになる。とても甘く、心穏やかにする香りで、バニラのように気持ちを落ち着かせるが、他にも複数の特徴があり、ややタバコにも似て、アーモンド様、干し草様であり、どことなくアニマリックであ

―トンカビーンを含む香水―

● ヨープ！/ヨープ！ 1987
● ラリーク ル パルファム/ラリーク 2005
● アンバーグリス/バルマン 2008
● ルル/ルル カスタネット 2006
● ミヤビ ウーマン/アナヤケ 2009

る。

　現地のインディオはこの実を食用にはせず、感染症の治療に用いている。私は料理に使用しているが、とてもおいしい。チョコレートやバニラと混ぜるほか、クレームブリュレや塩味の料理とも相性がよい。果実から取り出したばかりの仁はそれほど香らないが、翌日になって豆の色が変わると香りを発散し始める。色はほとんど黒に近くなり、自然に縮んでいくが、乾燥させると香りが強くなる。豆の表面にクマリンの結晶が小さな白い斑点になって現れることもある。

　インディオに贈り物として香水を手渡したときに、「皆さんが収穫しているこの豆はここでは日用品でしょうが、私たちの国ではとても高価な贅沢品です。トンカビーンは密林で這って探すことから、芸術的な香水に行き着くまでの壮大な物語の原点です。みなさんは私たちの暮らしに憧れるかもしれない。私たちにしてもあなた方が住む、昔のままの美しい自然の暮らしをうらやましいと思う」と言い添えた。

私の香水に含まれるトンカビーン

　この香料はよく使用するが、最初に手がけた香水「フィッシュボーンウーマン」に含まれるほか、「ルルカスタネット」にも使用した。おそらく、バルマンの「アンバーグリス」を題材にして、天然のアンバーグリスとトンカビーンについて研究したときに二つの距離がせばまったのだと思う。この香水には、フェミニンオリエンタルでウッディな香調があり、かなり斬新的だ。オリエンタルでノクターン（夜想曲）の香り、ややアニマルライクで、レザリーな世界に、ナイーブさが浮き立つような香調を用いたいとは思わない。そう、この香りは個性が十分に際立つ、「ギャルソンヌ」に近いかもしれない。バルマンのスタイリストだった、クリストフ・ドゥ・カルナンと共同作業をしたときには、ずいぶんと励まされた。今でも美しい思い出として心に残る。

　ブルーノ・バナニ作の「マジックマン」では、トンカビーンをマカデミアナッツとチョコレートに組み合わせた。アルマーニ プライベートコレクションの「セードルオリンプ」では、トンカビーンはほとんどミネラルに近いセダーに温もりとまろやかさを添えている。

ナルシス

Narcissus tazetta L. / *Narcissus poeticus* L.
ヒガンバナ科

Magie noire
マジーノワール

主産国は、スイス、オランダ、モロッコ、エジプト。フランスでは特にオートアルプとオーベルニュで栽培される

野原一面にナルシスは自生して、花を咲かせる

ナルシスには22種類の品種がある。かつては *Narcissus tazetta* L. (*N.multiflorus* Lam.) が用いられていた。今日、香水用として特に価値があるのは、*Narcissus poeticus* L. 「詩人の水仙」と呼ばれる品種だ。地中海沿岸地方の山々に自生するが、オーベルニュ地方で最も大規模な栽培が行われている。水仙の花を収穫するときには、大きな熊手にも似た、すき櫛のような特殊な道具を用いて、頭花だけを収穫する。ナルシス タゼッタの収穫は3月。栽培は3〜4年間続けられ、1年目は1haあたり300〜400kg、3年目になると収穫高は900〜1200kgにものぼる。花のコンクリートの収率は約0.21〜0.45gである。アブソリュートの収率は25〜35%であり、茶褐色のシロップ状である。

ナルシス ポエティカスは標高700〜1000mを越える土地に育つところが観察できる。花は4〜5月のあいだに収穫される。花から採取されるコンクリートはとても低率であり、最高でも0.2〜0.3%だが、これからアブソリュートを20〜37%得ることができる。ナルシスも多くの原料のように、ごくわずかに含まれる化合物がアブソリュートの香りの特徴をもたらす。これらの香気成分はチュベローズとローズ、ネロリ、イランイラン、ジャスミン、バイオレット、イリス、スチラックス、オークモスの香調にも含まれることが確認されている。ファインフレグランスではナルシスのアブソリュートをフローラルとシプレノートの香水に用いる。その香調は花そのものの香りにとても近く、花と一緒に茎も抽出するので、さらにグリーンな香調が加わる。

トゥールーズ市　花遊びアカデミーの「銀の水仙」

「花遊びアカデミー」は、トゥールーズ市のブルジョワの詩人たち、通称「7人のトルバドゥール」によって、オック語の文学作品を奨励するために、1323年に設立された。
トルバドゥールでは金のバイオレットを最初の花として、カステルノーダリーに住むアルノー・ヴィダルに授与した。1324年5月3日のことである。次第に、バイオレット以外の花も、創作の精神の象徴として讃えられるようになった。キンセンカ（田園詩、田園恋愛詩、哀歌、バラード）、サクラソウ（寓話、教訓話）、ヘリクリサム（歴史のテーマ）などがあり、1959年には、銀の水仙がオック語の書籍に対する報償として加えられた。

〈香気成分〉
今から20年ほど前、研究者たちがナルシスのアブソリュートの成分である、190種の化合物を明らかにした。そのなかには、α-テルピネオール（23.7％）、(E)-メチルイソオイゲノール（20％）、ベンジルベンゾエート（19.4％）、クマリン（6.9％）が含まれる

植物の効用
ナルシスの花の浸剤には百日咳を止める効果があると伝えられ、通じによい成分もわずかに含むと考えられたが、かなり昔から現代の薬剤の方が効くことが明らかに……。

ナルシスはヒガンバナ科の単子葉植物。香水製品用の品種は二つ。N.tazettaは30〜40cmに伸びる軸の先に黄がかったオレンジ色の小冠がある。4〜12枚のクリーム色を帯びた白い花弁がまわりにつく。N.poeticusの花は白く、赤で縁取りされた黄色の副花冠が中央にある。

ナルシシズムのエコー
エコーの見守るなか、水に映る自分に見とれるナルシス

ギリシア神話でセフィーズ川の息子ナルシスは美貌で有名だったが、自分にしか興味のないうぬぼれやで、娘たちの誘いにも応じなかった。かたや、エコーはゼウスから罰を受け、声を失った妖精。話しかけられても、相手の最後の言葉を復唱することだけが許された。エコーは森で道に迷ったナルシスに出会い恋に落ちる。ところが彼がまったく興味を示さないため、失意のあまり、エコーの身体は萎えて消え去り声だけが残った。この伝説は、あまり好ましくない性格の逸話と、エコーの名前をこだまに残している。

ナルシス

フランソワ・ロベール　FRANÇOIS ROBERT

ロシャスで 14 歳の時に最初の研修を受けたが、すでに将来は調香師になるとわかっていた。普通に教育を受けてから、私は父の仕事に加わった。2 年間、いろいろな企業で研修を受けつつ、この職業の異なる要素に親しむことができた。

若手調香師としてデビューしたのは、1981 年、クインテッセンスにて。現在はイギリスの会社のディレクターとなったが、この会社名は最初に勤務した会社と同じ名前である！

30 年近くのあいだ、5 社に勤務し、フランスの国外で働くことも多かった。現在は、フランス調香師会の技術委員会会長を務めているが、ISIPCA では処方について教えている。

〈作品の紹介〉

Lord, Molyneux, 1989
Millenium, Missoni, 1996
Vison, Robert Beaulieu, 1998
Double Click, Kesling, 2000
Eau de Fraîcheur, Weil, 2002
Eau de Turbulences, Revillon, 2002
Vetyver, Lanvin, 2003
Eau Intense Homme, Rodier, 2003
Garraud pour Homme, René Garraud, 2004
Weil pour Homme, Weil, 2004
Melinda, Messenger, 2008
Rohit Dahl, 2008
Plum Mary, Greenwell, 2010
Les Parfums de Rosine : Rose de Rosine, 1991 ; Rose d'été, 1995 ; Un Zeste de Rose (Delphine Collignon 共作), 2002 ; Rose d'Homme, 2005 ; Écume des Roses, 2003 ; Rosissimo, 2010 ; Secrets de Rose, 2010……

卓越した豊かさ

香水を豪華にしたいと望むときに、ナルシスはまさに逸材である。ヴァン クリーフ アーペルの「ファースト」（ジャン＝クロード・エレナ作 1976）には、香水のすべてを変えるほど、優れたフローラルノートがあることに気がついた。ナルシスのアブソリュートがその理由であるとわかり、これをホメオパシー的な用量で用いることを学んだのである。面白いことに、約 0.1：1000 という微細な分量で使用すると、香りの組成に新たな特徴が加わって、深みと豊かさが増すのだ。ジュネのアブソリュートのように、ナルシスはごく微量で用いても、このような強い力を潜在的にもっている、珍しい原料である。

本物のナルシスにはたしかに気品があるものだが、アニマルノートのために少し複雑になってしまい、使いにくいときもある。残念なことに価格は上昇してしまったが、使える機会があるならば、その好機を逃すことはない。

インド、異なるまなざし

1999 年、シナローム社香水部門のディレクターであった頃は、インドで化学成分の一部を加工していた。この仕事のおかげで、ムンバイで 2 年間勤務することができた。インドで

―ナルシスを含む香水―
- サイレンス／ジャコモ 1978
- マジー ノワール／ランコム 1978
- ナルシス ノワール／キャロン 1911
- ルミエール ノワール プールファム／フランシス クルジャン 2009
- マスト／カルティエ 1981

ヴァン クリーフの「ファースト」と、ナルシスAbsのフローラルノート

パルファン ド ロジーヌ

1991年から、マリー・エレーヌ・ロジョンが約20年前に設立した、この小さな会社のほとんどすべての香水を私は手がけている。このロジーヌという社名は彼女が買いとったもので、1910年に香水の冒険に乗り出した最初のクチュリエ、ポールポワレの娘さんたちの一人の名前にちなんで付けられた。

ロジョンとは互いに気心が知れているので、花や庭、植物について話をし、あちこちで嗅いだ香りに基づき、香水を創作した。これらのフレグランスは彼女が所有する豊富な品種のローズを題材にして創ったものが多い。私にさまざまな香りを嗅がせ、その後、とある香りから香水を作るように求めてきたことがある。繰り返しローズについて語り合い、新しい要素を習得――歴史や土地柄、魅力などから構想を広げていくことは、よくある。この手法で香水を組み立てるのは実に魅力的だ。今から数年前になるが、ロジョンがミントの香りのするバラを紹介してくれたことがある。その後、私たちは「ディアボロローズ」を創作したのである。

は私たちの香水とはまったく異なる、並外れたインド人の趣向と香水文化を背景にし、伝統に根ざした香水製品を見つけることができた。インド人はどんなときでも香水をプレゼントするし、いつでも香水を付けている。そのうえ、インドでは香水に性別がない。これも驚きだった。気に入った香水であれば男性でも「プワゾン」を使い、特に不思議に思う人はいないのである。

インド人はヨーロッパの香水に心底情熱を感じており、特別な高級品でもあるわけだが、インドにはサフランや、ウードという現地の樹木内部を変質させる真菌という貴重な伝統原料のような、私たちには未知の素材もある。朽ち果てた木からも高価な精油が採れるのだが、西洋人ならたじろぐほどの強烈な香りを放つ。これをインド人は夢中になって、あらゆる場面で用いている。さらに、最近では身近になった聖なる木、サンダルウッドを多量に使用するほか、貝からとれる「ナクール」という油性エキスも愛用している。

インド文化に深く根づく香りとヨーロッパへの狂おしいほどのあこがれを盛り込んで、多くの会社が私たちの香水にとてもよく似た製品を開発しては彼らが執着している何らかの成分で味つける。2008年に、私はロヒットダールというインドのモード界でとても人気のあるファッションデザイナーと一緒に、香水を創作した。

135

バイオレット

Viola odorata L. スミレ科

Insolence
アンソレンス

香水には2種類――パルマ種とヴィクトリア種が用いられる。どちらも小アジア原産だが、フランスとイタリアでも栽培。仏トゥールーズ産のバイオレットは昔から有名

香料産業では葉と茎のみを抽出に用いる

古代からバイオレット（ニオイスミレ）は有名で、紀元前4世紀には、植物学の祖とされる哲学者のテオフラテスがこの植物について述べている。16世紀になって、バイオレットとムスクの調合粉末がヘアケアによいと奨励されたが、バイオレットが飛躍的に香水に用いられるようになったのは、ヴィクトリア王朝の時代である。フランス南東部（ヴァンス、トゥーレット、カブリス）では、毎年バイオレット ド パルマの花と葉、約百トンを原料として抽出していた。バイオレット ヴィクトリアはパルマよりも大ぶりで、色も濃い。南仏とイタリアで栽培されている。成熟まで4年を要するパルマ種とは異なり、植付け後、2年目から収穫することができ、6～7年目になると、1ha（ヘクタール）あたり1500～2500kgを収穫できる。

花は1～4月に収穫され、切り花として生花市場と糖菓製造工場向けに出荷される。それから、香水のエキスの原料として、葉と茎のみが回収される。なお、抽出には有機溶剤が必要であり、コンクリートを0.13%以下の収率で得ることができる。これから、濃い緑色のアブソリュートが35～60%の収率で採れる。抽出後に処方に用いるので、蒸留して純化させ、脱色する必要がある。バイオレットの香りをもつ合成香料のイオノンが過剰に生産され、処方に組み合わされるようになったため、バイオレット ド パルマの生産は減少する。調香師にそれほど好まれないヴィクトリア種は、耐久性に優れるという利点がある。花の香りは葉や茎とは異なるが、必要とする香水には香りを組み立てて再現している。

鶏のささ身の冷製クリームソース――バイオレット風味（4人前）

鶏のささ身　4枚
レモン　1個
コリアンダーの粉末　3つまみ
オリーブ油
バイオレットの花　大さじ3杯
塩、胡椒

ささ身を筋方向に裂く。レモン果汁と塩、胡椒、コリアンダー、オリーブ油を合わせて浸け汁を作り、ささ身をマリネにし、冷蔵庫に1時間寝かせる。その後、バイオレットの花の水気をとり、ささ身に適宜散らして、アルミホイルにホワイトソースを敷き、全体をきっちり包み、15分間蒸す。蒸し具合を確認し、アルミホイルからささ身を取り出して薄切りにする。皿には、温かなインゲンのサラダを添え、オリーブ油少々をかけて勧める。

〈香気成分〉
主要な揮発成分──
3-ペンタデセナール、(*E,Z*) -2,6-ノナジエナール、(*E,Z*) -2,6-ノナジエノール

植物の効用──
ハーバリストはかなり昔から原料のレパートリーとして、芳香性のバイオレットを用いている。バイオレットの花には去痰作用があるため、慢性気管支炎とから咳、鼻炎、百日咳のような呼吸器系疾患の治療に、いろいろな品種を役立ててきた。

バイオレットはコロニーを形成しながら、しだいに広がって育つ傾向がある。茎からはストロン（ほふく茎）を伸ばす。葉は卵形をし、長い葉柄の先につく。花は紫色の5枚の花弁で構成され、花の後方には蜜が入っている距がある。

オー！トゥールーズ
トゥールーズ市「バイオレット協会」揃いの衣装で集合

コンスタンチノープルから届いたパルマ種のバイオレットは、1850年にトゥールーズの土地に到着し、市のシンボルになった。1920年代には、約10トンのバイオレットをヨーロッパ中に輸送するため、オルレアン鉄道の特別列車を手配するほどだった。しかし、バイオレット栽培に懸命な若干の栽培者は例外として、トゥールーズではむしろ、懐かしい民話になろうとしている。そこで1997年にバイオレット協会がクリスティーヌ・カラスという大物園芸家の指導下で発足した。この組合は将来、モンテギュー・ド・クエルシーの「鶏の肉詰め」協会やガイヤック産銘品ワイン組合とならび、地域公認の組合に成長することだろう！

137

バイオレット

ソフィー・ラベ　SOPHIE LABBÉ

生まれはシャラント＝マリティム県で、パリには8歳から住んでいる。私のなかには、都会の生活と、田舎の暮らし、小麦の刈り入れに、ブドウの収穫、コニャックの香りなど二つの文化が共存している………。

中等教育で科学を学び、リセの最終学年で哲学に開眼したが、Deug（大学一般教育免状）では生物を選択。ある日、ISIPCAの記事を読んで、香水を創る職業があることを知った。そして、パトゥのオフィスで、ジャン・ケルレオに出会うチャンスに恵まれた。ガラスの容器や多くの香り、ムエット（試香紙）などが置かれている、珍しい世界で数時間を過ごすことができた。今では私のオフィスも同じ。その後、この優れた調香師はISIPCAの審査員だったので、入試の面接のときに、再会することになる。ISIPCA、幸せな二年間だった。

〈作品の紹介〉

Organza, Givenchy, 1996
Emporio Lui, Emporio Armani, 1998
Premier jour, Nina Ricci (C.Benaïm 共作), 2003
Very Irresistible, Givenchy (D. Ropion , C. Benaïm 共作), 2003
Jump, Joop !, 2005
Amor pour Homme, Cacharel (P. Wargnye 共作), 2006
Cologne du68, Guerlain, 2006
Joop ! Go, Joop !, 2007
Essenza del Tempo, Trussardi (B. Piquet 共作), 2008
Jasmin Noir, Bulgari (C. Benaïm 共作), 2008
Eau par Kenzo Homme, Kenzo, 2009
Parisienne, Yves Saint Laurent (S. Grojsman 共作), 2009
Freigeist, Wolfgang Joop (A. Massenet 共作), 2010
Incanto Bloom, Salvatore Ferragamo, 2010………

ひかえめな花

バイオレットの香りはとても強く、明確な個性があるにも関わらず、「慎み」を象徴する。その対比がとても面白い。調香師にとってはいささか古くさいと思う成分ではあるが、バイオレットには活躍の場が再び巡ってくると確信している。その葉にはキュウリを思わせる、瑞々しい緑色の野菜のにおいがあり、これほど小さな葉なのに凡庸でもなく、クロロフィルのエコテクノロジー効果をもっているところに惹かれる。多面的な香りに加えて、揮発性がトップとミドルノートにあるバイオレットは女性用香水ばかりではなく、男性用にも用いることができる。香水用として、花のエキスは抽出されていないが、合成香料のパレットからイオノン類を選んで用いると、とても忠実に花の香りを再現することができる。

「パリジェンヌ」の誕生

調香師であるということは、人が待つものに耳を傾けることであり、香りの歴史を語ることであり、ブリーフィングの言葉を香りに変化させることである。「パリジェンヌ」のブリーフィングにはパリの朝、石畳をハイヒールのかかとの音を響かせな

―バイオレットを含む香水―
● グッチ プールオム II／グッチ 2007
● アンソレンス／ゲラン 2005
● ベラ バイオレッタ／ロジェガレ, 1892
● フォーヒム／ナルシソ ロドリゲス 2007
● パリジェンヌ／イヴ サン ローラン 2009

グラースでのバイオレット収穫、20世紀初頭

がら歩く、若い女性の話がテーマとして書かれていた。他人が目を覚ます時間に彼女は帰宅する。超フェミニン系で、髪は少しも乱れずにエレガントで、手にはバラを一輪携えている……。この香水の余韻に感じられるのは、この女性がまとう香水だけれど、夜をともに過ごした男性の痕跡を感じることもできるという筋書きだった。

このような簡単な説明から、まだ名前も知らない香水をイメージした。トップノートには、ハイヒールのかかとが奏でる金属的な不協和音と、リップグロス、口紅、マニキュアを再現するビニールのアコード。さらに果肉を感じさせる、肉感的な黒イチゴのノートを加えた。ほろ苦さのあるクランベリーも使用したが、超フェミニン系の女性であっても、自立した、とても意思の強い女性であり、しかも社会の枠にとらわれない個性を少し感じさせるから。

ミドルノートには、彼女の超フェミニンな特徴をローズとしてイメージし、パウダリーで、かなりフローラルで、軽くレザリーな特徴にバイオレットを用いた。この女性が別れてきたばかりの男性を思わせる香りには、男性的な香調そのものであるベチバーを選択したが、この特徴はローズと対比することで生じる。男性性を感じさせるベチバーは、イヴ サンローランの女性用香水にはいつでも使われている。

偶然性と一貫性について

哲学が好きなので、すべてはただ偶然に存在しているのではないと考えることがある。ジャン・ケルレオにお会いしたことがある。彼から、ジバンシイの香水について話を伺いたいと強く願っていた。その後、1996年に私の最初の高級香水である「オルガンザ」が発売される。この製品に続いて、このジバンシイ ブランドのために、約12種の製品を創作することになり、その中の一種をドミニク・ロピオンとカルロス・ベナイムと共同で創作にあたった。その他の偶然は、1985年に、フランソワ・コティの販売促進をテーマに課題に取り組み、ISIPCAの修了免状を受理し、その25年後には、フランソワ・コティ賞を女性調香師として初めて受賞したことである。ゲランの「コローニュ デュ 68」に携わっている頃、まだ面識がなかったが、ゲランの香水開発部門ディレクターであるシルベーン・ドラクルトから、この処方には何種類の成分が含まれているのかと質問されたことがある。「68から69種類だと思う」と応えたところ、「それでは、68種類で始めましょう」と返答いただいたのである。この数字はシャンゼリゼ通りにあるゲラン本店の番地であり、香水の名称になるという。このように、万事がもっと楽に感じられる「チャンス」と呼ばれる人生のタイミングに、自分はかなり敏感であると思っている。

バジル

Ocimum basilicum L.　シソ科

Aqua allegoria
アクア アレゴリア

香水に使う精油は、*Ocimum basilicum* L. のケモタイプ２種。バジル エストラゴールタイプはベトナム、レユニオン、コモロ、マイヨット、マダガスカルで栽培されるが、バジル リナロールタイプのバジル グランベールはエジプトで主に生産されている

シナモンバジルは紫色の花と茎が特徴

学名の *Ocimum basilicum* はギリシア語で「王様の植物」の意味をもつ *basilikon* に由来するが、古代ギリシア語の「重要人物」という名詞、*basileús* の派生語である。日常用語になると「王様」という意味をもつようになる。言葉の歴史から、古代人がこの植物が重要性を認めていたことがわかる。

バジルはイランとインドの原産で、中東を経由してヨーロッパに到来した。栽培には高温と日射量が必要で、地中海性気候や熱帯性気候向きだが、もともと適応性のある植物でもあり、あちらこちらに生育している。

香料産業が関心をもつのは開花した地上部分で、一年に二度収穫する。エストラゴール分の多い精油の抽出は、体積 2000ℓ のアランビックに、収穫したばかりの新鮮なバジルを入れて水蒸気蒸留する。1ha（ヘクタール）の作物から、30kg の精油が抽出される。精油は透明で明るい黄色で、主成分エストラゴールのフレッシュさと、グリーン、スパイシー、アニスノートの香りが特徴。

バジルはフランスとイタリアの伝統料理に用いられ、プロヴァンス料理「スープオピストゥ」ではすりつぶして、風味すべてを活用する。イタリア・リグリア地方では、バジルとニンニク、パルメザンチーズでこってりしたソースを作り、パスタと和える。

エイのテリーヌ──バジルジュース、ワイルドガーリックソース添え　（4人前）

エイ　500g
ケッパー　10g
キュウリのピクルス　15g
熊ネギ*の葉　5枚
バジル　1束
セロリの白い部分　1本
ニンジン　2本
赤ピーマン　1/2個
オリーブ油　大さじ3杯
レモン　1/2個、　塩、胡椒

エイを蒸して水気を切り、身を軟骨から外す。パウンドケーキ型にオーブンシートを敷き、軽く塩、胡椒をしたエイの身を敷き、上からケッパーと細かく刻んだピクルス、熊ネギをのせる。交互に何層も重ねていき、完了したらこのテリーヌを、フォイルで包み、上から軽くおさえ、冷蔵庫に入れて12時間寝かせる。バジルの葉を枝から取り、水小さじ一杯とレモン汁少々、オリーブオイル大さじ一杯を加えて混ぜ合わせ、ソースを作る。
セロリとニンジン、赤ピーマンを細かく刻む。軽くあわせた後、に、塩とレモン汁、オリーブオイル少々を加える。テリーヌに、バジルソースと細かく刻んだ生野菜のミックスを添えて完成。

*ワイルドガーリック：*Allium ursinum* L. ニンニク風味の球茎と葉を食用・薬味にする

〈香気成分〉
バジル・リナロールタイプの精油は水蒸気蒸留によって抽出されるが、収率はかなり微量。精油には、主成分のリナロールのほか（45〜62％）、1,8-シネオールとオイゲノール、エストラゴールが含まれる

植物の効用──
バジルとその精油の適応症を示す医学的証拠は少ない。消化管に鎮静作用と鎮痙作用があることから、消化を助ける働きがあるといえよう。

Coeur-de-Boeuf（牛の心臓）という名のトマトと一緒にサラダにして、レモン汁と少量のオリーブオイルのドレッシングをかけると、ことのほかおいしくなる。

ビザンチン帝国の伝説

キリストの十字架はバジルが目印となって発見された？

シソ科の一年性の草本植物。香りがよく、草丈は30〜60cm。単葉は互生し、ハート形の葉は香りの源の繊毛で覆われている。小さな花は白、ピンク、時には紫色。このメボウキ属には150種以上の品種がある──グランヴェール、ファンヴェール、シトリオドラ、ライム、ルージュ、またムーランルージュなど。

コンスタンティヌス皇帝（272〜337）の改心によって、キリスト教はローマ帝国の国教として、国政に教会政治制度が取り入れられた。
皇帝の母、聖ヘレンはキリストが張付けにされた十字架を探すために、エルサレムへの旅に出た。ゴルゴダの周辺を捜しているときに見た夢の中で、処刑場の周辺に導かれた聖ヘレンはある崇高な香りに導かれた。その場所には、いままで嗅いだことのない香りがたちこめていた。やがてその源が、控えめな植物バジルであることが判明し、バジルの下に十字架を発見することになる。この伝説は、多くの宗教がバジルに授ける神聖な特徴を説明しているのかもしれない。

バジル

モーリス・ルーセル *MAURICE ROUCEL*

化学を学んだ後に、技術者としてシャネル社に雇用されたが、香料業界の知識は皆無だったものの、アンリ・ロベールの元で信頼され働くことができた。それから6年間は本を多読し、原料のにおいをたくさん嗅いだ。少しずつ調香師の術を身につけていくうちに、IFF社にリクルートされた。

その後、1987年にはクエスト社に合併されるPPFベルトランフレール社に12年間勤務。1996年にはドラゴコ社に入社。1999年に、ロジャー・シュミットとNYマンハッタンにファインフレグランス製品のスタジオ創設を発案した。いまでもここに所属している。マーケティング担当のヴェロニクガバイと共に、「ランスタン」（ゲラン）、「ビーデリシャス」（DKNY）、「エル」（ロリータレンピカ）といった大成功の商品をいくつか世に出している。この会社は買収と合併により、現在はシムライズ社である。

〈作品の紹介〉

K, Krizia, 1981
Ispahan, Yves Rocher, 1982
Tocade, Rochas, 1994
24 Faubourg, Hermès, 1995
Envy, Gucci, 1997
Lalique pour Homme, Lalique, 1997
Pleasures Intense for Men, Estée Lauder, 1998
Rochas Man, Rochas, 1999
Musc Ravageur, Éd. de Parfums Frederic Malle, 2000
Castelbajac, Castelbajac, 2001
Kenzo Air, Kenzo, 2003
L'Instant, Guerlain, 2004
Be Delicious, Donna Karan, 2004
Insolence, Guerlain, 2005
L, Lolita Lempicka, 2006
Labdanum18, Le Labo, 2006
L'Instant Magic, Guerlain 2007………

トマトとモッツァレラチーズのサラダ

私のバジル研究はトマトとモッツァレラサラダから始まる！もちろん食べるばかりではなく、葉の香りがとても良く、精油の香りも同じように良い、香水の製造業者にとって重要な製品である。バジルの葉を指でもむと、プチグレンに似た新鮮な緑の香りを放つが、これは葉の成分のピラジンに加えて、エストラゴールの見事なブレンドが含まれるためだ。品種は多いが、大きく捉えると二種が用いられている。コモロ諸島のエストラゴールタイプ。そしてスパイシーさが際立ち、香りがとても強いが、さわやかさに欠ける、価格も高価なリナロールタイプだ。この二種の香りは驚くほど異なる。

バジルは、男性用のオーフレッシュによく用いられている。「オーソバージュ」を成功に導いたのは、合成香料のヘディオンであると言われがちだが、その見解は誤りだ。「オーソバージュ」の主体はバジルであって、ヘディオンを多少足し引きしたところで変わらない。同じことは、「オーロシャス」と「アラミス」「ポロ」にも当てはまる。アンリロベールは「クリスタル」（シャネ

───バジルを含む香水───
● ビジット ブライト／アザロ 2006
● ラリック プールオム／ラリック 1997
● アクア アレゴリア マンダリンバジリック／ゲラン 2007
● ミレア／モリナール 2005
● ディオレラ／ディオール 1972

ル、1974）を創作したときに、「オー フレッシュ」ではなく、「オー ド バジル」と説明していたことを覚えておこう。

アメリカ人と私たち

アメリカ人消費者の趣向は、ヨーロッパとは異なる。フランス人と共通の特徴も見られるものの、ちょっと距離をおいてみると、彼らの独自性が明らかになる。1970年代を代表する「ローダー」から1996年の「プレジャー」に至るまで、アメリカの香水はグリーンノートに偏り、フランス人好みの香りからは遠く離れていた。ところが、「CKワン」のような香水が先導を切って、新たな道を切り開いた。その特徴は、ある種の透明感と軽さ、トップノートの爽やかさにあり、それが世界中の化粧品に変化を及ぼした。「プレジャー」と「CKワン」の登場によって、香水はその「前」と「後」に区別されるようになる。

アメリカでは一連の新しいノートが発展して、フローラルフルーティという香りが現在ブームであり、有名な香水もこぞって使用している。ただし、これも私たちにとっては「トゥーマッチ」の香りである。それなのに、新しいオピニオンリーダーを演じているわけだ。

ディオール「オー ソバージュ」の核はバジル

本質的な近さ……

香水は、他者に向けたメッセージなので、シンプルなわかりやすさがモットーで、スローガンであるからこそ、明解であることに意味がある。香水は音楽と同じように、しだいに消えゆくので、言葉に置き換えることは難しい。そして、香水を表現する言語も、その説明に用いる適切な語彙にしても、私たちには専門用語がない。そのため、香水に用いる言葉はすべて借用品となる。楽曲のように「ノート（音色）」で言い表し、建築のように「組み立て」について語り、絵画のように「色調」について話題にする。調香師同士であればわかり合えることであって、一般の人々に伝えるときにはいつもかなり苦労させられる。ここで伝えたいことは、私にとって香水とはビジネスや名声よりもむしろ、仕事先と良い関係を維持することである。心から幸せを感じるときは、目の前にいる人が、私と同じレベルであって、意思の疎通が可能で、趣味や情熱が同じことがわかって、本当の合意が得られるときだ。ここだけの話だが、相手はむしろ女性である方がうれしい。

143

パチュリ

Pogostemon cablin (Blanco) Benth.
Pogostemon patchouli Pelletier var. *suavis (tenore)* Hook シソ科

Opium
オピウム

インドネシア原産で、現在はインド、マレーシア、マダガスカル、セイシェル諸島、ブラジル、パラグアイでも栽培されている

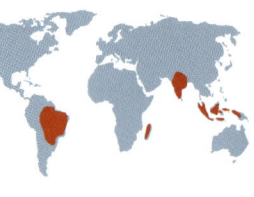

アジアにおけるパチュリの枝葉の収穫風景

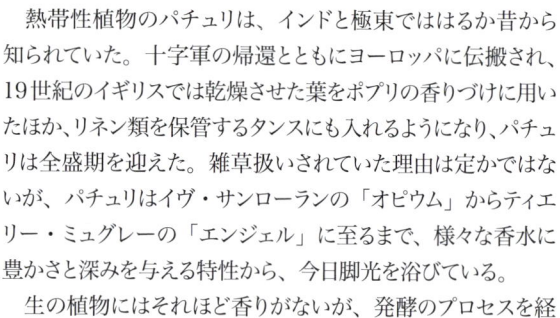

熱帯性植物のパチュリは、インドと極東でははるか昔から知られていた。十字軍の帰還とともにヨーロッパに伝搬され、19世紀のイギリスでは乾燥させた葉をポプリの香りづけに用いたほか、リネン類を保管するタンスにも入れるようになり、パチュリは全盛期を迎えた。雑草扱いされていた理由は定かではないが、パチュリはイヴ・サンローランの「オピウム」からティエリー・ミュグレーの「エンジェル」に至るまで、様々な香水に豊かさと深みを与える特性から、今日脚光を浴びている。

生の植物にはそれほど香りがないが、発酵のプロセスを経ると、葉に香りを与えるパチュロールのほか、多様な分子の前駆体が生じる。パチュリの葉は収穫後に乾燥させるが、この熟成段階に主要な香気成分が生成される。空気乾燥させた葉の1haあたりの収穫高は800〜3600kgである。

この乾燥原料を水蒸気蒸留にかけると、精油が2〜3％の収率で抽出され、世界で年間100トン近く生産されている。精油はバルクに入れて、数ヵ月間熟成させる。なお、精油を原料としてさらに精留することも行われており、香りの特徴が異なる留分を得ることができる。揮発性溶剤を用いる抽出からも、パチュリのレジノイドとアブソリュートを得ることができる。

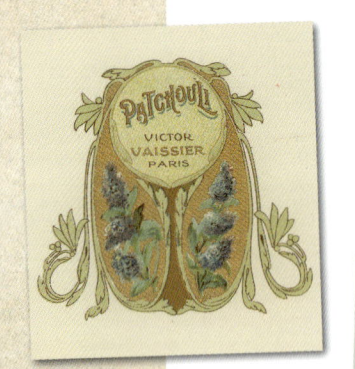

パチュリ風味のスイカジャム

スイカ（ジャム用） 3kg
レモン 1個半
バニラビーンズ 1本
砂糖 1.5kg
パチュリの精油 5滴

スイカの皮をむき、種を取り除いたら、適当な大きさに切り分け、レモンは皮をむき、果汁を絞る。バニラビーンズを細かく輪切りにする。精油以外の材料を混ぜ合わせ、12時間冷やしておく。その後、弱火にかけ、約3時間煮つめる。このとき、ジャムは淡い黄色をしているが、固形分は透明に変化している。加熱調理が済んだら、パチュリ精油を混ぜて、瓶に入れて保存する。

〈香気成分〉
精油の主要成分はパチュロール、α-ブルネセン、α-グアイエン、β-パチュレン、セイシェレンである。パチュロールは精油中に最も多く含まれる成分（27〜35％）だが、香りの特徴をもたらすのは、含有率の低いノルパチュレノール（0.3〜1％）である

植物の効用——
アジアではパチュリを風邪と頭痛、吐き気、腹痛に用いている。日本とマレーシアでは毒ヘビに噛まれた傷の解毒薬である。

シソ科の多年生低木で、約1mの高さになる。長軟毛の生える硬質の茎は細かな綿毛で覆われ、ほのかな香りのある、頑丈な大きな葉をつける。冬になると、少し青みのある白い花が穂状花序で咲く。

オズモテーク（国際香水保存館）はヴェルサイユに創設された香りの図書館

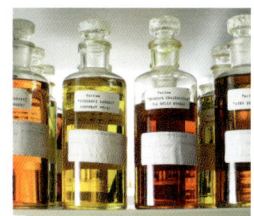

1990年にジャン・ケルレオが開設したオズモテークを実際に運営しているのはパトリシア・ド・ニコライである。彼女は、現存する香水と新規に発表される香水の目録の作成と収集ばかりでなく、失われた古典香水の銘品を発掘して、現代に蘇らせる仕事も担当している。香水は人間の創作品のなかで最も耐久性のない、はかない作品である。オズモテークは現代と過去の香水を収集する、今に息づく図書館だ。1世紀に作成されたローマ時代の香水「ル パルファム ロワイヤル」「ハンガリー王妃の水」（14世紀）、セントヘナ島の「ナポレオン1世の水」などを含め、復元された香水を嗅ぐことができる。

145

パチュリ

パトリシア・ド・ニコライ PATRICIA DE NICOLAÏ

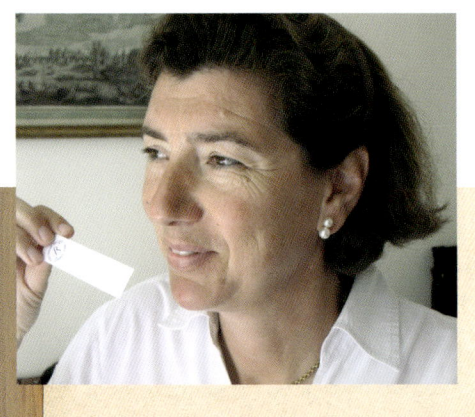

私は青春時代を、パリのゲラン一族のメゾンで過ごした。子供の頃はゲラン家の四世代と交流しながら過ごしたが、いとこのジャン＝ポールの試作品をテストするために、母はよくマヌカン役を務めていた。そのため、私がこの仕事に就いたのも、まったくの偶然だとは言えない。

もっとも、この仕事は私が最初に希望した職業ではない。理系に進学して、医師を志していたが、時間のかかる退屈な学問であるとわかったときに、ジャン＝ジャック・ゲランの創立したISIPCAを見つけ、それなら化学方面に進もうと考えるようになった。

学生時代にはこの職業の理解を深めようと、多種多様な職種の研修をたくさん受けて、自分が惹かれる分野を確かめようとした。研修の内容にはエバリュエーション、マーケティング、営業、製造などがあったが、最終的には心に迷うところなく、クリエーションを選択したのである。

〈作品の紹介〉

Number one, Odalisque, 1989
Vie de Château, 1991
Mimosaïque, 1992
Maharadjah, 1995
Carré d'As, 1995
Baladin, 1995
Juste un rêve, 1996
Rose pivoine, 1998
Cologne nature, 2000
Balle de match, 2002
Nicolaï pour Homme, 2003
Éclipse, 2004
Maharanih, 2007
Violette In Love, 2009
Week-end à Deauville, 2009
Patchouli Homme, 2009……

「俗っぽい」とは？

処方を組み立てるようになって、25〜30年が経った。セダーとサンダルウッドのエッセンスは私の初恋なのだけど、パチュリのエッセンスはシックとも思えず、エレガントにも感じられなかったので、時間をかけて勉強した。もっとも、そのときからは進歩している。

ルームフレグランスやボディフレグランスを同時に手がけながら、多方面にわたるジャンルの企画に応じて、処方を組み立てている。今では、パチュリを用いるたびに、何かしら新しいことを発見している。

パチュリは調香師のパレットにはとても大切な香りである。たとえると、オーケストラの第一バイオリンであり、豊かさとウッディノートを想起する、もっとも官能的な香りである。湿気と苔様（モッシー）の特徴と、土ぼこりが同時に存在する魅力がある。しかも強さと深みを具体的に現わすことができる香りである。

微量にすると、パチュリはオーデコロンやオーフレッシュに突然姿を現わすことがある。かたや、多めに用いると、オークモスとの相性がよくなって、シプレ調の成分にな

―パチュリを含む香水―
● アルタミール/テッド ラピダス 2007
● ZEN/資生堂インターショナル 2007
● オピウム/イヴ サンローラン 1977
● パチュリ オム/ニコライ 2009

採集後はその場で葉を選り分ける

る。特別のご用命を受けて、過剰投入(オーバードーズ)して用いると、ウッディ調に分類される香水ができあがる。この原料を愛するあまり、男性用のオードトワレを創作するに至り、「パチュリオム」というわかりやすい名前をつけた。

男性オンリーの社会なのか？

1980年代初めには、女性が処方を組み立てる調香師になるのはとても難しいことだった。ゲラン社では「いつか調香師になれるかもしれませんね。でも、まず手始めに、どこかほかで研修を受けなくては」と告げられた。それから、技術営業職についた方がよいとも諭された。私はフロラサンツ社に就職し、若手調香師として仕事することによって、自分の夢を手離さないようにした。その後に就職したクエスト社では、とても優秀な調香師たちからたくさんのことを教わった。

たしかに、私はチャンスに恵まれていたと思う。しかし、ゲラン社には女性だからという理由で、入社できる可能性はあまりないという認識を新たにした。そこで、自分が目指す方向に進路をとる決意をして、プライベートブランドを立ち上げたのである。

パルファン ド ニコライ

1989年に、夫のジャン＝ルイ・ミショーと共に、調香師の署名入りの作品を発売する「パルファン ド ニコライ Nicolaï, créateur de parfums」というブランドを立ち上げた。香水を創作した調香師の名前が公開されないのはなぜだろう。この点に気づいたことが、ブランドコンセプトの設定につながったのである。夫は包装と製造、経費の管理をし、私は技術面──創作から調合香料の製造に至るまでを担当している。このブランドは発売したルームフレグランスの成功によって、少しずつ成長した。

1996年には、触媒燃焼式バーナーをフレグランスランプに導入し、40種近くのフレグランスをこのランプ用にアレンジした。ひとつの香水のコンセプトをまとめるまで、半年間を要するために、多くの時間を創作に費やすことになる。そのため、毎日規則正しく生活するように自分に課している。午前中は日課として、ずっと香りを嗅いでいる。あるいは、未完成のアコードをいくつか開発することもある。最初に、ルームフレグランスに取りかかるが、オードトワレのラインをつくるという面白い可能性を秘めている。

バニラ

Vanilla planifolia Andrews / *Vanilla tiarei* Const.et Boiss / *Vanilla pompona* Schneider ラン科

L'instant Magic
ランスタン マジー

生産地はマダガスカル、レユニオン島、モーリシャス、コモロ諸島、タヒチ島、メキシコ、ジャワ島。タヒチでは他の品種もある。vanillon（太いバニラ）と呼ばれる *Vanilla pompona* Schneider はグアドループ産

バニラの莢を布の上に拡げて乾燥させる

プレコロンビア時代には、アステカ人はココアの香りづけにバニラを用いていた。110種以上の品種が確認されるが、香りのある莢の品種は北米大陸、南半球側の原産である。花の受粉は19世紀にレユニオン島で開発された技術によって手作業で行われる。その6～14ヵ月後に、バニラビーンズが収穫される。

バニラの寿命は約10年だが、3～7年目に香りのない緑色のバニラが 1ha（ヘクタール）で約65～200kg 実る。収穫したバニラの莢を伝統的手法によって加工すると、成分のグルコバニリンがバニリンに変化する。第一段階として莢の熟成をとめるため、その組織を熱加工するか（メキシコ、グアドループ、ジャバ、タヒチ）、60～65℃の熱湯に20秒間浸す（インド洋諸島）。第二段階では、湿熱に当てるキュアリング（熱蒸と発汗）技術で莢を軽く再発酵させる。最後に、湿度を約25～36%に保ちながら莢を部分乾燥させる。この方法でバニラ特有の芳香が生じ、莢の色が黒く、柔らかくなることが観察される。

莢の皮にしわがより、バニリンが表面で結晶化することもある。規格外のものはあらかじめ取り除かれる。外観、質、サイズ、芳香に応じて仕分けされ、粉砕加工して有機溶剤で抽出する。エタノールと水を混合した希釈アルコールを用いて、アルコールエキスやチンキ剤、浸剤が製造される。軟エキスは複雑な工程で濃縮されるが、収率は約10～12%である。軟エキスは一般に滑らかな性状をし、その色は濃い。

VANILLE BOURBON
EXTRA EN POUDRE PURE
Boîte N°___ Brut K°___ Tare K°___ Net K°___
ÉTABLISSEMENTS
ANTOINE CHIRIS
PARIS   MARSEILLE
COMORES - MADAGASCAR - ILE DE BOURBON
IMPORTATION DIRECTE

生たらのホイル焼き——バニラ風味（4人前）

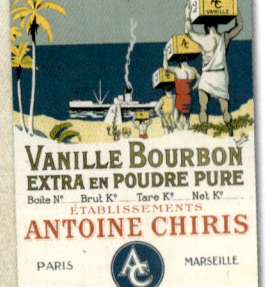

たらの切り身　四切れ（各130g）	コリアンダーの束　半分
バニラビーンズ　1本半	濃厚な生クリーム　200ml
レモン　1個	エシャロット　2本
オリーブ油　大さじ2杯	ライム　1個
緑のアスパラガス　12本	塩・胡椒

オーブンはあらかじめ180℃に温めておく。たらの切り身にバニラビーンズを擦りつけ、その後、塩でしめ、レモンジュースとオリーブ油を全体にかけて、マリネにして冷蔵庫に2時間寝かせる。アスパラガスは根元を除き、沸騰した湯で4分間ゆで、冷水にとってさます。ライムは皮をむき、コリアンダーをみじん切りにして、生クリームと合わせ、塩、胡椒を加える。アルミホイルに、たらを置く。そこに、エシャロットとアスパラガス、マリネの漬け汁、ライムの皮を加える。包み焼き用にフォイルを折りたたみ、オーブンで15分間焼く。十分に火が通ったら、フォイルを開き、コリアンダー入りのクリームを少々かけて、勧める。

〈香気成分〉
レジノイドに含まれる香気成分——バニリン（2～3.5％）と、その他のフェノール化合物（グアイアコール、クレゾール、バニリルアルコール）、アセトバニリノン、メチルサリシレート、ピチスピランである

植物の効用——

バニラには食欲亢進作用と消化作用があり、一般的な強壮作用が知られている。しかし、その成分には催淫作用があるようなので、パリのメトロでラッシュ時にバニラの香りを流すのはいかがなものか、と懸念されている。

香水で用いるのは、*Vanilla planifolia* Andrews である。バニラはラン科のつる植物で、長い莢をつける。頂芽を伸ばして生長するが、全長約10mに至ることもある。

バニラの受粉

バニラの花の受粉は手作業で行われる

バニラの受粉方法を発見したのはレユニオン島の若い奴隷——エドモンド・アルビウス（1829-1880）だった。植物の受粉は、めしべにおしべの花粉が付着するのに風などが媒介するが、バニラの場合は昆虫が媒介する。栽培地域にその昆虫がいなければ、受粉には至ることがない。そこで、フェレオール（人工授粉開発）がカボチャの花に用いる方法を応用した経験からヒントを得たエドモンドは、バニラにも同じように試してみた。その結果、レユニオン島の農園主に多額の収益をもたらすことになった。その背後で、エドモンドは1848年、奴隷制の廃止後に、ごく貧しいままで他界した。

バニラ

クリストフ・レイノー
CHRISTOPHE RAYNAUD

思春期に入って、調香師になりたいという願望が生まれ、気持ちがはやった。もっとも、いつかこの職につくという確信はあったのだ。

1990年にISIPCAに入学し、体験入社後に、クレアシオンアロマティック社に就職し、才能豊かなミッシェル・アルメラックについて仕事をし、彼から大きな影響を受けた。

2006年に、この会社はクエスト社となり、2007年には自然の成り行きで、私もジボダン社の社員となったのである。

〈作品の紹介〉

Belong, Céline Dion, 2005
My Insolence, Guerlain, 2007
Chrome Legend, Azzaro (Olivier Pescheux 共作), 2008
One Million, Paco Rabanne (Michel Girard, Olivier Pescheux 共作), 2008
L'Instant Magic Elixir, Guerlain, 2009
Joop Thrill Man, Joop!, 2009
Vivara Variazioni Acqua330, Emilio Pucci, 2009………

よく登場するバニラ

ミッシェル・アルメラックの下では学習した内容に加えて、クリエーションによく用いるバニラノートのセンスも授かった。多くの調香師のように、メゾンゲランが創作する香水――800種の製品は、私にとっても栄養とインスピレーションの源であり、夢を与えてくれる存在だ。ゲルリナードとは、代々受け継がれてきた特有の精神性と処方であり、ベルガモット、ジャスミン、ローズ、イリス、トンカビーン、しばしばバニラビーンズを含むフェティッシュな原料を示す。ゲラン社の香水開発部門ディレクター、シルベーン・ドラクルトは、ゲルリナードを「ゲラン クリエーションの官能的な特徴」として表現している。

「ランスタン マジー エリクシール」の準備を進めているときに、私たちは一緒にバニラを研究した。バニラビーンズは蘭の一品種が実らせる、かなり性的なフォルムをした果実だが、受粉が成功して、成熟期の数ヵ月間が過ぎたあたりに、香るようになる。

―バニラを含む香水―
- ゴルチエ2／ジャンポール ゴルチエ 2005
- ランスタン マジー／ゲラン 2007
- ディヴィーヌ／ディヴィーヌ 2006
- ハバニタ／モリナール 1921
- ヴァヴィラ ヴァリアツィオーニ アクア330／エミリオ プッチ 2009
- バニーユ アンタンス／パトリシアドニコライ 2008

日干しする前に、緑の莢を選別する

料理に用いるバニラの味はよく知られているが、その品種は多数あり、それぞれにバラエティに富む香りがあることも知っておくと良い。アニマル系ノートがいくつかの品種にあって、その他にも、ウッディ、レザー、グルマンのノートがあり、さらにラムの香りがする品種もあるのだ。バニラ タヒテンシスを「ランスタン マジー エリクシール」に用いたが、これは主にタヒチで栽培されている品種である。ファインフレグランス製品にバニラが使用されたのはこの香水が始めてだ。

この上等なバニラビーンズにはヘリオトロープのような香りがある。香りはさらに甘く、もっとフローラルになるが、他のバニラに感じられるようなアニマル系ノートは減少する。そして、ヘリオトロープというとフランスの誇る偉大な香水………「ルール ブルー」につながる。現代の香水で、バニラを含むものも多い。しかし、実際にはどの製品にもバニリンのような合成細分が用いられているはずだ。このような合成品はとても安価で、香水に香りの強さと拡散性を与える。天然のバニラビーンズはたしかに高価だが、香りはきわめて強く、約0.1〜0.2％の比率で用いても、十分に個性を際立たせることができる。

歓喜

「ワンミリオン」をパコ ラバンヌのチームとともに、ミッシェル・ジラールとオリヴィエ・ペシューと共同で創作したときはとても楽しく、しかもこの香水のブリーフィングはとても挑発的で、斬新な企画内容でもあったために、大いに刺激を受けた。そこで、香水にも同じ特徴を与える必要があると、私たちは察知した。この香水の対象は香水が好きで、自分の欲求を正確に把握している人たちである。制限があるなかで仕事を進めたわけだが、これらの制限がかえって発見する内容に恐れを持たずに、未踏の領域を探検することを助けてくれた。

創作には複数のバニラノートを用いて、丸みをもたせたレザーとアニマルのアコードを出発点として、香水を発展させた。さらに、全体を官能的にしたいときに、これらのバニラノートを用いると、粗野で奔放であり、鮮烈な印象を与えることの多い香調を和らげることができる。たくさん仕事をして、たくさんの友達を得た後に、パコ ラバンヌは最終的に私たちの香水を選択してくれた。私たちにとって何よりの報いは、この香水が最近のビッグヒットのひとつになり、通りで毎日「ワンミリオン」の残香を嗅げることだ！

ビターオレンジ

Citrus bigaradia Risso, *C.aurantium* L.*ssp*
C.amara L., *C.bigaradia* Dun. ミカン科

L'Eau chic
ローシック

南フランス、イタリア（メッシーナ、カラブリア、カターニア）、スペイン（アンダルシア）、チュニジア、アルジェリア、モロッコ、ハイチ、アメリカ（フロリダ）、ブラジル、ジャマイカ、プエルトリコで栽培されている

モロッコにおけるビターオレンジの花の摘み取り風景

　ビターオレンジは、フレグランスとフレーバーの原料として、多くの製品に使用されている。小アジアを原産とするこの植物は、アラブ人が9世紀にヨーロッパの地中海沿岸地方全域に紹介した。いまでは都市の街路樹として、スペイン、イタリア、モロッコの風景の一部となっている。ビターオレンジの木（ビガラディエ）は、その花の「ネロリ（オレンジフラワー）」を用いる製品の原料として栽培されるが、果実の皮に加えて、枝と葉の精油を採っている。グラース地方と南スペインでは、長らく大規模に栽培されていた。昨今では、アルジェリアとコモロ諸島における栽培が飛躍的に成長したため、原料の供給元はさらに増えている。ビオランド社はモロッコに180ha（ヘクタール）の農場を開拓し、2003年からは栽培を有機農法に切り替えた。

　花を水蒸気蒸留すると、淡い黄色から黄褐色で、わずかに青い蛍光色を帯びるネロリ精油を得ることができる。その時は同時に芳香蒸留水（1ℓあたり約1gの精油を含む）も採取されるが、これは主に食品産業用になる。抽出法として他に、有機溶剤を用いて、ネロリの芳香蒸留水からアブソリュートを採る方法もある。花を溶剤抽出法にかけると、コンクリートとアブソリュートの両方を得ることができる。

　ベルガモットのように、ビターオレンジの果皮を冷圧搾機にかけると、リモネン分を豊富に含む（90～95％）エッセンスを抽出することができる。なお、枝葉を水蒸気蒸留すると、「プチグレン」の精油が抽出される。

オレンジとイチゴのサラダ──ネロリ風味（4人前）		
オレンジ 6個	砂糖 80g	ネロリ精油 2滴
イチゴ 250g	水 100ml	
フランボワーズ 100g	バニラビーンズ 1本	

水、砂糖、バニラをあわせて沸騰させる。そこにネロリ精油を加えて熱を冷ます。
生のオレンジの皮をむき、実を四等分に切り分ける。イチゴとフランボワーズを洗い、イチゴはへたをとって二〜四等分に切る。すべての果物を合わせて、シロップで合える。冷やして食べる。

〈香気成分〉
ネロリ油はリナロール30％以上とリナリルアセテート、ネリルアセテート、ゲラニルアセテートによって構成される。しかし、香りに大きな影響を及ぼすのは、メチルアンスラニレートとインドールのような微量濃度（1％以下）で含まれる窒素化合物である。
ビターオレンジとプチグレンの精油はそれぞれ、リモネンとリナロールを豊富に含む。

植物の効用──
ビターオレンジの精油には、抗うつ作用、鎮静作用、鎮痛作用、消化促進作用、殺菌作用がある。

Citrus bigaradia Risso（C.aurantium L.ssp.amara L. と C.bigaradia Dun.）はミカン科の植物。アジア原産だが、原産地はおそらくヒマラヤである。樹高5〜10m。常緑の葉は楕円形で、光沢があり、葉のつけ根にはトゲがひとつある。花の色は白、またはピンク色で、スイートオレンジの花よりも大きい。

大公妃の香水

ネローラ公妃であり、ネロリ大使であった、ユルサンの皇女像

ルイ14世の宮廷でビターオレンジのエッセンスが使用されたのは、イタリアのネローラ国王子、フラビオ・オルシーニと二度目の結婚をした、トレモワイユのアン＝マリー皇女の働きによるようだ。夫に属する小さな村の魅力を愛した彼女は、賛辞の意味をこめて、このエッセンスに村の名前を与えた。聖シモンは彼女を「小さいというよりはむしろ丈のある女性で、髪は褐色、青い眼は気に入れば、隠さずにすべてを物語る。完璧なプロポーションと美しい胸に加えて、美しいというよりも魅力的な容貌の持ち主である」と描写した。

153

ビターオレンジ

フランソワーズ・キャロン　FRANÇOISE CARON

グラース市で、香水産業に携わる家族の元で、私は生まれた。曾祖父は花の栽培を手がけ、祖父は天然原料の仲買人として働いていたが、父も同じ職業に就いていた。この仕事への愛情を授けてくれた父は、調香師になるように、後押ししてくれたので、私も自然とこの道に入ったのである。

そして、グラースにあったルール香料会社の研修生になった。それから、パリのジボダン ルール社に23年間勤務した。この頃、女性調香師の数はそれほど多くはなかったので、仕事がいつも簡単であったとは言えない。その後は、クエスト社に14年間務め、2007年から高砂香料に勤務している。

〈作品の紹介〉

Eau d'Orange Verte, Hermès, 1978
Ombre Rose, Jean Charles Brosseau, 1981
Choc, Cardin, 1981
Ça sent beau, Kenzo, 1988
Rose de Cardin, Cardin, 1990
Armani Gio, Armani, 1992
Acqua Di Gio pour Femme, Armani, 1995
So you, Giorgio Beverly Hills, 2002
Iris Nobile, Acqua Di Parma, 2004
　(F. Kurkdjian 共作)
Apparition, Emanuel Ungaro, 2004
　(F. Kurkdjian 共作)
Echo Woman, Davidoff, 2004
Silver Black, Azzaro, 2005
Rock'Rose, Valentino, 2006
Tumulte, Christian Lacroix, 2006
Le B., Agnès b., 2007
Apparition Facets, Emanuel Ungaro, 2007
Fleur d'Oranger27, Le Labo, 2007
L'Eau Chic, Astier de Villate, 2008
L'Eau Fugace, Astier de Villate, 2008
Zen for Men, Shiseido, 2009……

何よりも好きな花

白い花はどれも好きなのだが、私にとって最高の花は、何よりも甘く、最も官能的でいつまでも鼻を埋ずめていたい気持ちにさせるオレンジの花。花を摘んだなら、香りを吸い込んでみてほしい。実家には庭に柑橘類がたくさん育ち、レモン、マンダリン、そしてキンカンまであるのだが、グレープフルーツとビターオレンジの香りにはいつも同じ効果を感じていた。若い時分には、庭のすべての花の香りを嗅いで、自然の変化と香りを比較しはじめ、そうすることに情熱も感じていた。私はオレンジやマンダリンのコロンなど、柑橘系のフレッシュな香りが好きでいつも身につけている。フローラルな香水の仕事でも、私のクリエーションには必ずこのノートがある。たとえば、三つあるコロンのカテゴリのひとつアスティエ ド ヴィラットの「ローシック」のように、女性的な特徴を加えるとともに、より適切な表現が可能であるため、エルメスの「オードランジュヴェルト」にも用いている。

―ビターオレンジを含む香水―
● オードランジュ ヴェルト/エルメス 1978
● オリガン/コティ 1905
● ラブ イン パリス/ニナ リッチ 2004
● フルール デュ マル/ジャン ポール ゴルチエ 2007
● ロー シック/アスティエ ド ヴィラット 2008

白い花のなかで最も甘い香り……

調香師とクライアント

　新しい香水が発売されるときは、我が社のようなクリエーションを手がける複数の香料会社に対して、発売元のブランドが、マーケティングの方向性を記した「ブリーフィング」を提示し、会社間の競争が始まる。当初はライバルも多いが、ブランド側に提案書を渡すと、競合相手はしだいにリストから減っていく。この間に、残っている会社それぞれにブランド側はひとつ、ふたつと提案を示しながら、考察事項の念押しを求めてくるが、私たちはこの件に関してはブランドに判断を任せる。ブランドが受け入れない場合、ライバルは競争から外されてゆくのだ。

　ひとつの香水が「競技場」に残っていたならば、一般の人々を対象にする複数のテストで、よい「パフォーマンス」を見せたことになる。クライアントは私たちの論証の根拠をかなり頻繁に耳にしており、十分に理解もしているので、それを発展させた製品を提示するように依頼してくる。

　一般に、クライアントは自分の望む内容を熟知しているが、そうでない場合には、クライアントのサポートも私たちの仕事である。先方の要求に答えるかたちで適応させてきたこれまでの方針を貫けるよう、さらに感化していく――選ばれた時点で、香水の準備は整った、と考えている。

二人で創香する

　好機が到来した。私は、他の調香師と共同して創作にあたるのが好きである。相談し合い、議論し合う………。エマニュエル・ウンガロの「アパラシオン」は、フランシス・クルジャンとの共同制作である。彼とは趣味がよく合い、仕事の取り組み方も似ているほか、製品の好みも共通しているので、本当の意味で専門家として補い合える。このような素晴らしい経験ができたうえ、安心していられた。合意を得ることができない時があるとしても、それが障害になって、仲違いすることなど一度もなかった。

　共同で制作に当たるときには、互いを尊重する必要がある。力の及ぶ限り、完璧な作品に仕上げたいという思いには変わりはないのだから、それを目標に据えて、情報交換を絶やさないようにして、連絡をとり続けていくのである。

フランキンセンス

Boswellia carterii Bird./*Boswellia frereana* Bird./ *Boswellia bhandjiena* Bird. カンラン科
Un air d'Arabie
アン エア ダラビー

アラビア、イエメン、オマーンが原産の *Boswellia carterii* Bird.（別名、*B.sacra* Fluckiger）と、ソマリア産の *Boswellia frereana* Bird.、および *Boswellia bhandjiena* Bird. からフランキンセンスは採取される

乳香樹は乾燥した山岳地帯に育つ

セレルの円錐形の練り香（燻蒸用）の処方には乳香樹脂が含まれる

フランキンセンス（乳香）はオリバン、オリバナムとも呼ばれるゴム樹脂で、キリストの誕生時に、東方の三博士が赤子の足元に捧げた祝いの贈り物としても有名である。最高級の樹脂は *B.carterii* と *B.frereana* 由来で、これらは貴重で高価な品であり、現地ではよくチューインガムのように噛んでいるが、市販品はいろいろな品種の混ぜものであることが多く、どの植物なのか、原料を明らかにすることは難しい。

この小低木の樹皮を剥がすか、枝に切り込みを入れ、後日、木の上に固まった粒を収集するが、「マロン」と呼ばれる破片は地面に落ちて固まっている。*B.carterii* から採れるフランキンセンスは洋梨の形状の粒で、色は白（一級品）から赤（二級品）、*B.frereana* 由来の樹脂は透き通った黄色かオレンジ色である。木質のくずや土を取り除くと、ゴム樹脂が全体量の 25 〜 35％ の割合で採れる。この樹脂を燃やすと濃い煙が出るので、すぐにフランキンセンスだとわかる。

水蒸気蒸留すると、無色から淡い黄色の精油が抽出される（収率は 10％ 以下）。バルサム調でテルペン様の爽やかな香りにはグリーンノート独特の特徴があり、オリエンタル、アンバー、パウダリーを基調とする香水に用いられる。石油エーテルを溶剤に用いる抽出法（収率 22 〜 33％）、またはエタノール抽出法（収率 55 〜 61％）では、黄褐色から赤褐色をしたワックスのような堅いレジノイドを得ることができ、ライムにも似た、爽やかなバルサム調の香りは保留剤として用いられる。

コーヒー味のババロア——フランキンセンス風味（4人前）

ゼラチン　3枚	卵黄　2個	フランキンセンス精油　2滴
ウイスキー　50ml	砂糖　125g と 60g	生クリーム　200ml
水　200ml	バニラビーンズ　1/2本	フィンガービスケット　16個
牛乳　250ml	コーヒーエキス　適量	

板状のゼラチンを冷水に浸す。水、砂糖 125g は加熱してシロップを作り、ウイスキーとバニラビーンズを加え保存しておく。牛乳、卵黄、砂糖60g は混ぜて加熱し、カスタードクリームを作っておく。ゼラチンの水を切り、火から下ろしたカスタードクリームに加えて混ぜる。そこにコーヒーエキスとフランキンセンスの精油で香りづけする。熱が冷めてきたら、ホイップした生クリームを加え、ババロアにする。
ビスケットは割ってシロップに浸す。平底のコップを4個用意し、底にシロップに浸したビスケット各2枚分を敷く。その上からババロアを半分注ぎ入れ、再びシロップを含ませた残りのビスケットで覆う。残りのババロアを加え、冷蔵庫で冷やしてから勧める。

〈香気成分〉
品種にもよるが、乳香の精油は一般に、モノテルペン類（α-ピネン、p-シメン、リモネン）、またはオクチルアセテートとn-オクタノールを含む。レジノイドの成分はアンサンソールアセテート、オクチルアセテート、アンサンソール、ボスウェリン酸、フィロクラデンである。

植物の効用──
フランキンセンスの精油は関節と筋肉を強壮するマッサージのほか、呼吸器系疾患にも用いられる。

カンラン科の乳香樹の品種は多い。樹高5〜6mに成長する。標高1000〜1800mの石灰質の山地に生育する野生植物である。クリーム色の小さな花が葉の付け根に総状花序に咲くが、枝の先では房状である。
（写真は *Boswellia sacra*、乾燥見本）

乳香の道

シナイ半島のラクダ使い、「乳香の道」にて

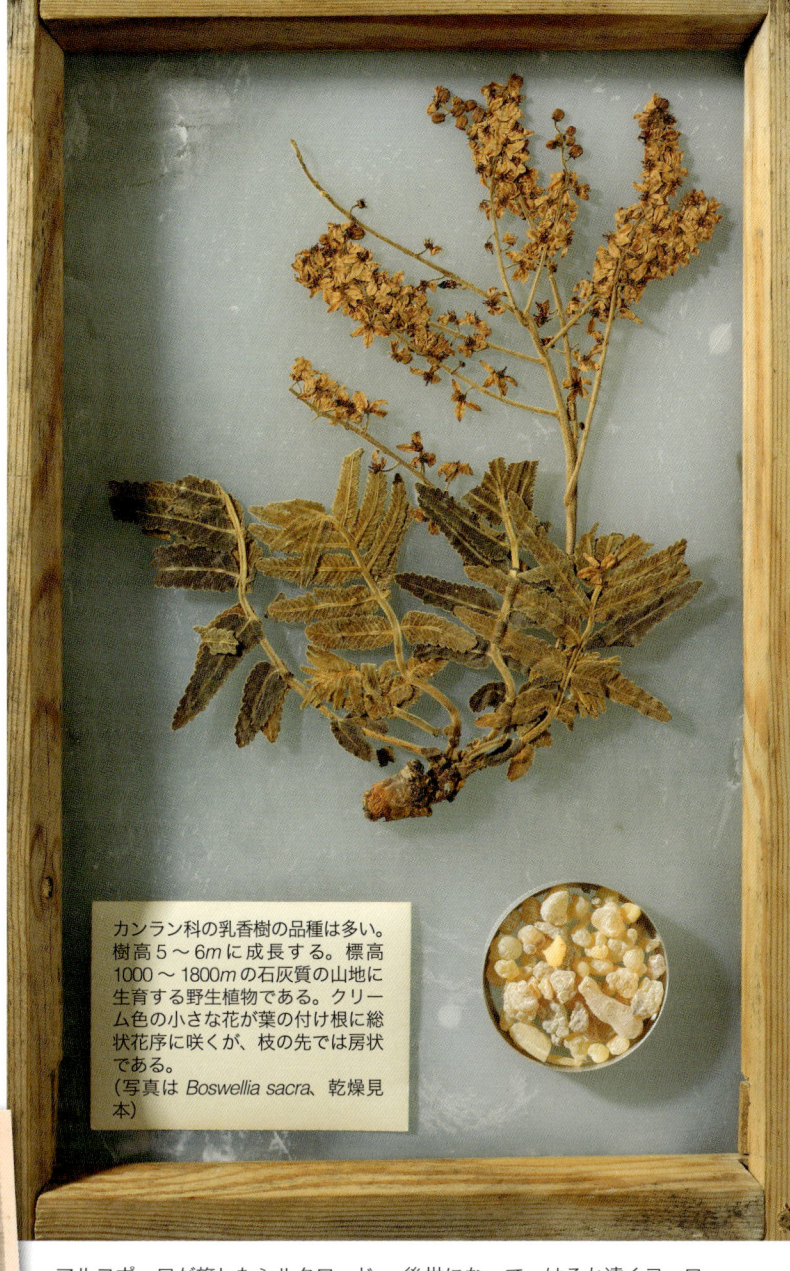

マルコポーロが旅したシルクロードのように、乳香の道には異国と冒険のにおいがする。紀元前二千年頃には、アラビア半島から始まる長い旅路が開き、すでに乳香樹が多数生えていた、現在のオマーンやソマリアといったスルタン治世下の国々を経由したのだろう。ついには、パレスチナに辿りつくという行程だった。後世になって、はるか遠くヨーロッパまで道が通じた。旧約聖書は、何度か繰り返し、この経路に触れている。砂漠に入ると足どりが緩慢になる、キャラバンサライの長いラクダの列がミルラなどの香料を運んだ。ただし、旅は危険と無縁ではなかったから、目的地までのルートはいくつも用意されていた。

フランキンセンス

ジャンヌ゠マリー・フォージエール
JEANNE-MARIE FAUGIER

幼い頃から、この職につくことを望んでいたものの、20 年を経た今も、日常の暮らしに快い感覚と美的な香りを届け、社会をより良くしようとするこの仕事に喜びを感じているの。

オーガニック産業界で DEUTS（Diplôme d'études Universitaires de Technicien Supérieur 高等技術者免状）を取得してから、ルール ベルトラン デュポン社に品質管理部門の担当者として入社。その後に、グラース市のルール社付属調香師養成学校で学び、2002 年から、テクニフロール社の調香師として勤務している。

〈作品の紹介〉

Un air de Paris, Dorin, 2004
Bahiana, Maître Parfumeur et Gantier, 2005
Yeslam, Dorin France Excellence, 2005
Frapin Cognac Fire, 2008 ; Frapin Oriental Man, 2008 ; Frapin Esprit de fleurs, 2008 ; Frapin Caravelle épicée, 2008, Oger Sarl
Aral, Catherine Lara, Oger Sarl, 2009
Senteur d'Histoire, 3 Eaux de toilette vendues dans les musées, Oger Sarl, 2009
FÉMiNiNDE, SAHLiNi Parfums, 2009
Un air d'Arabie, Dorin France Excellence, 2009
Ambre, Dorin France Excellence, 2009
Liquide vaisselle Pamplemousse, Paic, 2002
Rexona Déo variante Talc, 1998
Timotei shampooing Citron & sauge, 2000
Gamme Gel Douche et shampooing, l'Arbre vert, 2007
Cosmétiques pour Yves Rocher
……

神聖な香り

「煙として立ちのぼり、魂の高揚をもたらす」*perfume* の定義がそのまま当てはまるほど、原料としてのフランキンセンスには格別に豊かな香りがある。私のように、職業的な訓練を受けた調香師でもこう感じるほどだから、教会にいらっしゃる方々の心情を想像してみてほしい。

フランキンセンスはかなり重たいオリエンタルノートだが、同時にとても甘い香りが安心感を与えて、まるで包みこむような雰囲気をもたらす。「アン エア ド パリ」「アン エア ダラビー」には、フランキンセンスをローズと組み合わせて用いた。フランキンセンスはボスウェリア属の二つの品種由来の樹脂で、雄性株の樹木の幹に切り込みを入れ、結晶化した樹脂を採集する。乳香の液状の精油は樹脂よりも香りが強く、もう少し「支配的な」香りであるから、香水のラストノートに用いるが、樹脂よりも素早く揮発するので、香りがわかりやすいという特徴がある。

── フランキンセンスを含む香水 ──

● エスプリ ド フルール/フラピン 2008
● ダン テ ブラ/エディッション ド パルファム フレデリック マル 2008
● ザゴルスク/コム デ ギャルソン 2002
● アン エア ダラビー/ドラン 2009
● アン エア ド パリ/ドラン 2004

ドラン社の香水「アンエア ダラビー」の乳香の香りは時に重たく、時に安心感を与える

香りの図書館

　今日、エバリュエーター（評価師）は、営業と調香師を結びつける役割を担っている。クライアントから受けとるブリーフィングに対応しているうちに知識が増え、それを活用することに気づいたときに、この職業が誕生したのである。私たちが創作する調合は必ずしも選択されるとは限らないが、香料ベースを製作していることにもなるため、無駄な作業とはいえない。こうして製品として完成したり、商品にはならない試作品の香りを保管する図書館が生まれた。ここでは、本当に素晴らしい製品が見つかることが多い。

　エバリュエーターには、ブランド側の欲求をきちんと理解する役目がある。ブランドが求める理念を分析し、香りの図書館を調査して、調香師が新たに手を加えた調合ベースをブランド側に提示するように取りはからう。この段階になったら、原料は価格を念頭において選ぶことが大切であることを学んだ。現在は、価格を何よりも重視する入札心得書を尊重しない限り、競争に打ち勝つ事はできないのである。

「アラル」　カトリーヌ・ララのために

　ある日、二つの香水瓶を携えて、歌手のカトリーヌ・ララが私のオフィスを訪れ、「これをミックスして、私に香水をひとつ作ってくれないかしら」と依頼してこられた。香水瓶のひとつは「アンブルソレール」だったが、もうひとつは強烈なマリンノートだった。彼女は「アンブルソレール」の香りをとても淡くて、快いと感じていた。私は一方がヘッドノートで、もう一方がラストノートであり、その中間には特別な香りはないことを説明した。彼女はパチュリとフランキンセンスが好きだと言う。これらすべての条件を取り入れるようにして、何度も試作を繰り返した後に、ついにオードトワレが完成。今では、彼女のプライベートな香水となり、市場にもデビューした。その後で、私たちはこの香水の処方をルームフレグランスとして作り直した。2009年、パリのパレ デ スポーツ（2009）で開催されたショーの間中、会場にはこの香りが拡散されていた。

159

ベチバー

Vetiveria zizanoides (L.) イネ科

L'inspiratrice
ランスピラトゥリス

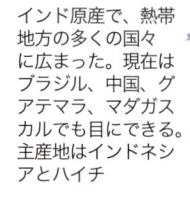

インド原産で、熱帯地方の多くの国々に広まった。現在はブラジル、中国、グアテマラ、マダガスカルでも目にできる。主産地はインドネシアとハイチ

ベチバーの茎は手作業で刈り取る

　ベチバー、*Vetiveria zizanoides* (L.) は男性用と女性用香水の多くに、ラストノートとして用いられる植物成分であり、なかでもシプレ調のフレグランスには特によく使用されている。精油の抽出部分は根、正確には根茎で、2〜3年たった植物の根を乾燥させてから抽出にかける。根は輪切りにし、細かく裂いてから抽出する。

　主に水蒸気蒸留のエキス、精油を用いるが、現代的な設備（ヨーロッパ、アメリカ、マダガスカル、レユニオン）か、またはインドが栽培地で、素朴な装置で行われている。その収率は収穫地と根の年齢、抽出法（常圧蒸留、または減圧蒸留）を主な因子として、差が生じる。精油の収率はジャワ島では1.5〜2％、レユニオン島では0.6〜1.2％、ハイチでは1〜1.5％である。

　精油は粘性のある液体で、栗色から赤みを帯びた栗色をし、香りは土のついた根に似ている。根茎は溶剤抽出することも可能であり、レジノイドが抽出される。収率は抽出に用いる溶剤のタイプによって異なるほか、根の年齢と産地に応じて差が生じる。石油エーテルを用いると、レジノイドが採れ、そこから75〜90％のアブソリュートを得ることができる。

ニジマスのマリネ──レモンとベチバー風味（4人前）

淡水のニジマス　2尾	新タマネギ　1個	塩、胡椒
ライム　1/2個	フェンネル　30g	
レモン　1/2個	生のコリアンダー　3本	
ベチバー精油　1g	オリーブ油	

ニジマスは三枚に下ろし、皮をむく。それぞれ5等分に薄くそぎ、塩、胡椒で下味をつける。ライムの皮はむいておき、レモンとともに果汁を絞り、ベチバーの精油を加える。フェンネルは細かくきざみ、新タマネギはみじん切りに。生のコリアンダーを細かくきざむ。すべての材料を丁寧に混ぜ合わせ、オリーブ油少々とからめ合わせる。1時間冷蔵庫に寝かして、マリネにする。冷やしてできあがり。

〈香気成分〉
精油は 150 種以上の成分を含む複雑な抽出物で、クシモールとイソバレンセノールのようなセスキテルペンアルコールを主に含む。ベチバーの精油はさらに、香水製品に原料としてよく用いられる、ベチベリルアセテートを生成するときに代謝中間体として使用されている。

植物の効用
ベチバーの精油には生体の保護機能を高める、免疫強壮作用がある。ストレスと不眠症があるときに推奨される。精油にはパワフルな強壮刺激作用があり、肝動脈炎の治療にはこの精油をマッサージに用いる。
(www.aromatherapie-huiles-essentielles.com)

品種は 12 種ほどが知られているが、香水には一般的に *Vetiveria zizanoides* (L.) が用いられる。熱帯に育つ、イネ科の草本植物であり、成長すると草丈は 1～2m に達する。大きな草むらを形成するが、根はまっすぐ下方に伸び、地下 2～3m の深さに至る。

レユニオン島では昔から、屋根ぶき用のワラとしてベチバーを使用している

珍しいベチバー
ベチバーはライチとともに、1770 年にジョゼフ - フランソワ ド コッシニー (1736～1809) がブルボン島 (レユニオン島の旧名) に導入した。「ブルボン」種の生産者は現在では 6 名ほどに減り、二次的な作物となったが、高価であっても、今でも調香師が指定する製品である。香水用の製品として有名になるまで、1950 年頃まで、ベチバーはわら小屋をふくか、束ねてホウキを作る材料だった。ベチバーは地元のもっと小規模の需要に応じて生産されていた。レユニオン島のスュド ソヴァージュ観光局は昔の思い出を今に伝えている。(www.sudsauvage.com)

ベチバー

フランシス・クルジャン　FRANCIS KURKDJIAN

バレエのエトワールになることを目ざして（他は念頭になかった！）、ピアノとクラシックバレエを学んでいた。しかし、パリのオペラ座バレエ学校に入学がかなわず、服飾デザイン学校の扉を叩いた。デッサンの技法を理解していたわけではなかったが………。

15 歳になって、クチュールとともにある、豪華な箱入りの香水を創る調香師という職業を知った。クエスト・インターナショナルで仕事をしながら、1993 年に ISIPCA に入学したのである。2005 年まで在籍した後で、高砂インターナショナルに調香師として加わった。2001 年には、香水をオーダーメードで創作する、自分のアトリエ、メゾン フランシス・クルジャンを開設した。

〈作品の紹介〉

Jean-Paul Gaultier : Le Mâle, 1995 ; Fragile, 1999 ; Puissance2, 2005 ; Fleur du Mâle, 2007 ; L'eau d'Amour, 2008 ; Ma Dame, 2008.
Miracle Homme, Lancôme, 2001
Kouros Eau d'été, Yves Saint Laurent, 2002
Armani Mania, Giorgio Armani, 2002
KenzoKi Lotus blanc, Kenzo, 2002
Jeans Couture Glam, Versace, 2003
L'Été, l'Automne, Van Cleef & Arpels, 2004
Aquazur, Lancaster, 2004
Silver Shadow, Davidoff, 2005
Rose Barbare, Guerlain, 2005
Aquasun, Lancaster, 2005
F by Ferragamo, Ferragamo, 2006
Rumeur, Lanvin, 2006
Le Parfum, Emanuel Ungaro, 2007
For Him, Narciso Rodriguez, 2007
Isvaraya, Manakara, Tihota, Indult, 2007
L'Eau de fleur de Magnolia, Kenzo, 2008 C16 Indult pour Colette, Indult, 2008………

根に魅了されて

ベチバーの根は昔から香水の原料で、タムール語「*vettiveru*」に由来する。特にシプレとフローラルノートに用いられ、香水以外のオードトワレ、パウダー、石鹸にも使われている。1957 年発表の、カルヴァンの名香「ベチバー」ではそのアーシーな香りと木の下にたたずむウッディグリーンの印象から、若い女性を魅了したが、今ではもっぱら男性用香水のメインテーマになっている。

ジャンポール ゴルチエの香水

クエスト社での最初のプロジェクトは、ジャンポール ゴルチエ（BPI）男性用香水の創作だった。「ル マル」の発売は 1995 年、私が 25 歳のときである。香水のブリーフィングはわかりやすく、とても簡潔だった。身だしなみのよい男性が、床屋から出たときのような香りで、官能的な皮膚の香りが漂うというストーリー。処方中のさわやかなパートを開発するにあたって、スパイスと幻想的なラベンダーを中心にして考えを巡らせ、柔らかく官能的で、ムスキーなパートにはシナモン、クミン、バニラビーンズ、トンカビーンのノートを主軸にした。これまでゴルチエには署名入りの作

― ベチバーを含む香水 ―
- オー／ランコム 1969
- ローズ ドム／レ パルファム ドロジーヌ 2005
- ランスピラトゥリス／ディヴィーヌ 2006
- クローム レジェンド／アザロ 2007
- ベチバー／ゲラン 1959
- ドラッガー ノワール／ギ ラロッシュ 1982

品として「フラジャイル」「ピュイサンス2」「フルール ド マル」「ロー ダムール」「マ ダム」を創作した。

メゾン フランシス・クルジャン

2009年、パリにブティックとメゾンを開設。エモーションをテーマにした7種類――「アクア ユニバーサリス」「ルミエール ノワール プールファム」「同 プールオム」「APOM (A Piece Of Me) プールファム」「同 プールオム」「プール ル マタン」「プール ル ソワール」を提案した。

フレグランスは感情に働きかける素材としての機能があるので、私は創作時にライフスタイルも大切に考えて、キャンドルと香りつきの革のブレスレット、インセンスペーパーなども商品として制作している。「マ メゾン」は特注の香水を創作する部門を2001年に創設し、新企画の特別注文に応じている。ここは香りに対する熱い気持ちならなんでも自由に表現できる場であり、その思いを熱心に聞く耳もある。

フェヌグリーク

いつか扱いたいと思う原料には、まだ普及していないフェヌグリークがある。花はクリーム色で、種子入りの莢を実らせるが、この種子にはクルミ、セロリ、オポポナックスを想わせる独特の香りがあるが、同じ香りは「マギー」「ザン」のブイヨンにも感じられる。私が創作した「ローズ バルバール」（ゲラン2005）ではミドルノートに含まれるが、香水の成分にフェネグリークを用いる製品はかなり珍しい。

ジャンポール ゴルチエの香水のポスター

ヴェルサイユの素晴らしい女性についての話

2004年、エリザベット・ド・フェドーは『マリーアントワネットの調香師 ジャンルイ ファージョン』の伝記を書く準備を進めていた。当時の処方がいくつか見つかったので、彼の香水を理解しようと試みていた。当初は作風を学ぶ練習のつもりで研究に着手したが、「王妃の香水の残り香 MA Sillage de la reine」という名称の香水を作ることになったのである。この香水は2005年にヴェルサイユ宮殿で限定販売され、その総収益で王妃のピクニック用コフレを入手することができた。アントワネット時代の製品にならって、香りの組み立てには天然香料のみを用い、ローズ、イリス、ジャスミン、チュベローズ、ネロリによって、太陽の作風を表現した。このブーケをセダーとサンダルウッドの繊細なタッチで調整し、残香をトンキンムスクとアンバーグリスでゴージャスに柔らかくした。

ヴェルサイユ宮殿の夜間噴水ショー (2007、2008) では、嗅覚と視覚効果をもたらす装置を設置した。「ラトナの泉水」では香りのバブルを、「3つの泉の木立」では三つの噴水盤を舞台に、メタリックローズを香らせ、「舞踏会の間」ではホールを華やかに演出する、パウダリーノートが漂うキャンドル800本を用いた。

ヘリクリサム

Helichrysum stoechas DC., *Helichrysum angustifolium* DC., *Helichrysum arenariem* DC., *Helichrysum serotinum* DC. キク科

Helichrysum sp. は地中海沿岸全域——アルジェリア、モロッコ、キプロス、ギリシア、アルバニア、イタリア、スロバニア、クロアチア、フランス、ポルトガル、スペインに生育する固有植物

L'âme d'un héros
ラーム ダン エロー

地中海沿岸の景色の一部になっている

香水用のヘリクリサムは二種類あり、とり違えが多い。ストエカス種は「聖ヨハネのハーブ」とも呼ばれるプロヴァンス産の「イモーテル」で、エステレルとコルシカ島に育ち、湿り気を避けて6月末から収穫する。一方、アングスティフォリウム種は旧ユーゴスラビア、イタリア（アブルッツォ、リグーリア）、スペイン、マグレブ地域に生育する。

この二種はいずれも白っぽい小枝の小低木で、草丈30〜50cmに育つ。乾燥した土壌を好み、小石や砂まじりの土地に生育する。植物の属名は管状をした黄金色の頭状花にちなんで命名された。*heli* とは太陽を意味し、*chrysum* は黄金色を表す。一般名のイモーテル *immortelle* は、乾燥しても外観が変化することのない、この植物の特徴に由来する。ヘリクリサムは開花時にはすでに乾燥しているように見えるからだ。

精油はストエカス種の乾燥した花を蒸留して抽出する（収率0.2〜0.4%）。色は透明でオレンジ色を帯び、ローズとカモミールを想起させる香りがする。有機溶剤抽出法で得る約1%のコンクリートを原料に、アブソリュートを75%抽出することができる。コンクリートは一般に堅いワックス状をし、黄みがかった褐色で香りに特徴がある。

精油はフローラル調の香水のニュアンスの変化に用いられる。多くの化粧品や口紅、ヘアオイル、ボディオイル、シャンプー、石鹸などの成分でもある。さらに、パウダーノートの組み立てにも用いられる。

ウサギのココット料理（両手鍋）——生クリームとヘリクリサムソース和え（4人前）

ウサギ肉ぶつ切り 1羽分	小麦粉　大さじ2杯	新鮮なヘリクリサムの花 6本
エシャロット　3本	白ワイン　500cc	生クリーム　大さじ4杯
バター 20g	セロリ 1本	塩・胡椒　適宜
ヒマワリ油　大さじ1杯	タイム、ローリエ各3枚	

エシャロットをみじん切りにする。ウサギ肉をぶつ切りにして塩をつけて、両手鍋を熱してバターとヒマワリ油を入れてから、肉を加えてこんがりと焼く。次に鍋から肉を取り出し、汁気を取り、小麦粉をまぶして、弱火でさらに2分間炒める。この肉に水気を切ったエシャロットと白ワインを加えて、胡椒で味つけする。

鍋にセロリとタイム、ローリエを加える。先ほどの肉を鍋に戻して、煮汁を定期的に肉にまんべんなくかけながら弱火で30分煮る。肉の焼き加減を確かめ、鍋から取り出しておく。

同じ鍋にヘリクリサムの花を入れ、弱火で10分間煮て、花のエキスを煮出す。煮汁（ソース）は漉すが、水分が多ければ煮汁を煮詰める。鍋を火から下ろし、生クリームを加え、このソースを肉にからめて、熱いうちに勧める。

〈香気成分〉
どの品種にも共通して含まれる成分——αーピネンとネリルアセテート。アブソリュートは炭化水素類とテルペン類をあまり含まないが、酸類の比率は高い

植物の効用——
ヘリクリサムの精油は日焼けを促進するサンタンオイルやシワ予防の製品など、多くの化粧品に用いられている。アロマテラピーでは抗炎症作用と傷の治癒促進作用があると奨励される。

約500種のうち、香料産業は、H. angustifolium と H. arenariem、H. stoechas、H.serotimum に注目する。多年生で雌雄同体、香りは豊か。植物の基部は木質で、葉は互生。葉裏は長軟毛で覆われる。薄黄色の花が茎頂で頭花を形成し、カレー様のにおいがする。

女神ウエスタを祀る寺院で焚かれる香

"VESTALIS"
LORENZY-PALANCA PARIS

悲劇的な運命の花

花の名称の由来は、興味深い伝説を伝える。ヘリクリースはギリシア神の娘で、美しいだけでなく、優れた道徳心と精神の持ち主だったが、父親が紹介する求婚者たちをことごとく拒否し、失望させてしまう。親はうら若き娘の密かな願いを知らなかった。女神ウエスタを深く崇拝していた彼女は、身を捧げて寺院で暮らす処女たちに加わりたいと切望していたのだった。しかし、求婚者のうちで最も豪胆な男性が彼女を熱愛していたせいか、さらって性的な侮辱を与えた。夢打ち砕かれた彼女は、息絶えてしまった。

ある日、ヘリクリースの墓には可憐で、香りのよい黄色い花が咲いた。女神ウエスタはこの花に、若い娘の名前を授けたのである。

ヘリクリサム

アレクサンドラ・コジンスキー　ALEXANDRA KOSINSKI

とても幼い時分から将来は調香師になって、絵の具のパレットを用いるように、香料で遊んでみたいと望んでいた。

DEUG A（大学一般課程科学科）を終了後、ISIPCA に入学。それから、フレグランス財団のコンクールに、エネルギーに結びつくテーマの香水を出品した。香水の世界では、あるメッセージを明確な香りにして表現したいときに選択できる原料は少ないけれど、針の先ほどのヘリクリサムとジンジャー、ジャスミンの息吹、グリーンマンダリンの果皮などがある。

こうしてすべてが始まった。私のキャリアはクエスト社において、偉大な調香師のお歴々について仕事を習得することでスタートし、情熱を伝える香水を組み立てる作風を学んでいった。そして現在は、ジボダン社に務めている。

〈作品の紹介〉

Cuir, Lancôme, 2006
Émotion Divine, Mauboussin, 2007
Energy Woman, Energy Man, Benetton, 2008
XX By MEXX Wild, MEXX, 2008
Essence of United Colors Woman, Benetton, 2008
Secrets de Hammam, Yves Rocher, 2008
Un jardin à Paris, Jean Couturier, 2008
Airness Instinct, Powwer, 2008
Gloria, Vanderbilt, 2008
Thrill Woman, Joop!, 2009
Couture, Kylie Minogue, 2009.

ヘリクリサムとは

小さな黄色い花で、神秘的な残香性をもち、海岸に野生で生い茂るところを目にする。日中はヨードと混じり合う香りがし、夕日が沈む頃には、うっとりする香りとなって風にのり、一帯を包み込む。その香調も、私には神秘的に感じられる。カレーのにおいと、若い樹木の樹脂のような香りがあるけれど、花々から得るハチミツや、熱い砂、燕麦のにおいなども感じられる。花にはとても豊かな香りがあるので、ヘリクリサムはごく少量ずつ使っている。あまりに度を過ごすと「周囲を引き立てる」特質が生かされなくなるからだ。

ヘリクリサムは微量にして、他の原料の作用で香りをピュアにする香水はほどんどない。それでも、ヘリクリサムには未来があると思う。これからは明確な個性をもつ香水がさらに復活してくると予想され、業界用語で「使いや

―ヘリクリサムを含む香水―

- コローニュ デュ 68／ゲラン 2006
- 1270／フラパン 2008
- ライクディス／ティルダ スウィントン 2010
- ヨープスリル ウーマン／ヨープ！ 2009
- ラーム ダン エロー／ゲラン 2008

すい香水」と呼ばれる、個性のない製品にとってかわるだろう。この豊かな香りとホットな特性は、未来の香水の切り札である。

色彩と香り

　私は絵をよく描くので、香水にも色彩感覚を応用している。ひとつの香水はひとつのイメージを伝えるものと考えている。自分のクリエーションを表現するときには、主観的になりやすいが、クライアントにこちらの意図をより良く理解していただくために、色彩のイメージを応用する。ヘリクリサム入りの香水をイメージに結びつけるように依頼されたら、画家エドワード・ホッパーの描く、海岸風景が光と戯れる、色彩豊かな絵のようだと伝えるだろう。それを具体化するためには、金色の葉を用いるだろうし、キャンバスにパレットナイフを用いて、砂も含めて、たくさんの構成素を加えていく。素材のきめの粗さとなめらかさのあいだに、この香水との類似点があると思う。

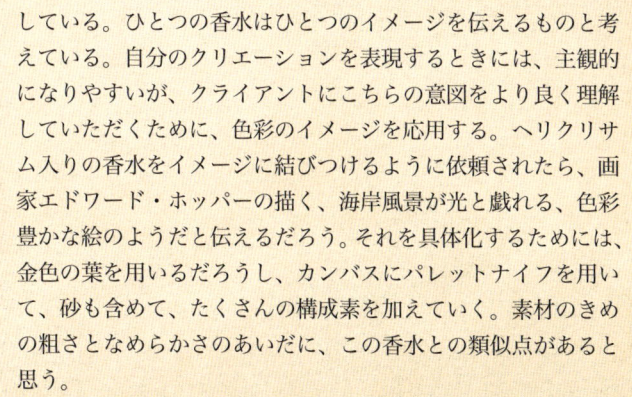

　絵を描くときに、私は香りを感じているので、絵にも「香り」を与えるように試みる。パトリック・ジュースキントの小説『香水』のように、トランスポートされ、時おり香りを嗅いでいる自分に気づくのである。

うっとりする香りが漂う、ヘリクリサムの畑

アコードが単語ならば、香水は文章

　コティのために創作した「ヨープ！スリル」は、自分でも最も誇りに思う香水のひとつ。ベイリーズのリキュール──バニラ風味の甘口クリーム入りウイスキーに見つけたアコードが気に入って、インスピレーションを授かった。それから、フレグランスに用いるアコードを準備するための原料探し。これはワクワクする仕事だった。

　アコードを組み立てることは、合成・天然に関わらず、それぞれの香料を発展させ、適切な場所に配置する作業である。香水は最終的に、使用者の方々が自分に香りをなじませることにほかならない。それを念頭に置きながら、香調を単純化する作業を行う。このようなアコードは、ニッチ香水に近づく。あまり凝らずに創作して、生の印象を与えるようにする。ベイリーズのにおいと、クリーム、ラストノートのバニラビーンズの香りを嗅げるようにする。香水になると、香りはもっと複雑化して、「レース」のような繊細さが加わるもの。

　「ヨープ！スリル」を創作したときには、トップノートがスパイシーな特徴を十分にもつ、バニラビーンズの香りにしようと初めから決めていた。あまり変更なく、結果としてフレグランスにアコードとして用いた。

ベルガモット

Citrus auranthium L.*ssp.Bergamia* (Risso et Poit.) Eng L.
ミカン科
Zen
ゼン

ブラジル、コートジボワール、モロッコ、ポルトガル、ギニアにおいて栽培されている。主な産地は、イタリア南部のレッジョ デ カラブリア地方。世界総生産量の90％を占める

イタリアにおける収穫風景

直径約10*cm*の柑橘類で、果肉に酸みと苦みがあって食用にすることはまれである。果実の起源はいまだ不明だが、オリエントからヨーロッパに戻った十字軍、またはクリストファー・コロンブスがカナリア諸島から持ち帰ったと考えられている。ベルガモットという名は、最初に栽培を始めたバルセロナ北部ベルガ市にちなんで付けられた。

白く、香りのよい花を咲かせるが、結実する確率はかなり低い。年間気温が10〜12℃以下に下がらない温帯性、または熱帯性気候──カラブリア地方やコートジボワールのような気候であれば開花する。ベルガモットの果実が利用されているのは、緑がかった黄色い果皮に精油の分泌細胞が多数あるためだ。

この木は複数の部位──花と葉、そして特に果実が抽出用の原料になるが、果実のベルガモット エッセンスは香料に用いられるばかりでなく、農産物加工業の分野においても活用されている。果実を原料として抽出する際には、生の実をまるごと機械に入れて、冷圧搾法にかける。その収率は0.5％に近く、イエローグリーンからグリーンブラウンの精油だ。柑橘系独得の爽やかで、瑞々しくはじけるような香りがある。果皮を加工処理した後、石油エーテルを溶剤として抽出することもあり、濃い色の液状コンクリートが約4％採れる。ベルガモット油を含む香水は多く、ネロリとラベンダーのようにオーデコロンの成分として用いられる。アールグレイ紅茶やベルガモット ド ナンシー飴のフレーバーになるほか、果実の塩漬け（コンフィ）にして、モロッコ料理のタジンに風味を添える。

ピーチとベルガモット風味の酸っぱい棒つきキャンデー ── 20個分

砂糖　250g	白桃の濃縮果汁　100ml
ブドウ糖　100g	ベルガモット精油　4滴

片手鍋に砂糖とブドウ糖、白桃の果汁を入れ、147℃になるまで加熱する。そこに、ベルガモット精油を混ぜ入れ、火から下ろす。シリコン板を用意して、円盤状になるように少しずつ注ぐ。このときに、それぞれ10cmほど離すこと。自然に熱を冷ますが、冷めきる前に円盤状のシロップに短い棒を添える。キャンデーが固まったら、乾燥させて密閉容器で保存する。

〈香気成分〉
ベルガモット エッセンスの主成分はリモネンとリナリルアセテート。フロクマリン類も含んでいる

植物の効用

精油成分のベルガモッテンが、ベルガモット油に光感作用を与える。皮膚科では色素脱失症の治療にこの特性を役立てるが、美容に用いる場合には、この成分をあらかじめ除去した精油を用いる。ただし、除去後に、精油の効用が変化することはないようだ。

ミカン科の低木で、小ぶりのオレンジのような果実の重さは 80 〜 200g。初めは緑色で黄色に変化する。ベルガモットはビターオレンジ（ビガラディエの果実）とライム（シトロンヴェール）の交配種として考えられている。滑らかで厚みのある果皮が利用されている。

ナンシーのマカロンとベルガモット

ナンシー市の銘菓のベルガモットとマカロン

菓子「ベルガモット」は長年、王家御用達であった。スタニスラス王専属の料理人ギリエールは、ベルガモット入り大麦糖を考案して献上したところ、すぐに国王のお気に入りになった。1857年に、菓子職人ゴドフロイ・リリグがベルガモットを四角にしてからは、ナンシー市の名物になり、大衆化された。

もうひとつの銘菓であるマカロンは、ナンシー市のサン サクラメント修道女会の二人の修道女の働きのおかげで町の名物菓子になった。スール マカロン（マカロンの修道女）の修道院は今ではナンシーの銘菓、ベルガモットの専門店として知られている。

ベルガモット

オリヴィエ・ペシュー   OLIVIER PESCHEUX

10歳のときに、『うず潮（Le Sauvage）』という映画を見た。イヴ・モンタンが調香師の役を演じていたが、鼻先に小さな眼鏡をかけ、処方を編むシーンがあり、自分もこういう仕事をしてみたいと思った。大学で化学を短期間勉強した後で、ISIPCAを見つけた。

私はバンコクで、ベイヤン＆ベルトラン社向けに、香りのクリエーションとエバリュエーション、制作の仕事を手がけていた。1990年にはパルファム・アニックグタル社に品質管理担当の責任者として入社。その後は花王で5年間、アンリ・ソルサナのもとで勤務した。1998年から、ジボダン社に務めている。

旅が好きでよく出かけるが、好奇心があるので、あちらこちら歩きながら見物するのが好きだ。こうして異国を訪れると、心が豊かになって、頭がリフレッシュする。まるで呼吸する土地の雰囲気を吸収するスポンジのようだ。特にこの業界の仕事では、顕著な傾向のように感じている。

〈作品の紹介〉
Higher, Christian Dior (Olivier Gillotin 共作), 2001
Arpège pour Homme, Lanvin, 2005
Voile d'Ambre, Yves Rocher, 2005
Boss Selection, Hugo Boss, 2006
Iris Noir, Yves Rocher, 2007
Chrome Legend, Azzaro (Christophe Raynaud 共作), 2007
L'Eau de L'Eau, L'Eau de Néroli, L'Eau Hespérides, dyptique, 2008
One Million, Paco Rabanne (Michel Girard, Christophe Raynaud 共作), 2008………

ある愛の物語

ベルガモットは化粧品に最初に使用された原料のひとつで、爽やかではじけるようなフローラルな香調があり、昔はコロンやシプレベースにたくさん用いられていた。この柑橘類の外皮は、典型的なシトラス系の香料として使用されるが、フローラルな香りに加えて、リナリルアセテートも豊富である。ベルガモットのエッセンスは収穫期の初めと終わりでは香りが大きく異なる。初期はグリーン系が強調されるが、終盤になるとフローラルな香りだ。そこで、一般的に複数のロットを混ぜて均質化されている。

それぞれ、自分の香りをもつのだろうか

新しいプロジェクトにとりかかるときには、そのブランドと歴史について教え込まれるが、言葉ですべて説明されるとは限らない暗黙の「了解」がある。ディオールはヒューゴ ボスとは異なるが、その理由をはっきりと言語化することが自分にはできず、単純に二社は同じではないとだけ感じとっている。ただし、企業側に処方を立てる状況になれ

―ベルガモットを含む香水―
● ロード ネロリ／ディプテック 2008
● ビロング／セリーヌ ディオン 2005
● イエット ダーク サファイア／ヨーブ！ 2008
● エデン／キャシャレル 1994
● ゼン フォーメン／資生堂 2009

抽出前にベルガモットを加工処理する、イタリアの精油抽出工場

柑橘類の抽出

ベルガモットの栽培は何世紀も前から、カラブリア地方周辺で行われていた。工場の設備は時の経過とともに進化したが、果皮の抽出原理は昔と変わらない。独立型で平行式のトゲつきローラーの上に果実を通す。このローラーに、果実を回転させる装置が備わっている。その上を果実が移動するにつれて、外皮がしだいに削られて、内部に含まれるエッセンスが絞り出される仕組みだ。少量の水で精油を洗い流すため、あとでデカンテーションによって精油を水から分離する。ただし現在では、最新の抽出技術も使用している。

農産物の加工用に使うレモンを、かつては水気を絞ったスポンジでこすってから、バケツに入れて選別したものだ。その後、専用の圧搾機に果実をまるごと入れて圧搾し、デカンテーションで絞り汁と果皮を分けた。

ば、不思議と反射的に対応している。例を二つ挙げて説明してみよう。たとえば大量に流通している「スコルピオ」のような香水をつけたいと願う人々は、商品の陳列棚の前で衝動買いしてしまう傾向があるのかもしれない。そのため、このタイプのフレグランスには即座にインパクトを与える強さとともに、明確なメッセージが必要とされる。

ところが、ニッチブランド向けの仕事では、商品の対象となる消費者が異なる。一般大衆と「同じ香りでは、いやだ」という意思がはっきりしている。そこで、ニッチ向けには少し知的な処方を創るようにし、大衆向け製品と同じ香り立ちは避けるように気を配る。どのプロジェクトでも、担当の調香師は暗黙の了解を本能的に感じとり、自分を条件に適合させている。

10年前の処方は、今日とは異なる。その理由を十分に説明することは難しいが、私たちの職業が現実的に、社会の変革に直面していることは確かである。数年前のことだが、ジャン・ケルレオが、オズモテークの財産である往年の香水を40種ほどお披露目してくださったことがある。私には、上質の製品だけが時代を越えて成功しているように感じられた。当時、調香師のパレットにある香料は確かに今よりも少なかったのだが、今日でも香水はとても洗練されているように思える。

171

ベンゾイン

Styrax tokinensis L./*Styrax benzoin* L./
Styrax paralleloneurum L. エゴノキ科
Lily & spice
リリー＆スパイス

化粧品にはラオス産のシャムベンゾイン *Styrax tokinensis* に加えて、*S.benzoin* と、インドネシアのスマトラベンゾイン *S.paralleloneurum* の2種が用いられる

ベンゾインの収穫は地上数メートルのところで

　ベンゾインは香料産業における重要な原料であり、商取引は流通する中近東で13世紀に始まった。15世紀にはヨーロッパに到来し、呼吸器系感染症を治療する医療面での使用が始まった。シャムベンゾインは *Styrax tokinensi* の抽出物である。この木は樹高25m以上に育つときもある落葉樹で、幹の周径は30cm。枝を樹冠に向けて伸ばすが、密集することはない。ラオス北部地方とベトナムで、標高800〜1600mの高地で栽培されている。ベンゾイン（安息香樹）は7〜8年生育させたのちに、約12年間収穫する。

　木に果実がみのり、落葉する10〜12月に幹に切りこみを入れるが、樹皮は剥ぐことなく、樹脂を受ける受け皿として用いる。樹脂の分泌は1〜3週間後に始まるが、生成された樹脂のしずくを削ぐようにして収穫する。樹木一本当たりの収穫は400〜600g。樹脂はその後、ふるいにかけて分類するが、最も大きな粒は堅く、クリーム色をし、内部は薄いオレンジ色か白色。このタイプのベンゾインが最も高価である。

　スマトラベンゾイン（*Styrax benzoin* / *Styrax paralleloneurum*）の栽培周期は約25年間と最も長く、採集は同様の方法で行う。シャムベンゾインよりもスパイシーで香りも強いため、スパイシーバルサム調の香水に用いられもするが、その多くは化粧品と家庭用品になる。

　いずれの抽出物も有機溶剤で、レジノイドを抽出する。フランキンセンス、ミルラ、スチラックスのようなゴムや樹脂と調合した香料は、古代から、多くの宗教の儀式で焚香として用いられてきた。

EXTRAIT de Benjoin.

〈香気成分〉
ベンゾインの香りはシンナム酸と安息香酸の派生物、バニリンに由来する

植物の効用──
ベンゾインはヨーロッパ薬局方では自由処方で調剤され、多くの医薬品の成分となるが、伝統医学にも使用されている。ベンゾインには抗菌作用があり、肺の感染症と気管支炎、咳に良い。呼吸器系の働きには、喘息症状を軽くし、痰の排出を促す作用もある。

アルメニアペーパー

アルメニアの紙のお香は空気の浄化に、長年用いられてきた

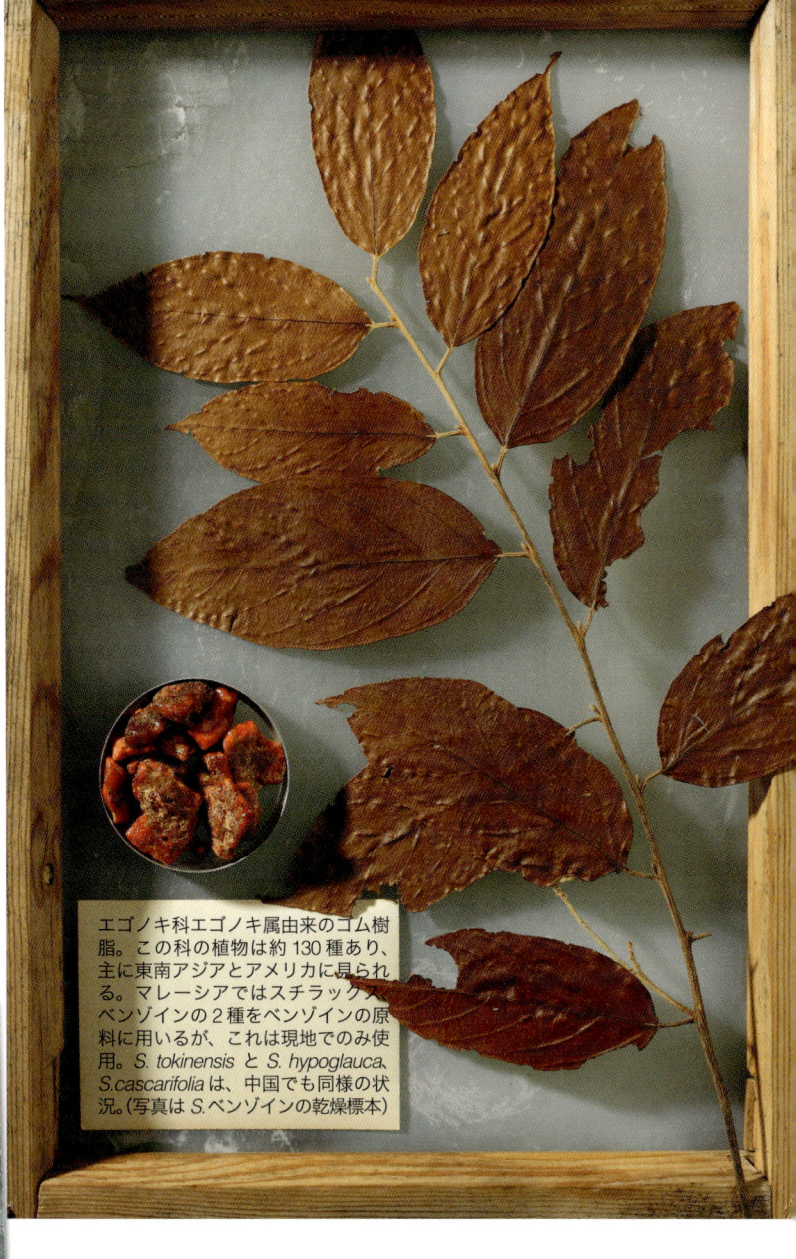

エゴノキ科エゴノキ属由来のゴム樹脂。この科の植物は約130種あり、主に東南アジアとアメリカに見られる。マレーシアではスチラックスベンゾインの2種をベンゾインの原料に用いるが、これは現地でのみ使用。S. tokinensis と S. hypoglauca、S.cascarifolia は、中国でも同様の状況。（写真は S.ベンゾインの乾燥標本）

19世紀末、オーギュスト・ポンソーはアルメニアでは住民たちがベンゾインを焚いて、家屋によい香りを与えながら、消毒していることに気づいた。フランスに戻った彼は、薬剤師のアンリ・リヴィエと共同で、この方法を商品化する計画に着手した。90度のアルコールにベンゾインを溶解させると、持続性のある香りが生じるが、そこに香料を加えると、香りと残香性がよくなることを発見した。吸い取り紙に香料を染み込ませる紙香のアイディアは冴えをみせ、香は炎を出さずにゆっくりと燃え、ベンゾインがもつ独特の香りを再現することに成功した。

173

ベンゾイン

キャロリン・マルジャック　CAROLINE MALLEJAC

まだ幼いうちから、化粧品と香水に情熱を感じていて、フレーバリストと調香師の二つの職業のあいだで迷ったこともある。高校では科学課程で勉強し、17歳になったときにISIPCAを見つけた。

職業研修はグラースのロベルテ社で受けて、2001年にはソジオ社に入社した。フランス料理が好きで、料理もするが、どちらかといえば食べる方が好き。

流行が好きで、新作の映画、新刊本、コンサート、ファッションショー、新しく開店したブティック、博覧会などを知っている。つまり、好奇心旺盛であると同時に、軽薄ともいえる。

〈作品の紹介〉

Gel Douche Surgras Extra Doux, Neutrapharm, 2003
Bougie Bois de Cashmere, Hervé Gambs, 2006
Miel de Lavande, Collection Extra Pure, La Compagnie de Provence, 2009
EdT Encens Lavande, La Compagnie de Provence, 2009
Musc Blanc, Lampe Berger, 2009
Soin Antirides Immortelle, Floressance, 2009
Orchidée Sauvage, Lampe Berger, 2010
Soin de jour Sensitiv, Via, 2010
Soin de jour Fresh, Via, 2010
Oceanspa Gel Fermeté, Carrefour, 2010
Oceanspa Gel Gommage Visage, Carrefour, 2010
Crème Aqua Fraîcheur, Auchan, 2010……

キャラメル色

キャラメル色に近い、ベンゾインの明るい栗色が気に入っている。結晶化させた飴に似ていて、硬質の樹脂なので、ゆっくり溶かす必要がある。スチラックスに切れ目をいれて生じるベンゾインの「粒」は、パラゴムノキから流れるゴムに少し似ている。香りが十分に強く、特徴もはっきりしているので、ガストロノミー嗜好の私にも「グルマン」に感じられる。この香調は、私がとても好きな男性的なウッディノートと相性が良い。バニラのニュアンス、ラムの香り、焼く前の菓子生地、香水とフレーバーのミックスなど、あらゆるものを連想させてくれる。使うことが許されるのなら、迷うことなくオードトワレやクリーム類に配合するし、ランプベルジェ社の製品に使用するときもある。

化粧品は日用品でもある！

私たちの会社では手がけている柔軟剤、シャワージェル、デオドラント剤、シェービングジェル、オードトワレ、液体洗剤など、家の中でよい香りのする製品すべて

―ベンゾインを含む香水―

● コローニュ プール ル ソワール／F. クルジャン 2009
● リリー＆スパイス／ペンハリガン 2005
● ランスタン／ゲラン 2004
● ラ モーム／バルマン 2007
● オンド ミステール／ジョルジオ アルマーニ 2008
● オーデテ／パルファム ドニコライ 1997

化粧品は日用品である

に付香している。私はブランドの製品の香りを多数手がけているが、なかにはクリーム類（ギノー）と、オードトワレ、化粧品、ランプベルジェ社の製品も含まれる。この職業はマスコミが伝えるイメージほど魅力的ではないが、自分の手がけたチャーミングな製品を家のあちこちで見ると嬉しくなる。

新しくフレグランスを開発するときには法的な規制が課される。昔ながらの製品で、現在も流通している子供用ウエットティッシュでは、フルーティな香りに子供を惹きつける性質があるため、執行力のある法的規制を尊重して、刺激性の低い物質を使用する。環境に与える影響を最小限に抑える物質を選ぶなど、商品の制作仕様書に従うことは義務である。

柔軟剤と洗剤では「清潔な」香りを使わなくてはいけない。主観を尊重するとはいっても、どうしてもムスキーフローラルアルデヒド、またはラベンダーといった、誰もが認めるアコードを特定する傾向がある。

そのうえ、香料は汚水と一緒に排出されるから、処方を立てるときには、私たちは環境保護についても配慮している。

アレルゲン、それとも非アレルゲン？

法的規制にいらだちを覚えるときもあるが、禁じられている物質を用いるわけにはいかず、嗅覚第一の調香師も思いがけない成分を使うように強制される。天然原料は化学分子が混在しており、法律がその分子のひとつに狙いを定めれば、原料は使用禁止、または使用制限の対象になる。IFRAが推奨する項目のほかにも、日常生活に密接な関わりのある法規として、EU化粧品指令があり、いくつかの原料を対象として、使用禁止や使用制限を取り決めている。この指令では、アレルゲン規制26種を定めているほか、化粧品を洗い流す製品（シャワージェル、石鹸等）と洗い流さない製品（クリーム、デオドラント剤等）を分類している。さらに、化粧品中で許容限度を越えるアレルゲンすべてについて、報告する義務を課している。この団体の唯一の役割は、アレルゲンを将来開発する製品のラベルに表示するかどうかを決めることである。そのため、私たちは彼らが定めた成分の許容限度と、最終的なアプリケーションの枠内で仕事をしている。

マテ

Ilex paraguariensis A.St.-Hil. モチノキ科

Agua verde
アグア ヴェルデ

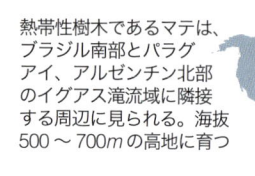

熱帯性樹木であるマテは、ブラジル南部とパラグアイ、アルゼンチン北部のイグアス滝流域に隣接する周辺に見られる。海抜500〜700mの高地に育つ

アルゼンチン北部、マテが詰まった荷袋を運送する

マテは、南米中央部の伝統と文化を象徴する飲料である。アルゼンチンの国民的な飲料で、コーヒーにも似た社会的な役割を担っている。イェルバ マテの葉を入れて浸出させるひょうたん容器のことを「マテに入れたハーブ」という名称で呼び、一日に何杯もボンビーリャというストローで吸って飲む習慣がある。

マテの収穫を立証する最初の痕跡は、1570年代頃の記録として現在のパラグアイ グアイラ地方に残っている。1676年まで、この植物の生産では中心地であったようだ。先住民の文化的な要素をスペイン人が自らの文化に組み入れようとする現象は、首都アスンシオンやラ グアイラなど白人社会や混血社会では早くから始まっていたという。背景に、こうした地方で人種の混血が顕著であったことも一因と考えられる。民族的な習慣は、ひとつの現象の拡がりとともに、背後に隠れてしまうものらしい。ヨーロッパでは、同じマテがもつ強壮作用にかなり関心が集まり、商業化された。しかし、原産地では伝統にのっとって、今でも友情と分配を象徴し、愛情を示す方法として、人々のもてなしに用いられている。

現在、マテ葉の年間収穫高は30万トンを越える。乾燥させた葉を原料として、有機溶剤を用いてアブソリュートを抽出している。色が黒っぽいために、香水製品に用いるには脱色が必要となる。アブソリュートの香りにはウッディ、スモーキー、ハーバルグリーン、タバコノートの特徴がある。フローラルアコードにグリーン調のタッチを加えるときに用いられる。フゼアアコードにボディを与えるほか、独得な残香性をもつハーバルノートに、軽いアクセントを加えるために用いられている。

マテ、ライム、フレッシュミントのミックスティー

水　1ℓ
マテの粉末　大さじ6杯
ライム　4個
ペパーミントの葉　15枚
砂糖　適宜
砕いた氷

沸騰した湯を、マテの粉末に注ぐ。10分間浸出させてから、コーヒーフィルターなどでこす。このお茶に、絞ったライムの果汁とペパーミントの葉を入れ、お好みで砂糖を加えて、そのまま冷ます。十分に冷えたら、砕いた氷を加えて、完成。

〈香気成分〉
マテの葉にはテオフィリンとテオブロミン、カフェインが含まれる

植物の効用——
グアラニ族が昔から使用しているマテは、薬局方に数多くの効用が取り上げられていた。マテの葉にはほかの薬用植物の葉よりもクロロフィルが多く含まれ、強力な抗感染作用があるためだ。マテには強壮作用があり、ストレスを緩和する。

神様からの贈り物
スペイン人の上陸よりはるか昔にさかのぼる。カオヤラという名の老人と孫娘のヤリは、仲間の部族とともに旅を続けることに疲れ、イグアス滝のそばで暮らすことにした。そんなある日、皮膚がとても白い、見るからにくたびれ果てた様子

マテ茶は専用のひょうたん型容器に入れて味わう

別名イェルバマテ（マテに入ったハーブ）は熱帯に育つ樹木で、モチノキ科モチノキ属の南米産の品種。野生では樹高20mに達するときもあるが、農園では4〜5mの高さに整えている。マテを1822年に発見したのは、仏植物学者オーギュスト ド サンイレールである。

の男が現れたので、カオヤラは彼らの小屋で休むように勧めた。彼らが迎え入れたのは、お忍びで訪れた善意の神シューパだった。人々が教えに則って生活しているのかを確かめ、グアラニ民族に飲料のマテを伝授しようと到来したのである。

温かいもてなしをうけた神は心打たれて、ある植物をこの地に生やすことにした。葉にはのどの乾きを癒すとともに、人里離れて暮らすこの地方の人々に孤独を感じさせない力があった。神はこの貴重な薬草茶の入れ方と飲み方を教えて、「マテ」とこの植物を呼んだ。インディオたちはこうして、マテをひょうたんに入れ、ボンビーリャと呼ばれる短いストローで飲用する習慣を身につけたのである。

マテ

ラファエル・オーリー RAPHAËL HAURY

父のジェラール・オーリーは調香師で、私はグラースで調香を学んだ。家ではいたるところに小さな香水瓶が置かれていたが、その香りから影響を受けたことは想像にかたくない。

ニース大学で化学を専攻した後、シャラボ社の調香師養成学校に入学して2年間勉強した。この学校では、モーリス・ジルについて天然香料を学ぶという幸運に恵まれ、その後は、父のもとで学び、研修を修了した。1998年には、シャラボ社がパリの調香師チームに加わるように送り出してくれた。2007年に、私はParfum.com という会社を創立した。

〈作品の紹介〉

Chaumet pour Homme, Chaumet, 2000
Pure Cédrat, Azzaro, 2001
Immense, Jean-Louis Scherer, 2002
Agua verde, Salvador Dali, 2003
Dali édition, Salvador Dali, 2004
Eau de Woman, Sonia Ryckiel, 2005
Par amour, Clarins, 2005
Visit Bright, Azzaro, 2006
Eau Ensoleillante, Clarins, 2007
Eau de Fath, Jacques Fath, 2010.

脇役として

南米の伝統的な植物マテが、香水に用いられてきた歴史は長い。原価が安いマテは、ジャスミンなどいくつかの原料を「薄める」ために長年用いられてきた。アブソリュートは比重が大きく、高密度の物質でもあることから、このトリックを見破ることはむずかしかった。マテの葉の緑色はクロロフィルから生じるが、カフェインを含まないのに、はっきりと緑茶に似た味がする。

マテの葉は焚き火のそばで乾燥させるため、ほのかにスモーキーな茶を思わせるところに調香師は興味を抱く。マテの香りは柑橘系の酸味を和らげるために用いられた。つまり、アブソリュートは柑橘系のトップノート、フローラル調のミドルノート、トンカビーンやクマリン系ラストノートのタバコ調などに見いだされる。原料にはそれが直接もたらす香りのために用いられるものがあるが、マテの場合はむしろ二次的で、付随的な役割を果たしている。

私もマテを香水の創作に用いている。たと

―マテを含む香水―
- アグア ヴェルデ／サルバトール ダリ 2003
- ピュア セドラ／アザロ 2001
- アン ゼスト ド ローズ／パルファム ド ロジーヌ パリ 2002
- オード ウーマン／ソニア リキエル 2005
- ショーメ プールオム／ショーメ 2000

えば、クラランス「オーアンソレイヤント」には柑橘ノートを和らげるために用い、ソニアリキエル「オードウーマン」「ショーメプールオム」にも同じ目的で使用した。

飲料や香水に使用されるマテの葉が詰まった袋

チャンスを与えられて……

　若手調香師だった時分には、自分で作成した香りをエバリュエーターに委ねて、最終的にそれがクライアントに提示してもらえたら、それだけで満足していた。小さな複数のプロジェクトを託されてから、徐々に重要なテーマに取り組めるまで、何年もかかるときがあるが、パリのシャラボ社スタジオの代表ベルティル・ド・ボンタン氏の配慮により、早い時期から社のほとんどのクライアントと会う機会に恵まれた。社が入札審査に呼ばれたときにも参加を許され、まだ若かったのにもかかわらず、複数の処方を提案することが許された。幸いにも処方が関心を呼んで、取引先にも会う機会に恵まれたのである。

　入札時の審査基準は香りのノートの品質にある。提示した処方がクライアントの好みに合うならば、それを作成した調香師がデビューしたての新人であってもかまわない。それからは、スタジオが総力を尽くして、私たちを勝利に導くように体勢を整える。何よりもチャンスを引寄せることができたわけだから。あの時代にはかなりめずらしい出来事だったが、今でもさほど状況は変化していないようだ。

法的制限

　2007年に入って、独立する意志も固まったため、Perfum.comをパリに創立し、同時にグラースサントゥールという小さな製造会社を傘下に置いて、現代的にアップグレードする計画に着手した。天然原料に対する法的な規制は厳しいが、その対策として、香水の創作専用に汎用プログラムをツールとして備えている。法規改正情報を発信する会社ともネットワークでつながっている。大勢の調香師が反対しているにも関わらず、この法律は今でも執行力を保持している。天然原料は市場から消えるか、使用が減少する傾向にあるのだが、その一方で新原料が開発され、新しい分子が誕生する現在の状況では、法的な制約にしても同じ数だけあると理解するのは難しいことではない。

　国際規格ばかりではなく、製品が流通する地域の規格に適合するように、私たちはクライアントと提携して製品管理を行っている。管理する対象はIFRA、ラベルに表示義務のある多数のアレルゲン、揮発性有機化合物の有無、アメリカのカリフォルニア51など広範囲に渡る。なお、ヨーロッパ化粧品指令は拘束力が最も強い法規のひとつであり、ほとんどの分野に法的規制を課している。

マンダリン

Citrus reticulata Blanco ミカン科

In case of love
インケース オブ ラブ

主要生産地はイタリア（カラブリア、シチリア島）、中国、アルゼンチン、ブラジル、アメリカ（フロリダ、カリフォルニア）、スペイン

マンダリンは果皮から精油を抽出する

　マンダリンの原産地は東南アジア、中国、ベトナムで、ヨーロッパでは特にプロヴァンス地方に18世紀末に紹介された。果肉が大きく、香りも豊かな魅力的な果実だが、青果店の陳列台に並ぶクレメンタインのように、品種が多いのが欠点だ。一説によると、マンダリンという名は中国の高級官使（マンダリン）が着用していた、目にも鮮やかなオレンジ色の官服にちなんでつけられたらしい。

　マンダリンの花は豊富だが、香料に活用することはなく、もっぱら果皮が抽出向けに収穫されている。精油の主産国である、イタリアとブラジルでは生の果皮を抽出にかける。現在、マンダリンの品種は数百種あり、その多くは人間が作り出した産物だ。マンダリンから抽出される主な製品は果皮の精油、つまりエッセンスである。ベルガモットのような柑橘類の抽出と同様、果皮に傷をつける「Pélatrice ペラトリーチェ」「Sfumatrice スフマトリーチェ」という機械を使っての工程を経て、冷圧搾法で抽出される。

　なお、精油の収率は0.75〜0.85％（イタリア産エッセンスの例）と少ない。精油は透明で、黄緑色から黄みを帯びたオレンジ色をしていて、ほのかに青い蛍光色を伴う。マンダリンの精油は主にオードトワレの成分に使用されている。食品香料産業ではこれをフレーバーに用いるほか、飲料からアイスクリームまで、いろいろな調合に使用している。

マンダリンとローズマリーのシロップ

新鮮なマンダリン　果汁　500cc
マンダリン　果皮　1/2個分
レモン果汁　1個
花付きのローズマリーの小枝 1本
水　コップ　半分　　　砂糖　375g

水と砂糖をあわせて、沸騰させる。そこにローズマリーの小枝、レモン果汁、マンダリン果汁、マンダリンの果皮を加える。このシロップが沸騰したらすぐに、鍋を火から下ろす。材料を漉して、ボトルに入れ、あら熱をとってから冷蔵庫で保存する。

〈香気成分〉
精油の主成分——
モノテルペン類（リモネン、γ-テルピネン、ミルセン、α-ピネン）

植物の効用——
マンダリンの精油をマッサージ製品に配合すると、気分を静めて、リラックスさせる作用があると認められている。しかし、ベルガモットの精油を同じように皮膚に用いると、光感作活性があるため、皮膚に塗布後は、日光を避けるように注意する。

高さ3〜6mに育つ小低木。美しい緑色をした、光沢のある葉をたくさんつけるが、葉は落葉しない。ひ針形の葉はほかの柑橘類の葉よりも小さく、葉柄の翼状突起のような柑橘類の特徴はない。マンダリンは小さな球状をし、果実は一般に黄みを帯びたオレンジ色から赤い色をし、その果皮は全体が顆粒で覆われている。

フランスの小さな妹
クレメンタインよりもマンダリンを調香師はよく使用する

マンダリンから多くの変種が誕生した。市場でよく見かけるクレメンタインは、フランスが生み出した品種だ。豊かな才能に恵まれたクレモン神父（1829〜1904）は、アルジェリアのミッセルギンで孤児院の畑を管理していた。神父は、マンダリンの株を長らく、「ビターオレンジ」だと信じられていた株と掛け合わせ、交配種を生み出す偉業を成し遂げた（1882年に成功）。

最近の研究から、品種交配させたのはビターオレンジではなくスイートオレンジだったことが判明。果して、この交配種は偶然の産物なのだろうか。アルジェリアの農業共同体は後世に神父の名前を残すため、この新種の果実に「クレメンタイン」という名称を与えた。

マンダリン

フレデリック・ルクール
FRÉDÉRIQUE LECŒUR

初めは遺伝子学者になりたかった。ところが、ネズミやカエルの解剖をすることになって、夢の天職はもろくも崩れ去った。そんなある日、友人からISIPCAのことを教えられ、たちまち心がときめいた。

最初に、研修生としてでかけた先はジボダン社で、ジャン＝クロード・エレナが担当者だった。次に、ナールデン社（後のクエスト社）ではアシスタントのポストにつき、若手調香師の研修を受けることになった。

現状と比較してみると、当時は若手の「ネ」にはわりと楽な時代だったと思う。それから、ダニエル・ブラインの小さな会社に入社したが、彼が社の唯一の調香師であったため、私は調香の仕事はもちろんのこと、評価や原料に関わることなどありとあらゆるジャンルの仕事を少しずつ手がけた。ソジオ社で手掛け5年働いたのは、ジボダン社になる前のクエスト社に勤務する以前のことである。いまではこの会社に在籍している。私はパリで仕事しながら、世界の多数の国々に向けて、フレグランスの処方を制作している。なかでも、アジアとは特別な結びつきがある。

〈作品の紹介〉

Lux Super Rich, gamme de shampooings et soins du cheveu (Japon),2007
Palmolive Aromatherapy, gel douche Morning Tonic,2009
Jardins du monde, gel douche à la fleur de lotus du Laos, Yves Rocher,2004
Le Petit Marseillais, lait hydratant peaux très sèches,2009
Sure women, déodorant Hair Minimising (Grande-Bretagne), 2009……

ちょっと甘酸っぱいキャンデー

元気にしてくれる、気持ちのよい成分なので、使う機会は多いが、ローズやイランイランのように夢をもたらす香りではない。マンダリンには柑橘類の香りに加え、少しグリーン系の香調があって、葉を指で揉んだときのニュアンスもある。はっきりした酸味があって、柔らかな香りと適度な甘さもある。香調にははじけるような陽気さがあって、果実の色に似て「派手」である。この香りから、子供のときに食べた甘酸っぱい小さなキャンデーを思い出すこともある。マンダリンの香りにははっきりと「目覚まし」的な特徴があるから、最近、パルムオリーブのシャワージェル製品「モーニングトニック」に加えた。マンダリンが活力をもたらすので、一日を決める朝のシャワータイムには欠かせない。

香水では、「オードロシャス」に理想的な香りとなって配合されていて、オーフレッシュの成分にもよく用いられる原料である。一方、フレッシュさとはかけ離れている偉大な香水にも含まれている。その

―マンダリンを含む香水―
- オード ロシャス／ロシャス 1970
- トゥルー グロウ／エイボン 2008
- インケース オブ ラブ／ブバ 2009
- アイス・メン／ティエリー ミュグレー 2007
- パッション ボワゼ／フラバン 2008

一例が「オピウム」である。

コスメティック調香師

　私には「コスメティック調香師」という呼び方が、エレガントに感じられる。シャンプー、シャワージェル、クリーム、デオドラント、乳液、固形石鹸など、毎日あらゆるアプリケーションに付香しているからだ。フレグランスを基剤に混合する作業はちょっとしたゲームのようでお気に入りの仕事なのだが、双方の調合物が互いを受け入れながら、しかも補い合えるように調整する必要があって、創造性と技術面の工夫が同時に求められる。

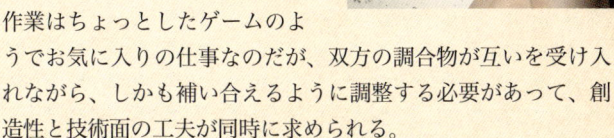

　化粧品の基剤はそれぞれ特性が異なる。クリーム状、液状、固形であっても、基剤の水分量や酸性度、その他の要因で、何かしらのにおいがある。素材そのもののにおいながら、いつも良い香りとは限らない。その成分には、基剤に反応する可能性のある物質もいくつか存在するので、時間の経過から生じる物質の変化も忘れてはいけない。製造から消費者が実際に使用するまで、数週間を要すると予想されている。クリームが変色して栗色だったり、シャンプーから酸っぱいにおいがしたら、その製品は使わない方が懸命である。

「オード ロシャス」には、マンダリンの爽やかさがある

すべてはあなたの髪のために

　シャンプーの製作に取り組むときには、調合をいくつもの段階を追って評価する。製品試験には、出どころの異なる毛髪を房状に埋め込んだ人形の頭が用いられる。人によって、髪の太さは異なるほか、表面と透過性に多様性が見られる。つまり、髪の毛は多少なりとも、香りを吸収するのである。ヨーロッパの女性たちと比べると、アジア数ヵ国の女性たちの毛髪は３倍以上も太い。日常的に香水を使わないかわりに、髪を１日に２度洗い、洗髪後、次に洗うまでの髪のにおいをとても気にしている。そのため、私もオードトワレの残り香に似た、強い残香性を与えるように心がけて取り組んでいる。

　仕事として、消費者にお会いするチャンスにも時々恵まれている。マニラの美容院を見学するほか、上海のマンションを訪問したことがある。バンコックや東京で、顧客の美容法について話し合うこともある。中国の大気汚染、フィリピンの石炭が燃えるにおいと湿気、タイではどこにいても香る硫黄に似たドリアンのにおいとジャスミンの花の香りなど、現地の人々が日常的に嗅いでいる香りを発見することに勝る宝はない。

ミモザ

Acacia dealbata Lam., *Acacia floribunda* Willd　マメ科

Champs Élysées
シャンゼリゼ

Acacia dealbata の主産地は南仏、モロッコ、インド、マダガスカルである。フランスではエステレル山地とタネロン渓谷にて、香料用に大規模な栽培をが始まった

1月に黄色いポンポン玉をつけるミモザは、コートダジュールではおなじみの樹木である

　Acacia dealbata は5〜6m 高の樹木で、一般に *A.melanoxylon* R. Br. に接ぎ木して栽培する。オーストラリア原産だが、ヨーロッパへは1776年にジェームズ・クック艦長によって紹介されたらしい。ミモザの成長に適するコートダジュールでは19世紀に植林が始まった。花の開花は12月中旬から4月初旬で、2〜3月にかけて満開を迎える。年間の収穫高は1ha（ヘクタール）あたり5000〜6000kgだが、年によって差がある。葉を取り除きながら、香りがする頭花だけを集めて抽出する。フランスに育つ約30種のミモザのうち、タスマニア産 *A. dealbata* Lam. と、もっと信頼性の高い「四季のミモザ」*A. floribunda* Willd. の二種が香料として価値がある。繁殖力は旺盛で、侵略的な外来種として見なされることも多いので、栽培上の諸問題を生じることもある。

　ミモザは石油エーテルとヘキサンという溶剤に抽出するが、花の咲いた枝からはコンクリートが0.66〜0.88%の収率で採れ、花を選別して抽出する収率は1.06%である。コンクリートはクリーム色の硬いワックス状で、イリスとイランイランを想起させる香気をもつ。ビーズワックスの香りにも似ているが、ミモザの花そのものとはかなり異なる。*A. floribunda* のコンクリートはさらに濃い黄色になり、蜜蝋のようだ。コンクリートではイリス調香気がさらに強まり、カッシーの特徴も加わるが、フェノール系ノートとグリーンノートが感じられるようになる。コンクリートからはアブソリュートを15〜40%の収率で得ることができ、粘稠性のある黄みがかった褐色をしている。世界の年間生産量は推算で5トン。ミモザのアブソリュートにはフローラル、アルデヒディック、オリエンタル、グリーンな香気があり、化粧品に用いられている。

ホタテ貝のカルパッチョ——ミモザ風味のオイル和え（4人前）

ミモザの花	ひと握り	ホタテ貝	12個	天日塩	大粒少々
オリーブ油	500mℓ	ライム	1/2個	生のコリアンダー	少々
		挽いた胡椒	少々	マーシュ（コーンサラダ）	

　貝を調理をする5日前までに、ミモザ入りオリーブ油を作っておく。オリーブ油を弱火にかけて、60℃までゆっくりと温め、火から下ろし、ミモザの花を加えて、オイルが冷えるまで浸しておく。熱が冷めたら、花を浸したまま、冷蔵庫で5日間保存する。その後、浸出油を漉しておく。

　ホタテの貝柱を薄切りに、皿に平たく並べる。その上に、ライム果汁とミモザ風味のオイルを細い糸状に注ぐ。天日塩と挽いた胡椒で味つけし、細かく砕いたコリアンダーの実を上から散らす。マーシュの葉のミニサラダを添えて、勧める。

〈香気成分〉
ミモザのアブソリュートは主に不揮発性物質を含む、とても複雑な抽出物である。香りは、微量に含まれる複数の化合物から生じる。フルーティ調香気をもたらす成分は、多種類のエステル分（プロパノエート、ブタノエート、ペンタノエート、エチルヘキサノエート）である。フェニルアセトアルデヒド、2-フェニルエタノール、ベンジルアセテート、(Z)—ジャスモンはフローラルノートをもたらす主成分である

植物の効用──
ミモザにはメキシコ産の品種があり、先住民たちは「チアパスオイル」と呼ばれるものをこの植物の樹皮から採集していた。伝統薬として、やけどやかさぶた、静脈瘤、切り傷、乳児のおむつかぶれなどに用いられ、皮膚を再生させる薬として使用された。だが、内服は一切勧められない。

ミモザ祭り
花車の飾りにはミモザの花を数トン使用する

Acacia dealbata はネムノキ科の樹木である。2003年からは系統発生学上の理由により、広義のマメ科に分類されるようになった。世界には1200品種以上のミモザがあるが、その内の約30種がプロヴァンスで栽培されている。

1880年代に、オーストラリア原産のミモザがコートダジュールにもたらされた。農業組合が大規模なミモザの販売促進を手がけた成果で、第二の祖国に根づいたのであろう。ほどなくして、ミモザを満載した貨物列車がラ ナプールの駅から北フランスと海外に向けて毎日出発するようになった。1931年からマンドリュー ラ ナプールでは、毎年2月に住民たちの手でミモザ祭りが開催されるようになったが、今ではとても有名な行事に成長している。毎年約12トンのミモザを用いて、パレードの花車が飾られる。

185

ミモザ

カリーヌ・デュブロイユ KARINE DUBREUIL

若い頃に住んでいたグラースの香水製造業は、いまよりもはるかに活気があった。夢見がちな子供だったため、この詩的な世界にとても魅力を感じていたの。

当時、習っていたダンスを通じて音楽を発見して、ピアノを習い始め、パリに移動してからは歌曲を学ぶようになった。

文化的な温床のなかで育ったことは、私のなかで香りに対する確かな感性を育てたと感じている。

〈作品の紹介〉

Bouquet Impérial, Roger & Gallet, 1991
Vétiver, Roger & Gallet,1991
Lavande, Roger & Gallet,1991
Mûre et Musc extrême, L'eau d'Ambre, L'artisan Parfumeur, 1993
Vice Versa, Yves Saint Laurent,1999
Éclat d'Arpège, Lanvin,2002
Stile, Sergio Tacchini,2003
Envy Me, Gucci,2004
Pivoine Magnifica, Guerlain,2005
Gucci pour Homme II, Gucci,2007
Woman Amsterdam, Spring, Mexx, 2007
Incanto Shine, Ferragamo,2007
Blue Charm, Azzaro,2007
Paris Night, Celine Dion,2007
Cédrat, Roger & Gallet,2007
Black Pure, Bugatti,2008
Ambrorient, Esteban,2009
Nautica Oceans, Nautica,2009.
L'Occitane : Eau des 4 Reines,2004 ; Notre Flore,2006 ; Rose & Reine, 2007 ; Eau des Baux,2007 ; Myrte, 2007; Jasmin,2008……

子供のころのミモザ

香水にはあまり用いることはないが、ミモザは若い頃の思い出の植物だ。私は祖母の大きな庭で、時間を忘れて自由に過ごすことが好きだった。ミモザの木に埋もれるような庭の鮮やかな色と香りは、今もなお、最も心動かされる記憶のひとつである。ミモザには精油がなく、コンクリートとアブソリュートのみが香水の原料だが、調香師にはたくさん特徴を与えてくれる。この原料はパウダリーなノートがはっきりしていて、ホーソンとヘリオトロープ調の香気がとても快く、さらにほとんどメロンと言い表してもよいような、バイオレットリーフの香調がグリーン系のアクセントをほのかに加える。ミモザはこのうっとりするようなパウダリーな香りで実際に対話しているのだが、本物のミモザの香りをアブソリュートと比較して、失望を感じたと言う調香師も多いかもしれない。

このノートを扱うのは簡単ではなく、香水瓶のなかでグラースの1月の庭が香ってこないのなら、期待が外れて、失望することもあるだろう。

—ミモザを含む香水—
- ピボワーヌ マグニフィカ/ゲラン 2005
- アマリージュ ミモザ ド グラース/ジバンシイ 2010
- パリ/YSL1983
- シャンゼリゼ/ゲラン 1996
- ココ/シャネル 1984

とてもパウダリーなミモザは心安まる香料

自然体でいたい

　ある日、休暇をとって、自分と家族のために生きたいと思うようになった。結果として、1年間すべての活動を休止したのである。その後で、チャンスが私に微笑みかけてくれた。

　ロレアル社がランバンを中国企業に売却する運びとなり、新しい責任者のL. ピエロッティとP. グーギャンに、彼らの新しいアプローチに香りのコンサルタントとして起用してもらえないかと打診してみた。最初に企画として、香り立ちは「アルページュ」の印象に近いが、同時に以前とは異なる、もっと現代的な香りを特徴とする香水の発売をお勧めした。彼らは私に香水の制作を依頼してくれ、マン社は私が望む仕事の進行方針を受け入れてくださった。つまり、私はブランドと密に連絡を取り合い、意見の交換を直接に行って、人間関係を築き上げながら、仕事を進めたかったのである。

　このようにして、「エクラドゥアルページュ」が創作された。それ以降も、私のほとんどの香水は人間的なチャレンジと、気持ちのよい方々との出会いを基盤に据えた同じアプローチによって誕生している。

私たちの職業について

　香水の制作会社では、営業担当者がクライアントと連絡取り合うのが普通で、調香師は、企画が具体化してから連絡を受け、出遅れて行動を起こすケースがほとんどである。しかし、私自身はクリエーションに着手するまで待機している担当者と、直接に意見交換をしたいと望んでおり、これは不可欠な行程であると思っている。

　いくつもの香水ブランドを所有するグループ企業は、創香する調香師とマーケティングの間に中間組織を設けて、最も優秀な香りの鑑定を任せることがよくある。このような組織は、においの痕跡を開拓することによって、ある意味で「においのプール」とも呼べるシステムを開発する。マーケティングチームのリクエストを受けたときには、香水のクリエーションに用いるように依頼を受ける。クリエーションに至るまでの道のりは長く、行く手にはたくさんのわなが待ち受けている……忍耐と謙遜の気持ちを保持することが肝心である。

ミント

Mentha arvensis L., Mentha x piperita L.,
Mentha spicata L., Mentha pulegium L. シソ科
Le Mâle
ル マル

種類が多く、中国とブラジルで主に生産されるのはアーベンシス種、ピペリタ種はアメリカ、ロシア、フランスなど。スピカタ種はアメリカと中国。プレジウム種はモロッコとスペインで生産される

品種の多いミントはよく見かける植物のひとつ

ミントには品種が多く、香水製品向けに開発されているなかには、ハッカ Mentha arvensis L.、ペパーミント Mentha x piperita L.、スペアミント Mentha spicata L.、ペニーロイヤル Mentha pulegium L. などがある。すでに花が咲いた植物、または開花直前の植物を採集し、部分乾燥させてから、単純な蒸留設備か、または抽出工場で高性能の洗練された蒸留設備を用いて、水蒸気蒸留法で精油を抽出する。ハッカをハイドロディスティレーションに2〜6時間かけると、1.3〜1.6%の収率で精油が抽出される。さらに、低温で結晶化し、遠心分離機にかけてメントールを抽出することもよく行われている（収率は約40〜50%）。

ペパーミントの抽出には発電機を備えた蒸留器を用いるのが一般的だ。抽出された精油は砂糖菓子やチョコレート、清涼飲料水、タバコ、シロップ、リキュール、チューインガムなどのフレーバーとなるほか、口腔ケア製品にも使われている。スペアミントを半稼動式のケーソンに入れて、35〜50分間抽出にかけると0.7%の収率で精油が抽出される。なおこの精油はチューインガムや練り歯磨きの香料として用いられる。

ペニーロイヤルの精油は天然成分のプレゴンを単離するため、精留にかけられることが多い。プレゴンはメントフランのような多種のフレーバーや香料成分の半合成原料の中間物質として用いられる。

ミント風味のラム肉ズッキーニ添え

子羊の頸部肉のぶつ切り 1kg	ニンニク 1片	コリアンダーの種子
ズッキーニ 3本	タマネギ 2個	ミントの束
オリーブ油大さじ4杯	タイム、ローリエ	塩・胡椒

ズッキーニを厚さ約5mmの輪切りにし、ニンニクは薄皮をむく。タマネギを薄切りにして熱したフライパンにオリーブ油2杯を入れて、色づかないようにして、水気をとるよう炒め、取り分けておく。両手鍋にラム肉を入れ、肉がかぶるくらいに水を加え、塩、胡椒で味つけして、タイム、ローリエ、コリアンダー、ニンニクを加える。弱火にかけ、40〜50分間調理する。ズッキーニはフライパンで油をひいて焼く。少し歯ごたえがある程度に火が通ったら、塩で味を整える。肉が十分に調理できたら、炒めたタマネギとズッキーニ、ミントを加える。そのまま、沸騰させて煮汁が出たら、火から下ろす。フタをしたまま、20分間置いて、食卓に出す。

〈香気成分〉
これらの品種の精油は組成が異なる。成分中の多くの分子も異なり、それらの比率にも違いが見られる。これらの精油は一般的に、メントールとメントン、イソメントンを成分とし、そのほかにネオメントール、ネオイソメントール、メントフラン、プレゴン、ピペリトンが含まれる

植物の効用——
　ミント精油は多くの不調によい働きを示す。消化不良、胃酸過多、悪心、吐き気、鼓腸、便通不良、めまい、鼻炎、蓄膿症、耳の炎症、アトニー（身体、精神、性的）等に推奨される。

香水製品にはミントのいくつかの品種を用いる。ミントはシソ科の多年草で、土壌にその根茎をしっかり張る。葉は卵形で、濃い緑色をし、長さは 3～5cm。葉の表面は円形の腺毛で覆われ、ここに香気成分が蓄積する。

見捨てられたメンテ

ペルセポネとハデス神のレリーフ、メンテと罪な関係にあったハデス神

ギリシア神話には、ミントという植物名の起源である、地獄の五本の川のひとつコキュトスの娘、妖精メンテの物語がある。冥府を支配する神ハデスはペルセポネに恋をするが、オリンポスの狭い社会ではゴシップとなった。実はハデスは将来の妻、ペルセポネに出会う前に、メンテと罪深い関係にあったのだが、ペルセポネと一緒になるために、あっさりと彼女を見捨ててしまう。メンテは悲嘆にくれながら、恋がたきを激しく責め続け、それを見かねたペルセポネか、母親のデメターが植物に変身させたのである。当のハデスはメンテの心の痛みを和らげようと、植物になった彼女に香りを授けた。

189

ミント

マチルド・ローラン MATHILDE LAURENT

あらゆる機会を捉えては、鼻で楽しむことに喜びを感じていた私は、香りを学んで職業にできる学校があることを知った。あとになって、調香師になりたいと希望するようになるが、願いはタイミングよく現れたので、思いとは裏腹の現実に直面して悩む必要などなかった。

はじめは父のように建築家になりたくて、次には写真と調香のあいだで長いこと迷っていた。

ISIPCA に入学するには、化学で DEUG（大学一般教育免状）を得る必要があった。化学の授業はかなり退屈だったけれど、ロジカルな思考法を自分のなかに育てることができた。いまでは調香師の仕事には欠かせない道具として役立っている。

〈作品の紹介〉

Pamplelune, Guerlain, 1998
Herbafresca, Guerlain, 1998
Rosa magnifica, Guerlain, 1998
Ylang et Vanille, Guerlain, 1998
Lilia Bella, Guerlain, 1999
Guet Apens, Guerlain, 1999
Quand vient l'été, Guerlain, 2003
L'Eau légère de Shalimar, Guerlain, 2003
Roadster, Cartier, 2008
Les Heures de Parfums, Cartier, 2009……

極めつけの男性の香り

創作した「ロードスター」(2008)のなかで、ミントは「全体の主役」として用いた原料のひとつ。新しいタイプの男性用香水というテーマが提示されたときに、ブリーフィングにはいままで研究されたことのない、新しいタイプのさわやかなノートが求められていた。

「ロードスター」は「デクラレーション」(1998)のジャンルに加わった。ジャン＝クロード・エレナ作「デクラレーション」は、時代にフレッシュなスパイシーノートを開拓した香水で、スパイスの組み立てが見事だった。ブリーフィング中に閃いたのは、ミント特有のすっきりした男らしさで、爽快感とは男性の領域に属するもので、多くの男性がこのさわやかさを共有し、同時に個人的な魅力を存分に放つという特徴についてである。

ミント、パチュリ、バニラのアコードを用いたのは、船のデッキでたたずむときや、オープンカーで風に吹かれているような新鮮な空気の実現が目的だった。ジャック・ファットの代表作である「グリーンウォーター」(1950)の爽快感が登場してから、ミントにふさわしい場を与

―ミントを含む香水―
- ル マル／ジャンポール ゴルチエ 1995
- CK ワン／カルバン クライン 1995
- セドラ／ロジェガレ 2007
- ロードスター／カルティエ 2008
- ローデゼスペリード／ディプテック 2008

えるアコードはあまり創作されていないようだ。

専任調香師

　長らく、専任調香師一人に香水のクリエーションを任せてきた会社は、ゲラン（ジャンポール・ゲラン）と、パトゥ（J. ケルレオ）、シャネル（J. ポルジュ）である。今日では、この伝統を受け継ぐ会社は、エルメス（J.-CL. エレナ）と LVMH（F. ドゥマシー）、そしてカルティエ（私）のみである。このことから、最近では一人の調香師の署名入り香水に回帰する傾向があると解釈することができる。「ニッチ」と呼ばれる香水と同じように、香水市場が独得な単調さに甘んじている状況から生まれる、当然の結果だと思う。

　メゾン専属の調香師は自ら創作する製品で、ブランドに自分のスタイルを刻印すると考える向きもあるが、私はその反対で、ブランドが私たちに個性と暗黙の了解、歴史について教示すると考えている。ブランドに視点や作品を提供するのは私だが、自分の好みに基づく製品を創作することはない。ましてや、自分が身につけたいと思う香水を組み立てることはない。カルティエの歴史とその社風の背後に身を置いて、自分を消し去るのみである。

ミントが主役のカルティエ「ロードスター」

直感と推論

　エドモン・ルドニツカは、「よく嗅ぐことではなく、ただひたすら推理することが重要である」と語っている。時々難しいと思えるのは、ある新成分が調合にもたらす結果を「推理」するよりも、処方中に現れたバグ（処方の誤りや欠点）の出所を突き止めて、それがどのように導入されたかを理解することだ。

　あるイメージを導き出そうとするときには、香水はビリヤードに似た様相を見せる。ひとつの玉を突くと、すべての玉の配置が変わる。それから、ある種のフラッシュバックを起こす必要があり、処方の組み立てをしたときにさかのぼって、望まない方向に私たちを送り出した玉はどれかを理解しようとする。これこそ「推理」であって、「直感」ではない。

　クリエイティブな直感とはブリーフィングに基づいて香水をイメージしたら、最も適切に表現するアコードに翻訳して、紙面に書き出すことである。次に、作業台の上で推理しながら、これらの成分がどのように働くのか、その香りをどうやって得ることができたのか、そして何よりも、望む方向に香りを発展させていく方法を理解するために研究を重ねるのである。

ラベンダー

Lavandula angustifolia Miller / *Lavandula angustifolia* Miller x *Lavandula latifolia* L.f. Medikus（交配種のラバンジン）シソ科
Pour un homme
プール アン オム

主に、地中海沿岸一帯に育つ。イタリア、ロシア、ハンガリー、中国、タスマニアでも。フランスではアルプ＝オート＝プロヴァンス県が重要な産地として有名

ラベンダーはプロヴァンスのシンボル

　ラベンダーは、古代ローマ人によって洗濯物や風呂の香りとして大昔から用いられていた。ディオスコリデス（西暦40年）は著書『医薬品方法学概論』に、この植物を含め、健康に役立つ植物を多数記載している。ラベンダーとは中世の頃に誕生した名称だが、イタリア語の動詞で「洗う」を意味する *laver* を取り入れたと考えられている。ラベンダーの蒸留が始まったのは13世紀であり、抽出された精油は治療に使われた。僧院の薬草園でもよく見られる植物である。ラバンジンはラベンダーの交配種で、発見されたのは1925年のこと。調香師にはそれほど好まれないラバンジンだが、ラベンダーよりも水蒸気蒸留で抽出される精油の収率が良く、栽培の規模も著しく拡大している。伝統的に、抽出の際には、蒸留の前日か二日前に原料を乾燥させ水分を除去する。水蒸気蒸留法では容積300～3000ℓのアランビックが用いられるが、抽出にかかる所要時間は短縮され、一時間以内に終了する。1990年には「植物粉砕法」という蒸留法が新たに開発され、生産高を向上させた。この方法では原料を収穫地であらかじめ乾燥させることなく、細かく刻んで、ボイラーに接続された移動式コンテナにそのまま入れる。

　なお、ラベンダーを石油エーテルで処理すると、石鹸のような形状のコンクリート（収率0.6～1.2%）が採れる。ここから、赤褐色をしたアブソリュートを収率50～66%で抽出できる。ラバンジンの場合も収率は同じ。香水の製造用原料として、ラベンダー精油を抽出後に分留して、脱テルペン化することも行われている。コンクリートとアブソリュートはグリーンノートが豊かで、残香性がとても良い。

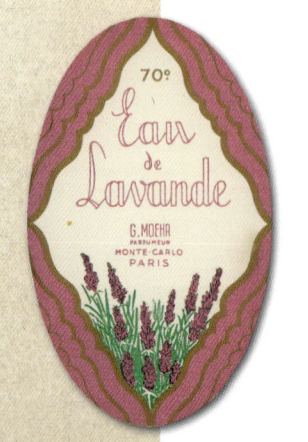

イチゴのスープ——ラベンダー風味（4人前）

イチゴ　500g
水　100ml
砂糖　100g

ラベンダーの花穂3本
バニラビーンズ　1本

　イチゴは洗って、へたを取り除く。片手鍋に水と砂糖を入れて煮立てる。火から下ろし、ラベンダーの花、バニラビーンズを浸して、完全に熱が冷めるまで置いておく。これを漉して、イチゴを加え、全体をまんべんなく混ぜ、冷やして完成。

〈香気成分〉
ラベンダーとラバンジンの主要成分はリナロールとリナリルアセテート

植物の効用──
はるか昔から、ラベンダーの抗菌作用は有名で、12世紀には聖ヒルデガルドは傷の治癒作用を勧めている。精油には殺菌作用のほか、皮膚に塗布して、やけどや虫さされ症状を緩和する働きがある。
ラバンジンのサシェ（におい袋）はダニとシラミよけになるため、いまでもタンスの衣類の下に入れられるが、このときによい香りが移る。

シソ科 *Lavandula* 属の双子葉の低木。*Lavandula angustifolia* Miller とその交配種、*Lavandula angustifolia* Miller x *Lavandula latifolia* L.f. Medikus が香水製造用に栽培されている。草丈1mに叢生して成長する。花は一般に薄紫色か、紫色である。

昔ながらのラベンダーの収穫法

ラベンダー祭

毎年8月に、リュールとリュベロンの間にある、ソールトの地方自治体ではラベンダーに一日が捧げられ、この日ラベンダーは女王になる。コムタ・ヴネサンヴナスク伯爵領からはタンブーランを叩くグループが参加するほか、屋外でミサが行われ、地元の名産品の試食会とパレードも行われる。勇壮なラベンダー狩りのコンクールは実に見応えがあり、約25000人の観衆を湧かせる。

ラベンダー

アラン・アリオーネ ALAIN ALLIONE

父がグラースのシャラボ社に務めていたこともあり、16歳の頃から社内の調香師養成学校に毎夏通うようになった。

この学校はジョルジュ・カーが指導し、グラース出身の調香師であるジャン・カールのメソッドを教えた。学校では、私たちは様々な天然香料と合成香料のにおいを嗅いだ。ある日はラベンダー、レモン、ペッパー、またはローズ。ほかの日には、シナモンやヒヤシンスの後で、柑橘系のあらゆる香りやスパイス類を嗅ぎ分けた。そして、これらの香りを系統別に分類し、もう一度、今度はそれぞれのニュアンスを識別するようにしてにおいを嗅いだのである。

ロベルテ社に就職し、計量、品質管理、クロマトグラフィーなど、多方面の分野の仕事に携わった。それから、パイヤン＆ベルトラン社において、調香師としてデビュー。フロレセンス社に移籍し、現在はエクスプレッションパーヒューメ社の調香師である。

〈作品の紹介〉

Note d'Or, Octée, 1998
Parfum du centenaire FC Barcelone, 1999-2000
Parfum et gamme du FC Barcelone, 2004-2005
Mirea, Molinard, 2005
Yellow Sea, M. Micallef, 2008
Flore Ette, Les Ettes, 2009
Dermophil, Ligne soin d'eau, 1998
Roger Gallet, Gamme doux nature
Sève de Vanille, 2005

優れた古典的作品

ラベンダーはかつて主力製品であり、イングリッシュラベンダーは長らくフレグランスの女王だった。今から約30年前には、ラバンジンの香りが清潔と同じ意味をもつようになり、石鹸や洗剤などトイレタリー、ハウスホールド用品に用いるケースが増えた。その影響で、ファインフレグランスにラベンダーを使おうとする傾向は顕著に減ったのだが、それでもラベンダーがすっかり姿を消したわけではない。

今でも名作といわれるアコードには、長年、支配的だったノートを演じているほか、アコードを修正する働きもある。この意味を理解するには、同じフレグランスをラベンダー入りとラベンダーなしの配合にして嗅いでみると良い。すると、香りの組み立てに新しい重厚感、新しい残香性、新しい広がりをもたらすのはラベンダーであることが見抜けないまでも、わずかな違いが生じていることは察知できることだろう。

ラベンダーとラバンジンのすべての品種が、それぞれ異なる香りをもっている。ラベンダーではフローラルノートがほんの少し強くなり、ラバンジンでは「野の香り」、つまりアロマティッ

―ラベンダーを含む香水―

● オード ダリ／ダリ 1987
● プール アン オム／キャロン 1934
● パコ／パコ ラバンヌ 1996
● イエローシー／M. ミカレフ 2008
● ムスターシュ／ロシャス 1950

クノートが強調され、男性的な特徴があり、アロマの香りが強くなる一方で、繊細さは減る。カンファーを約6〜7%含むことがラバンジンの明らかな特徴として感じられるが、ラベンダーでは1%を越えることはない。一般的にラベンダーのアブソリュートは、調合にいつでもホットな特徴をもたらす。ラベンダーというと忘れられない香水は、キャロンの「プールアンオム」(ミッシェルモルセッティ、アーネストダルトロフ、1934)である。ラベンダーを中心に据えて組み立てたという、フレグランスではまれな作品だ。

ラベンダーが主役である、キャロンの「プール アン オム」

現代のフゼアアコード

ラベンダーはフゼアアコードの主要成分のひとつである。この伝統的な香調はラベンダー、クマリン、モス、ゼラニウム、ウッディからなり、この古典的なアコードに、いまではあまり用いられてない「現代的な」フゼアが登場してきた。アロマティックで、フレッシュな感覚が豊かになり、アクアティック、もしくはオリエンタルフゼアが強調されている。

野の香りをもつ特徴をさらに発展させるには、ローズマリーかワームウッドを配合するほか、もう少しラバンジンを増量する。「フレッシュフゼア」にするためには、柑橘系ノートか合成香料をいくつか配合する必要がある。

オーガニック原料

私が研修を受けた時代は、いつでも天然香料を用いるように推奨されていた。あの時代には良品も簡単に入手することができたし、原料の種類にしても今より豊富だった。現代では法的な規制があり、私たちのパレットも制約を受けている。オーガニック製品の市場が成長すれば、天然製品を使用する機会がもう少し増えるのではないだろうか。

オーガニック製品の認証を受けるためには、認証団体が発行するエコサートラベルを取得しなくてはならない。この認証ラベルは技術的な制約を課すほか、原料植物の栽培(たとえば殺虫剤は未使用など)から加工処理にいたるまで、細かな規約が取り決められている。

有機溶剤の使用は禁じられているから、どうしても昔ながらの水蒸気蒸留法によって抽出される精油を仕事に用いることになる。アブソリュートは、コンクリートから抽出する際に有機溶剤を用いるので使用できない。認可されているエキストラクトの大半は、CO_2 超臨界抽出法による製品である。

ローズ

Rosa centifolia L./ *Rosa damascena* Mill. バラ科

Rose de Rosine
ローズ ド ロジーヌ

Rosa centifolia L. の原産地はコーカサス山脈。フランスに紹介されたのは、16世紀末である。ダマスクローズ *Rosa damascena* Mill. はトルコとブルガリア、モロッコにおいて、集約栽培が行われている

ブルガリアのバラの収穫風景

　植物学的に分類するのが難しい理由は、バラ科の系統学が複雑であるためだ。長いあいだ自然に行われてきたバラの授精を、現在は緻密な科学的研究に基づいて、交配による品種改良が行われている。ローズの品種は二種類に大別できる。北ヨーロッパやアジア、中近東原産のローズは主に、一重の花がつく低木であり、大きな茂みを形成する。つる性か、ほふく性の丈夫な植物だ。開花時期は夏の初めに限られ、花が咲いた後には色鮮やかで装飾的な実をつける。古代のローズは、1867年以前のローズの品種と系統的に似ている。

　また、装飾用と、香水製造用の芳香をもつ、数の少ないローズの二種にも大別される。なお、香水用にはダマスセナ種 *Rosa damascena* Mill. と、センティフォリア種 *Rosa centifolia* L. が用いられる（以下、種は略）。世界的に栽培されているダマスセナと比べて、南仏グラース地方のセンティフォリアの栽培は秘密であり、シャネルやディオールのような有名香水ブランドが引き続き用いている。

　センティフォリアは水蒸気蒸留では価値の高い精油を十分な収率で得ることはできないため、もっぱらローズウォーターを得るために使用されている。ローズはヘキサン、または石油エーテルを用いる溶剤抽出法によってコンクリートが採れるが、その収率は 0.2～0.3% である。コンクリートからは 50～70% の収率でアブソリュートを得ることができる。なお、ダマスクローズを蒸留すると、精油が抽出される。

生ニンジンのヴルーテスープ——ローズ風味（4人前）

ニンジン 500g	カルダモン 適宜	オリーブ油
水 1ℓ	バラの乾燥花 5～10個	セロリ スプラウト
タマネギ 1個	レモン皮と果汁 数滴	4つまみほど
ブーケガルニ 1束	塩、胡椒	

皮をむいたニンジンを輪切りにし、両手鍋に、水と、タマネギ丸ごと、ブーケガルニ、カルダモンを一緒に入れる。塩、胡椒を加える。火かけて沸騰させ、中火で約30分間煮る。その後、火から下ろして、バラの花びらとレモンの皮を加え、2時間浸す。タマネギとブーケガルニ、カルダモンを鍋から取り出す。スープをよく混ぜ、数滴のレモン果汁を加えて、味を整える。このスープは冷やして勧めるが、そのときには各スープ皿の中央に、オリーブ油少々とセロリ スプラウトを加える。

〈香気成分〉
バラの多くの化合物の結合から香りが生じるが、各成分比率にはばらつきがあって一定ではない。フェニルエチルアルコール、シトネロール、ゲラニオール、ネロール、リナロール、ベンジルアルコールなどが含まれる。なお、抽出エキスのほのかな香りは、たとえ微量であっても、とても強い香気をもつローズオキサイド類と β-ダマセノン類などの成分から生じる

植物の効用──
　ローズウォーターはフェイシャル用トニックローションのほか、赤ちゃんのおむつかぶれを鎮めるローションに利用されている。なお、入浴時にローズの精油を何滴か落とすと、豊かな香りを楽しむことができる。ローズの花びらの浸剤は腸が虚弱で起きる便秘の緩和作用がある。

二種類に大別できる。調香に適したバラは数が少なく、ダマスクローズ *Rosa damascena* Aut. または *Rosa damascena* Mill. とローズドメ (*Rosa centifolia* L.) である。他に、薬剤師のガリカ種 *Rosa galica* L. や白いアルバ種 *Rosa alba* L.、中国産 *Rosa rudosa* Thunb. といった品種もある。

エクスポ ローズ──
バラの博覧会

1971年から、グラース市ではローザ センティフォリアに敬意を表して、毎年春にフェアを催している。グラースに導入されたのは20世紀初頭で、毎年5月～6月半ばに、開花時期を迎える。花は「恵み」の象徴であり、かつて神々の花とされたバラが、今でも変わらず、新鮮な香りをもたらしてくれる。プロ、アマチュアを問わず、花の愛好家たちが集うエクスポローズは年を追うごとに、グラース市で開催される最も華やかなイベントのひとつに成長し、プロヴァンス-アルプ-コートダジュール圏に、大勢の人々が集う催しのひとつとなった。今日、この催しはヨーロッパ最大の切りバラ博覧会として知られている。

ローズ

シルビー・ジュルデ　SYLVIE JOURDET

ISIP（ISIPCAの前身）に入学した動機は、化粧品の処方を学びたかったからである。ここで、心から情熱を感じる香水の世界に出会った。それからは処方を中心とする仕事についたが、ほかには個人的に、若い企業に向けて、香りの評価とコンサルテーションを行った。

〈作品の紹介〉

Histoires de Parfums : 1876, 1873, 1826,1804, 2000 ; 1740, 1725, 2003 ;
Blanc violette, Vert pivoine, Noir patchouli,2004 ;
Ambre114,2006 ; 1969, 2005 ;
Tubereuse1 capricieuse, Tubéreuse2 virginale, Tubéreuse3 animale,2009
The Burren Perfumery : Frond, 2005 ;
Spring harvest, Autumn Harvest,2006
Céguilène : Tendre Mutine, 2002 ;Simplement Je, Foen,2003 ;
Frisson d'été, 2005
Carlota : Rose Jasmin Fleur d'Oranger, 2005 ; Ambre Musc Santal, Lait Miel, 2006
Dinner, By Bobo,2001
Drôle de petit Parfum, Centel,2005
Jardin d'Evora, Evora,2009
Orangia bellissima, Delarom, 2009………

香水製品のシンボル

私にとって、バラは香水製品を象徴する花であり、欠くことのできない原料であり、この業界では香水の「お砂糖」とよく呼ばれている。そして、女性性を象徴する花でもあって、女性用香水にはとても頻繁に使用されるノートである。私が創作したイストワールドゥパルファンの「1876」「マタハリ」、カルロータの「ローズ」、ザバレンパフューマリーの「フロンド」、セギュレンの「タンドル ミュティン」はいずれもバラをベースにしている。

この花は産地の地域性に応じて、香りのニュアンスと能力がそれぞれ異なる。調香師が用いるセンティフォリア種とダマセナ種の二つの品種についても同じことがいえる。さらに、抽出技術にしても同じように重要な役割を担っているのだ。たとえば、ローズのアブソリュートとエッセンスでは、同じ品種であっても、香りはまったく異なる！「1876」の香水用には、モルドバ産のとても美しいローズを見つけた。しかし、天然原料はコスト高の製品でもあり、残念なことに、いつでも最高品質を用いるのに十分な予算があるとは限らない。もっとも、そのためにローズの原料は種類がとても豊富なのである。

―ローズを含む香水―
- ルル ローズ／ルル カスタネット 2009
- ローズ ド ロジーヌ／レ パルファム ドロジーヌ 1991
- 1876／イストワールドゥパルファン 2000
- ローズ ジャスマン／カルロータ 2006
- フルール ド ノエル／イヴ ロシェ 2008

アランビックをローズの花びらで満たす

フランス調香師協会（SFP）について

　本会の使命は私たちの職業の保護に加えて、何よりもフランスの優れた職業技術と専門的知識を守ることにある。調香師の大半がフランス人であることはあまり知られていないのだが、香水製造会社がフランス系企業ではなくても、同じ状況が見られる。当初、私は国際調香師賞を授与する協会の責任者をしていた。この協会が催すコンクールの主旨は、この職業の未来を支える若手調香師たちが、自分の才能に目覚めるためのステップである。2005年に、私はSFPの会長に選ばれたが、この職業ばかりではなく、関連するあらゆる職業を保護する意思をもって着任した（2009年まで就任）。就任中には、天然製品と合成品の品質について、会員の皆様が学ぶようにアピールすることが必要だと考え、「原料学会」を発足させるに至った。

クレアッセンス

　クリエーションから遠ざかっていることはとても淋しく感じられた。2000年には完全に自由な立場で創作できるように、自分で考案した独創的な構造に基づく「クレアッセンス」の設立に、全力を傾けることにした。幸い、私の考えに賛同するクライアントがすでに少数いたのである。香水に身を投じている小規模の企業の方々である。彼らのプロジェクトは巨大構造の企業が採用するほどの総量ではなかったが、私は小規模の企画を含めて、あらゆる依頼に応じることを志し、香水や化粧品の香りの付香用に、製品の品質に適した香りを創作して提供することを目標にした。
　私たちの仕事はまさに職人芸であるとお伝えしたい。ただし、むしろ高級香水のカテゴリに入ると自負しているので、あくまでも高級品を手がける職人の仕事である。伝統的な創作活動のほかに、私たちは大企業のイベント用香水も手がけている。

ワームウッド

Artemisia vulgaris L. / *Artemisia herba alba* L. キク科

Cabochard
カボシャール

Artemisia vulgaris L. はヨーロッパからヒマラヤに至る広範囲に分布。北米、日本、中国でも自生する。*Artemisia herba alba* L. はワームウッド・ブロンシュとも呼ばれ、北アフリカのマグレブ地域とスペインに育つ

根茎と花を用いる「グランドワームウッド」

ワームウッドは茎皮に強い芳香がある。薬効のある地下茎の厚さは約 2.5cm で、多数の根を伸ばす。この根を秋、または春先に収穫するが、乾燥させると全体の重量の約 60% を失う。葉をこすってにおいを嗅げば、同じヨモギ属アブサンに似た独特な香りがある。英語では「マグワート」と呼ばれ、かつて虫の駆除に用いていた。*mugwyrt* は、小バエという意味の *midge* と草本植物を表す *wort* が語源である。直火加熱式の初歩的なアランビックか、可動式の蒸留器一式を収穫場所のそばに設置して、*Artemisia herba alba* の頭花（とうか）を水蒸気蒸留にかける。黄緑色をし、ツーヤに似た香りを特徴とする液状の精油（収率 0.15～0.7%）を得ることができる。石油エーテルを用いて、*Artemisia vulgaris* の花を溶剤抽出したレジノイドから、濃いオリーブ色から茶褐色をしたアブソリュートが採れる。香りの特徴は、セージとセダーにもある樹脂様のカンファーに似た香りに、アニスに似た香りが少し加わった感じだ。

ワームウッドはリキュールに香料として用いることもある。仲間のジェネピ類 ── *Artemisia genepi* と *Artemisia umbelliformis*、そしてアブサンと呼ばれる *Artemisia absinthium* よりも一般的に好まれている。いろいろなお茶に少量加えて、フレーバーとして用いる楽しみ方もある。

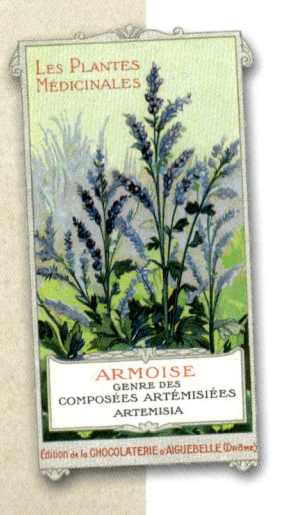

ワームウッドとレモンのリキュール
750ml 用ボトル 2 本

ワームウッドの葉 40g	シロップ原料：
有機栽培レモン 1個	水 250ml
40 度のアルコール 1ℓ	砂糖 450g

ワームウッドの葉とレモンの皮をアルコールに浸し、20 日間漬ける。シロップは水と砂糖を鍋で沸騰させ、火から下ろして冷ます。これをろ過して、浸漬液に加える。ボトルに詰めて、1～2ヵ月間暗所に寝かせてから飲用する。

〈香気成分〉
Artemisia herba alba L. の精油は、α- と β-ツヨン、カンフェン、1,8-シネオール、カンファーを含む。*Artemisia vulgaris* L. は上記の成分に加えて、ゲルマクレン-D と β-カリオフィレンを含むため、セスキテルペン類の特性が加わる

植物の効用──
ワームウッドの花の煎剤は、月経周期を整える作用で知られる。ことわざもその働きを裏づけているようだ。曰く「アルテミス」の力を知る女性なら、皮膚とブラウスのあいだにワームウッドをいつも携えておく。

Artemisia vulgaris はキク科の野生植物で、地下茎を分枝して増殖する。頑丈な草本植物で、草丈 1〜1.5m に大きく成長して枝を多く出す。葉は深裂し、表面は濃い緑色だが、葉の裏は淡い色をして、たくさんの綿毛に覆われている。花が集まって頭花を形成するが、その色は黄色から紫色をしている。

狩りの女神であり、女性の守護神アルテミス

女性性に属する植物
ワームウッドの学名、*Artemisia vulgaris* というラテン語名はギリシアの女神アルテミスに由来する。伝説によると、古代から有名なこの植物の薬効は狩りの女神がゼウスに託されて任務についたときに生まれたそうだ。女性を保護し、出産時には助け、さらに月経周期を規則的にする働きのことである。かつて、ヒポクラテスはワームウッドが婦人にとても良い植物であると捉えていたが、まさに的を得ている。

ワームウッド

アラン・ガロッシ ALAIN GAROSSI

両親はフランス出身と、イタリアのトスカーナ／ピエモンテ州出身で、1929年にグラースに移住した。この親から生を受け幸運だった。その気質には粘り強さとラテン精神が巧みにミックスしているからだ。

子供の頃から、祖父が勤務していたルール社に一緒に出かけ、大ホールにジャスミンが運搬されたとき、香りの良い雪原のにおいを嗅いでいる気分になったことは今でも忘れられない記憶だ。あのときから、一度としてこのにおいを忘れたことがない。

1976年、ロベルテ社に入社。3年後には、ポール・ジョンソンのチームで若手調香師として働き、知識豊富な彼から化粧品の基礎を学んだ。私の仕事机には、今でも「タヒティ ドゥーシュ サントゥール ヴェルトゥ」(1980) という最初に成功した製品のサンプルを保管してある。この製品には現在のスタンスを築く上で役立った思い出がすべてこもっている。

〈作品の紹介〉

Pouss Mouss, Liquid soap, SC Johnson, France,1992
Nenuco Baby Cologne, Reckitt & Colman, Spain,1994
YOU, Unisex FF, Ebel, Peru,1997
Junie, Female FF, Natura, Brazil,1997 Axe Exclype, AP & Roll-on, Unilever, Latam,1998
Hazeline Skincare, Unilever, China,2000
Gentle breeze, Cologne J & J, Philippines,2001
Degree Accelarating, AP/Deo Unilever, USA,2002
Tender moments, Cologne Jafra, Mexico,2002
Minerva Floral, Laundry Powder, Unilever, Brazil,2003
Sedal Ondas irresistibles, Shamp, Unilever, Latam,2006
Rexonamen triple mint, Body spray, Unilever, Latam,2007

男性用それとも女性用？

ワームウッド精油の香りは、リキュールのアブサンにとてもよく似ている。どちらも成分にツヨンを含んでいるためだが、各々の比率は異なる。アブサン酒を「狂気を招く飲料」として有名にしたケトン成分を60％以上含むこともあるが、ワームウッド油中のケトンが40％を越えることはなく、ケトン以外にもボルネオールやカンファーといった、香りを豊潤にする成分を含んでいる。

かなりまえから、フルーティな芳香をもつこの原料に興味を抱いていたのだが、いまではマスキュリン（男性的）な特徴を帯びるユニセックスな香りとして捉えている。「アロマティックエリクシール（1971）」を生んだベルナール・シャンは1959年に、グレの「カボシャール」に使用している。つまり、当時は女性用製品の原料として考えられていたのである。ガ

―ワームウッドを含む香水―
● トリアンフ／ボティカリオ 1996
● カボシャール／グレ 1959
● ルミエール ノワール プールオム／フランシス クルジャン 2009
● アロマティック エリクシール／クリニーク 1971
● ダービー／ゲラン 1985

ディオールの代表的な香水「ディオレラ」はワームウッドを含んでいる

ルバナムとバジルをワームウッドと合わせる配合は、ロベールピゲの「バンディ」（G. セリエ、1944）の基本的なアコードにもある。1972年、ワームウッドはディオールの「ディオレラ」（エドモンドニツカ）、エスティローダーの「アリアージュ」（F. カマイ）、カルバンクラインの「オブセッション」（B. スラッタリー、1985）にも登場した。

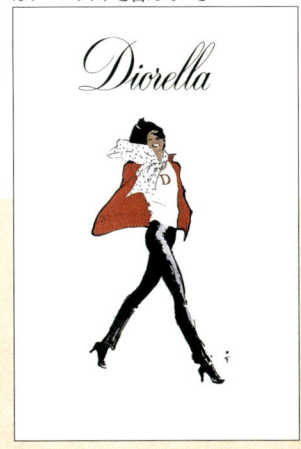

同年、ギラロッシュの「ドラッカーノワール」（P. ワルニエ）で驚くほどの成功を収めた。ワームウッドは現代の男性用製品を構築する柱となったわけである。

現代でも、ワームウッドはファインフレグランスの新製品に常に新風を吹き込み、軽くフルーティで、生き生きとした特徴から、デオドラント剤や制汗剤にも使われている。私は入浴剤に配合している。シクリカルC、またはダマスコン類のような最近の合成成分と合わせると、男性用化粧品によく使用される現代風アコードのカテゴリに入る。

グローバル化とは？

東奔西走してきたおかげで、化粧品のグローバル化は十分に理解している。世界市場に製品がエントリーしたときには、地球上のあらゆる人々が消費するようになる。これは、どの企業も共通の夢として抱くビジョンだ。しかし、化粧品用香料をグローバル化する試みに着手したところ、結局は大陸や地域別に細分化するアプローチに戻ることになった。ヨーロッパ、北アメリカ、ラテンアメリカ、アジアなどに分類するやり方は、かなりうまく機能したのである。その反面、ファインフレグランス製品では、文化的なファクターが香りの特徴と使用法に影響することが明らかになった。

ブラジルとアルゼンチンはヨーロッパの志向性に近いが比較すると、メキシコとベネズエラの趣味はかなりアメリカナイズされている。日本ではアメリカの香水はあまり高い評価を受けていない。そして、近隣諸国に比べ、フレグランスの好みはとても控えめである。さらに驚きをおぼえるのは、ブラジルの状況である。この大国の北部にはアマゾンのインディオ、南部にはドイツ移民の子孫たちが住んでいるが、この二つの地区のあいだに多様な民族が暮らし、文化・皮膚・嗜好にしても異なる。世界中どこでも、同じ香水が同じ成果をもたらすということはあり得ない。そのために、居住地域では個別の市場調査を同時に行って、これからの課題として研究するべきだ。グローバル化の夢は、明日すぐに現実になるわけではない。

香料植物図鑑 [2]

1	ディル	206
2	アンジェリク	206
3	ジュニパーベリー	207
4	トルーバルサム	207
5	ローマンカモミール	208
6	レモン	208
7	コリアンダー	209
8	サイプレス	209
9	エレミ	210
10	ユーカリ	210
11	フェンネル	211
12	ジュネ	211
13	クローブ	212
14	ヒヤシンス	212
15	ジョンキル	212
16	レモングラス	213
17	レンティスク	213
18	ライム	214
19	リメット	214
20	ラビッジ	215
21	ロータス	215
22	マージョラム	216
23	メリッサ	216
24	オークモス	217
25	ミルラ	217
26	ニアウリ	218
27	ナツメグ	218
28	カーネーション	219
29	ブラックペッパー	219
30	ローズマリー	220
31	タジェット	220
32	タイム	221
33	ベルベーヌ	221

ディル

Anethum graveolens L.　セリ科
生産地：ヨーロッパ、イラン、トルコ、インド

　一般名はギリシア語「アネトン」に由来し（アニスも同じ）、古代エジプトでもこの名称が用いられていた。なお、*graveolens* とはラテン語で「重たい、強い」を意味する *gravis* の派生語だが、「香る」という意味の *olens* と組み合わされた。
　ディルは一年草で、平らな茎が 80 ～ 150cm ほど伸び、花は散形花序である。葉と種子にはアロマティックなフェンネルに似た香りがあるため、薬味用に栽培されている。植物の地上部を4時間水蒸気で蒸留すると、精油（収率 1.4 ～ 1.8%）を抽出することができる。有機溶剤（エタノール、石油エーテル）を用いて種子を抽出するとレジノイドが採れる。主に香気成分を得るために使用している。

α - と β- フェランドレン、リモネン、カルボン、ディルエーテル

アンジェリク

Angelica archangelica L.　セリ科
別名：当帰
原産地：ヨーロッパ
生産地：ヨーロッパの冷温地帯全域——スカンジナビア、ベルギー、オランダ、フランス（ピュイ ド ドローム）、ドイツ、ハンガリーなど

　アンジェリクは 2 ～ 4 年生植物で、草丈 1.5 ～ 2m に育つ。栽培後 1 年目に根（1年目の根が最も好まれる）が、2 年目には種子を収穫するために栽培される。新鮮な根は春になると収穫され、側根をとり除いてから、日干し、または専門のオーブンで乾燥させて抽出にかけられる。収率は 1 ヘクタール当たり約 2000kg である。
　精油は淡い褐色から濃い褐色をし、香りはアロマティック、リコリス、ムスキーで、苦味もある。細かく裁断した原料を 10 ～ 24 時間水蒸気蒸留して、精油（収率 0.1 ～ 1%）を抽出する。有機溶剤で抽出したレジノイドを減圧蒸留して揮発性エキスを得る。このエキスは淡い黄色をし、ムスキーでクマリン調である。ファインフレグランスの香料となるほか、リキュール（シャトルーズ、ベネディクティン）のフレーバーとして用いる。

α - ピネン、δ-3- カレン、α - と β-フェランドレン、リモネン。ω-ペンタデカノリドとトリデカノリドなどのラクトンを含む

ジュニパーベリー

Juniperus communis L.　ヒノキ科
生産地：イタリア・アペニン山脈、ハンガリー、前ユーゴスラビア（主産地）、チェコ共和国、スロバキア、オーストリア、ポーランド、ロシア、トルコ、ブルガリア

　ジュニパーの果実（漿果）は青みを帯びて黒くなる8〜9月のあいだに収穫する。発酵を始めた実をつぶし、時には枝も混ざった原料を水蒸気蒸留し、精油を抽出する。発酵により生じたエタノールは蒸留中に除去される。精油の収率は0.8〜1.6%である。香りに特徴があり、テレビン油やリコリスのようなにおいがするときもある。
　フレグランスにも用いられるが、もっぱらアルコール飲料（ジン、シュタインヘーガー）の仕上げに使用されている。有機溶剤を用いて、シロップのような半固形状のレジノイド（収率6〜8%）を抽出する。香りはバルサミック・アンバー調である。

モノテルペン類が主成分。α-ツエン、α-ピネン、サビネン、δ-3-カレンなど

トルーバルサム

Myroxylon (*Toluifera*) *balsamum* (L.) Harm var. x-*genuinum* Bail　マメ科
原産地：ベネズエラ、コロンビア
生産地：上記のほか、中央アメリカ、キューバ

　マメ科の木で、樹高20〜25mに至る。幹に傷をつけると芳香性の樹脂がにじみ出る。褐色から赤褐色に変化する粘性のある液体で、空気に触れると固まる。バルサミックで、シナモンタイプの甘い香り。ほのかなフローラルに、バニリンのニュアンスが感じられる。
　レジノイドのアルコール抽出液の収率は60〜70%。フローラルベースとオリエンタル系香水の保留剤として、レジノイドと精油が用いられる。

ベンジルベンゾエート、ベンジルアルコール、安息香酸、桂皮酸、バニリン

精油の主要成分：
安息香酸と桂皮酸。他に、エステル類、バニリン、ファルネソールを含む

ローマンカモミール

Anthemis nobilis L.　別名 Chamaemelum nobile (L.) All.
キク科　原産地：ヨーロッパと北部アフリカ（マグレブ地域）　生産地：ハンガリー、フランス、ベルギー、イタリア、モロッコ、イギリス

　栽培を始めて2年後、夏の終わりに収穫する。乾燥させた花をハーブティーや浸剤にして、腸の不調や消化不良に用いるレメディとして好まれている。ローマンカモミールの抽出原料は生か、乾燥させた花、または花つきの全草であり、水蒸気蒸留で精油を抽出する(収率0.2〜1%)。無色透明であるか、黄色い液状の精油は香りが強く、アロマティックな特徴があり、ファインフレグランス、またはリキュール用フレーバーに使用される。
　ローマンカモミールの花を石油エーテルで抽出すると、緑色から青緑色の、粘性のあるコンクリートが採れ、収率は6.7%である。リンゴや針葉樹を思わせる強い香りが特徴的だ。

イソブチル アンゲレート、α-とβ-ピネン

レモン

Citrus limon L. Burm.F.
ミカン科　生産地：イタリア（シチリア）、アメリカ（フロリダ、カリフォルニア）、アルゼンチン、さらに、スペイン、ブラジル、イスラエル、コートジボワール、ギリシアなど

　レモンの果皮（外皮）をまるごと機械で冷圧搾すると、果汁とエッセンス双方を同時に得ることができる。透明な液状で、黄色から緑を帯びた黄色をし、新鮮なレモンの皮のにおいがする。
　果皮をつぶして原料とし、水蒸気蒸留で精油を抽出するが、香りの質はあまり良くない。レモン精油は食品産業の大切なエキストラクトであり、フレーバーとして飲料、焼き砂糖菓子、キャンディー、ケーキ、アイスクリームなどに用いられる。テルペンとセスキテルペンを除去した精油は、化粧品の成分になるほか、フレッシュなトップノートとして多くの香水に使用されている。

リモネン、α-ピネン、カンフェン、β-ピネン、サビネン、ミルセン、リナロール、β-ビザボレン、(E)-α-ベルガモッテン、ネロール、ネラール

コリアンダー

Coriandrum sativum L. セリ科　別名：コエンドロ、香菜
主にスパイスとしての生産地：東ヨーロッパ（ウクライナ、ハンガリー、ポーランド）、アメリカ、アルゼンチン、インド

　エキス抽出原料には果実（シード）、花の咲いた全草、または乾燥させた全草を使う。精油は水蒸気蒸留と、芳香蒸留水の再留によって抽出する（収率0.12～0.83%）。果実を蒸留した精油は無色から淡い黄色をした液体であり、甘くリコリス調の香りだが、生のハーブの精油はアルデヒディックな香りである。

　精油はフレグランスと食品香料（薬用にも配合される）に使用される。なお、精油を分留し、リナロールを単離する。

果実の精油：リナロール、カンファー、γ-テルピネン、リモネン、α-ピネン

全草の精油：n-デカナールとn-デカ-2-エナールのようなアルデヒドを主に含む

サイプレス

Cupressus sempervirens L.　ヒノキ科　別名：糸杉

　ツーヤとジュニパーのように、サイプレスはヒノキ科に属する。*Cupressus* 属は北半球に約20種類存在する。*Cupressus sempervirens*（イタリアンサイプレス）は地中海沿岸地方の原産で、イランと小アジアにも分布する。フレグランスの原料として、主に使用されている。

　常緑樹であり、樹高30mに成長し、樹齢は数百年に及ぶ。堅果が実る。幹部は赤みか、黄みを帯びるが、大量に分泌される樹脂は樹木を腐敗から守り、浸水にも強い。4、5年毎に樹冠を剪定するが、このとき切ったばかりの葉の多い小枝が抽出に用いられる。水蒸気蒸留すると、精油が収率0.5～1.2%で抽出される。葉つきの小枝は石油エーテルを溶剤として抽出すると、コンクリートが採れ（収率1.8～2%）、次にアブソリュートが抽出される（収率78%）。

α-ピネン、デルタ-3-カレン、ミルセン、リモネン、α-テルペニルアセテート、セドロール

エレミ

Canarium luzenicum（Miq.）A.Grey　カンラン科
原産地：フィリピン諸島。樹高 10 〜 15m に至る大木

　木の病気による分泌液のほか、新芽の時期（1 〜 6 月）に幹に切れこみを入れ、しみ出る樹脂、オレオレジンを集める。つぶ状で、ワックス状の塊（一級品と二級品）は、白っぽい黄色から黄褐色をし、空気に触れると固まる（木一本当たり 4 〜 5kg を生産）。辛みのある、とてもフレッシュな香りで、テルペン、ペッパー、シトラスノートのほか、ウッディ調のバルサミックなラストノートがある。

　オレオレジンは水蒸気蒸留のほか、減圧蒸留して精油を抽出する（収率20 〜 30%）。エレミ精油は香粧品香料ではフローラルとフゼア調合ベースのフレッシュなトップノートに用いられる。精油は α-フェランドレンとエレモールの抽出原料になる。有機溶剤抽出ではエレモールが豊富なレジノイドが採れ、エキス表面に結晶化して、白い細かな針状になったエレモールが観察される。香りの保留剤になるほか、フレッシュな香りはオーデコロンの調合ベースに用いられる。

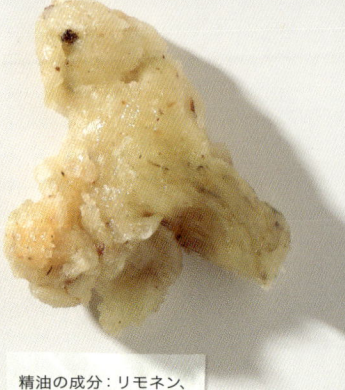

精油の成分：リモネン、エレモール、エレミシン、p-シメン、α-ピネン

レジノイドの成分：エレモール、γ-とβ-ユーデズモール、α-とβ-アミリン

ユーカリ

Eucalyptus citriodora Mill. / *Eucalyptus citrodora* Hook　フトモモ科　シネオールタイプのユーカリ *Eucalyptus globulus* Labill. / *E.dumosa* / *E.polybractea* / *E.australiana* / *E.smithii*

　香料産業では複数の品種を、2 つのカテゴリに分けている。
▶ ユーカリ シトリオドラの収穫地は、オーストラリア（クイーンズランド）、南アフリカ、ザイール、グアテマラ、ブラジル（主産国）、中国、インド、モロッコである。
▶ ユーカリ シネオールタイプは、オーストラリア産の品種であるが、生または半乾燥させた葉を抽出に用いる。この品種は外地の環境にも適応することができるため、スペイン、ポルトガル、南フランス、ブラジル、メキシコ、イタリア、アルジェリア、カリフォルニアでも育つ。

　自生、または栽培された樹木の葉を水蒸気蒸留して精油を抽出する（収率 0.5 〜 3%）。シトリオドラの精油は透明で、無色から緑がかった黄色をし、シトロネラール独得の香りがある（精油成分はシトロネラール、シトロネロール、ゲラニオール）。精油は防臭剤に用いられるが、シトロネラールは半合成に用いられる前駆体である。シネオールタイプの精油はほとんど透き通った無色から淡黄色の液体であり、ユーカリプトールの香りがする。

1,8-シネオール（別名：ユーカリプトール）

フェンネル

Feniculum vulgare Miller ssp. *vulgare* Miller var. *amara* セリ科
生産地：ポルトガル、スペイン、南フランス、ルーマニア、ロシア、エジプト、インド、モロッコ、中国、アルゼンチン、タスマニア

成熟した植物の地上部にある果実、または散形花序で咲く花からエキスを抽出する。フェンネルの精油は水蒸気蒸留により得る（収率 2.5〜6%）。精油は透明で、淡い黄色を帯び、アニス調でスパイシー、ほのかにカンファー調のアロマティックな香りがある。精油は主に、分留によりトランスアネトールを単離するために用いられる。フェンネルの種子から有機溶剤を用いて、レジノイドを抽出する。

> トランスアネトール (50〜60%)、cis-アネトール、エストラゴール、フェンコン、モノテルペン類

ジュネ

Spartium junceum L.　マメ科
別名：エニシダ、ブルーム

通称「スペインのジュネ」は、南フランスの粘土質で、石灰分を含む土壌に自生して育っている。かつてグラース周辺には広大な産地があり、毎年数百トンのエキスが抽出されていた。現在はイタリアで主に栽培されている。

長年、織物の繊維として、小枝と枝が活用されてきた。花は総状花序で小枝の先につくが、春の終わりに開花する。花は黄色く、とても強く香るが、収穫後は香りの変化が早く、ただちに抽出にかけても変化しやすい。ジュネは有機溶剤を用いて抽出する。コンクリート（収率 0.09〜0.18%）には、プロヴァンスの蜂蜜を思わせるワックスのような香りがある。コンクリートからは濃い栗色をした、ねっとりした油のようなアブソリュートが 20〜50% 採れる。

> ジュネ・アブソリュートの構成成分は、高級脂肪酸とエチルエステル。主な香気成分はリナロールとリナリルアセテート、オクト-1-エン-3-オール

クローブ

Syzygium aromaticum (L.) Merr.et Perry
別名：Eugenia caryophyllus (Sprengel)
Bullock et S.Harrison　フトモモ科
生産地：マダガスカル、インドネシア（主産地）、
ブラジル、スリランカ、タンザニア

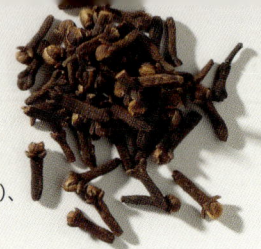

成分：オイゲノール（70〜90%）、アセチルオイゲノール、α-と β-カリオフィレン、α-と β-フムレン

　緑色の花蕾が赤みを帯びたときに収穫する。乾燥原料（花芽）以外に、8年以内の小枝と花茎からもエキスを抽出する。花芽 1kg を生産するには生の花蕾 3kg が必要である。一本の木は年間 3〜5kg のクローブを生産する。
　精油の抽出は原料を 8〜24 時間かけて水蒸気蒸留する。収率は花芽で 16〜18%、混合原料では 5%。精油は少し粘性を帯びた透明な液体であり、色は黄色から明るい褐色をし、香りはスパイシー。
　オードトワレと香料の調合用に精油が用いられ、食品香料（食肉類、ソース、保存食品、砂糖菓子）のほか、歯科口腔ケアの製品やチューインガムにも使用される。有機溶剤を用いて、クローブを抽出するとレジノイドが採れる（収率 24〜32%）。

ヒヤシンス

Hyacinthus orientalis L.　ユリ科
原産地：小アジア　栽培地：オランダ（主要生産国）、ドイツ、フランス

　開花時期は短い。花の抽出には有機溶剤を使用する。石油エーテルで抽出したコンクリート（収率 0.17〜0.19%）は緑がかった褐色から濃い褐色であり、ここから 10〜14% のアブソリュートが採れる。
　ギリシア神話に、ヒヤシンスの花はアポロン神に愛されたギリシアの少年ヒアキントスが、円盤投げの最中に殺されて、そのときに流れた血から生まれたとある。

アブソリュートの成分は 200 種以上が判明している。主要成分は、メチルフェニルアセテート、2-フェニルエタノール、3-フェニルプロパノール、1,2,4-トリメトキシベンゼン

ジョンキル

Narcissus jonquilla L. ヒガンバナ科　別名：黄水仙　原産地：中央ヨーロッパ

　花柄を高さ 30〜40cm に伸ばし、先端に香りの強い山吹色の花を 3〜8 個つける。ジョンキルの栽培は困難であり、手間がかかる。1 年目は収穫が少なく、1 ヘクタール当たり 100〜200kg である。2 年目になると収穫量は 800kg に上り、4 年目には 2500kg に至ることもある。花の収穫は 2 月から 4 月末まで続く。
　ジョンキルの抽出には、有機溶剤を用いる。石油エーテルを溶剤とするコンクリートはワックス状で、黄色から栗色の製品（収率 0.25〜0.53%）である。アブソリュートが 40〜55% 採れる。

アブソリュートの成分──ベンジルアセテート、桂皮酸エステル、リナリルアセテート。メチルアンスラニレートとインドールのような窒素化合物が含まれ、香りに大きな影響を与える。

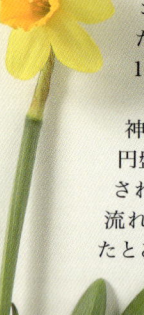

レモングラス

Cymbopogon flexuosus Stapf ／ *Cymbopogon citratus* Stapf　イネ科
レモングラスまたはシトロネルの生産地：インド（トラヴァンコールとコーチンの地域）、マダガスカル、中国、スリランカ、インドネシア、ベトナム、ハイチ、ブラジル、グアテマラ

　熱帯性の草本植物である。まっすぐ伸びる線形葉は 90cm ～ 2m に至る。葉はごく淡い青みがかった緑色で、縁が鋭くぎざぎざしている。枝は中空で、基部は球根状である。精油は直火で熱する初歩的なアランビックで、草質の部分をハイドロディスティレーション、または工場設備で水蒸気蒸留して抽出する（生原料の収率 0.4 ～ 0.8%、乾燥原料の収率 2%）。基原植物にもよるが、精油の色は淡黄色から濃褐色、またはオレンジがかった黄色をしている。
　精油はフレグランスとフレーバーに用いられる。純度の高いシトラール前駆体としても用いられ、シトラール、イオノン、メチルイオノンのさまざまな二次製品の前駆体となる。香料産業では使い道の多い植物である。

> シトラール（ゲラニアールとネラールの混合物、70 ～ 85%）とゲラニオール、ネロール、リナロール

レンティスク

Pistacia lentiscus L. ウルシ科

　樹高 2 ～ 3m の常緑性低木。地中海沿岸地方のマキ（灌木密生地帯）に育つ植物で、オリーブ、マートル、アレッポ松、カシワの近縁種である。この木はギリシア、リビア、モロッコ、スペインで見られる。ギリシアではヒオス産のレンティスクを採取している。
　枝と幹部に傷をつけると、オレオレジンが滲出し、粒状に固まる。一本の木が生産する樹脂の量は年間 4 ～ 5kg。レンティスクにはバルサミック調の香りがあり、粒状または直径 1 ～ 2cm の塊が商品化される。採取時に緑色を帯びるタイプと、植物の破片や土混じりの塊で、黄色から褐色を帯びるタイプの二種がある。近縁種として、ピスタチオの種子を採取する *Pistacia vera* L.、またはテレビン油を得る *Pistacia terebinthus* L. が栽培されている。レンティスクの葉やオレオレジンから、いくつかのエキスが抽出される。葉のついた小枝は水蒸気蒸留すると、グリーンノートの香りが強い、透明な黄色い精油が抽出される。石油エーテルを溶剤にして抽出すると、コンクリート（収率 0.5%）と、独得なグリーンノートの薄い緑色をしたアブソリュート（収率 50%）が採れる。

> α-ピネン、ミルセン、リモネン、テルピネン-4-オール。レンティスクから抽出される精油にも同じ成分が含まれる

ライム

Citrus latifolia、*Citrus aurantifolia*　ミカン科
原産地：インド、マレーシア
十字軍が地中海沿岸地方に伝搬し、ポルトガル人がアメリカに紹介した。主産地：メキシコ、ペルー、ハイチ、ブラジル

　「緑のレモン」とも呼ばれるライムは、ミカン科の小低木に実る果実である。ライムには *Citrus latifolia* と *Citrus aurantifolia* の二種がある。
　熟す前の濃い緑色をした小さな実（直径5〜8cm）を収穫する。果皮はきめが細かく、なめらかである。料理にはレモンと同じように用いられる。トロピカルカクテルやティーパンチ、カイピリーニャの原料でもある。
　ライムの精油は「リメット」と呼ばれることも多いので、混乱を生じることがある。柑橘類では水蒸気蒸留するのはライムのみ。果皮から精油を抽出する。無色から淡い黄色をした液体で、柑橘類独得のフレッシュな香りが特徴である。

モノテルペン類。主にリモネン、テルピノレン、α- と β- ピネン、サビネン、ミルセン

リメット

Citrus limetta、*Citrus limettioides*　ミカン科
生産国：インド、アフリカ、アンティル諸島、南アフリカ

　リメットは別名「地中海のライム」、またはスイートシトロンと呼ばれる。果実には二種類あり、ミカン科の低木の *Citrus limetta* と *Citrus limettioides* である。リメットの精油——エッセンスは果皮を冷圧搾して抽出する（収率0.1〜0.15%）。

シトラール、リナリルアセテート、リナロール、リモネン

ラビッジ

Levisticum officinale Koch　セリ科
別名「山のセロリ」、ロベージ
原産地：ヨーロッパ：南フランス（ドーフィネ地方とプロヴァンス）、ドイツ、ハンガリー、チェコ、スロバキア、ポーランド、ユーゴスラビア、オランダ、アメリカ

　2、3年経過した根は、4〜5月に収穫され、四等分に裂いてからエキスを抽出するほか、抽出用として換気のよい倉庫で十分に乾燥させるが、乾燥段階で精油の品質に変化が起きて、褐色を帯びることがある。
　エキスは黄色から濃い褐色をした液体で、近縁種のセロリに似た香気があり、刻んだ根を原料として、20時間かけて水蒸気蒸留し、精油を抽出する（生の根は収率0.1〜0.2％、半乾燥、または完全乾燥の根では収率0.3〜1％）。
　ラビッジ精油は香粧品のほか、タバコやリキュール、食品香料としても使用される。根をエタノール抽出すると、レジノイドが採れる。

(Z)-と(E)-リングスチリド(65〜70％)

不揮発性の炭化水素類。主要な香気成分はベンジルアセテート、ファルネセン異性体、β-セスキファランドレン、エチルベンゾエート

ロータス

Nymphaea caerulea　スイレン科
ブルーロータスは水生植物で、とても美しい花を咲かせる。
生産地：タイ

　花の抽出物であるアブソリュートは濃厚な黄色の液状をし、フレッシュな香りが特徴。フローラル、アクア、ヒヤシンスのような香調である。化粧品に用いられる。ファインフレグランスでは、フローラルノートを強調するミドルノートに配合されるほか、フレッシュな香りをもたらすために使用されている。

マージョラム

Origanum majorana L. シソ科
原産地：地中海沿岸地方（キプロス、トルコ）
生産地：エジプト、フランス、イタリア、モロッコ、チュニジア、スペイン

テルピネン-4-オール、γ-テルピネン、(E)-サビネン水和物、α-テルピネン、z-サビネン

　マージョラムはシソ科の一年草または二年草。調理用ハーブとして使用される。オレガノにとても近い仲間である。草丈は60cmに至り、灰緑色の葉の長さは1〜2cm、卵形で互生し、花は小さく、白または薄紫色をしている。

　花の咲く茎を、水蒸気蒸留して精油を抽出する（収率1.8〜2.2%）。透明な液状の精油は淡い黄色から濃い黄色で、グリーンなアーシーノートがある。グリーンノートやフゼアノート、男性的なスパイスノートの調整に用いるが、生理的な活性を考慮に入れて使用する。ワイルドマージョラム *Thymus mastichina* L. のフレッシュで、アロマティックウッディノートの精油も商品化されている。

　マージョラムを有機溶剤抽出してコンクリートを採り（収率約0.65%）、そこからアブソリュートを抽出する（収率50%）。中世の女性たちは喜びを象徴するマージョラムを香りのよいブーケにしたり、入浴に用いていた。

メリッサ

Melissa officinalis L. シソ科
別名：レモンバーム
原産地：地中海沿岸地方
生産地：ヨーロッパ、南アフリカ、アメリカ

ゲラニアール、ネラール、β-カリオフィレン、ゲルマクレン-D

　メリッサはギリシア語の *melissa*、ミツバチを語源にする植物名である。ミツバチを惹きつけるので、養蜂家はいまでもメリッサを用いて、働き蜂が巣から遠く離れないようにし、群れの女王バチを誘い出している。柔毛の生えた四角い茎は高さ1mを越えることはない。葉は鋸歯でつき、小さな白い花が房状に咲く。ヨーロッパ、南アフリカ、アメリカで栽培されている。

　メリッサ精油は、生の植物を水蒸気蒸留して抽出する。精油は無色から淡い黄色をした液体で快い香りがあり、フレッシュなレモン調に加えて、ほのかなハーバル調の香りもある。アルコール飲料（シャトルーズ、ベネディクティン、ワインベースの飲料）の成分としてよく用いられるほか、いろいろな飲料のフレーバーになる。

オークモス

Evernia prunastri (L.)　ウメノキゴケ科

　オークの木の幹と枝に育つオークモスは、マケドニア、モロッコ、フランスの森に繁茂している。手作業で5～11月に収穫されるが、収穫後に保存のため乾燥させる。フランスでは毎年700トンのオークモスを原料として抽出している。

　オークモスは正しくは、地衣植物で、少なくとも二種類の生物が合わさっているが、その大半は真菌類であり、小さな細胞中にクロロフィルと海藻、青緑色の細菌類（含有されないこともある）が生息している。

　オークモスに再び湿り気を与えてから、有機溶剤によりレジノイド（収率3～6%）とアブソリュート（収率62～67%）を抽出するが、色が濃いため、製品は通常、脱色加工されている。調香師はウッディ調のラストノートに香料として用いており、パチュリ、シスタス、ラベンダー、ベルガモット、オークモスを組み合わせると、基本的なシプレアコードになる。アレルギー惹起性が明らかになってから、香水への使用は制限されている。

> デプシド化合物類と芳香性塩素化合物の混合である。香りはオルシノールモノメチルエーテルと、メチル β-オルシノールカルボキシレートから生じる

ミルラ

Commiphora myrrha (Nee) Engl.　カンラン科　別名：没薬
幹の滲出物を収穫する。生産地：ソマリア、エリトリア、エチオピア、アラビア南部、イラン

　最も古い香料のひとつで、旧約聖書にはキリスト十二使徒のヨハネの一節で、キリストを防腐保存したことを示唆するくだりがある。『アリマテアのヨセフ……はピラトにイエスの身体を下ろす許可を願い出た。ニコデモも同行した。夜間に出かけ、イエスを見つけたのは彼であり、ミルラとアロエの混合物を携えていた。彼らはユダヤの習わしどおりに、イエスのからだをこれらの香料を塗った亜麻布で巻いた』

　オレオレジンの起源植物は品種の多い、カンラン科 *Commiphora* 属の樹木の中の *C.myrrha* である。空気に触れると固まって赤褐色の粒状になるが、ヘーゼルナッツ大から卵サイズに至るまでいろいろな大きさがある。その香りはやわらかく、アロマティック、スパイシー、バルサミック調で、レモンやサフランの香りを想起させる。

　水蒸気蒸留して抽出する精油（収率3～8%）は、黄みを帯び琥珀色から黄褐色の液体であり、バルサミックな香りが特徴である。香水ではウッディ・オリエンタルの保留剤になる。ミルラのチンキ剤には消毒作用と鎮痙作用、去痰作用がある。エタノールを抽出に用いると、多少の濃い赤褐色のレジノイドが抽出される（収率25～30%）。ホットでスパイシー、バルサミックな香りで、苦みもある。

> フラノユーデスマ-1,3-ジエン、フラノジエン、リンデストレン、β-エレメン

ニアウリ

Melaleuca quinquinervia cineolifera Cav.　フトモモ科
生産地：主にオーストラリアとマダガスカル

　ニアウリの木は樹高 15 〜 20m に育つ（別名 *Melaleuca viridiflora*）。ニューカレドニア原産であり、幹に樹皮が重なって層をつくることから、フランス語では「皮膚の木 *arbre à peau*」とも呼ばれる。熱帯の国々では飾りつけにニアウリを用いるが、熱帯地方にはびこる品種でもある。ニアウリの特徴は香りのある、直立した丈夫な葉と、分厚くても柔らかい、明るい色調の樹皮だ。
　葉を水蒸気蒸留して精油を抽出する。淡い黄色から黄緑色をした精油は透明な液状で、ユーカリを思わせるフレッシュな香りがある。

1,8-シネオール、α-テルピネオール、ビリジフロロール

ナツメグ

Myristica fragans Houtt.　ニクズク科
ナツメグの木は樹高 8 〜 10m に至る。
原産地：インドネシア（モルッカ諸島、セレベス、スマトラ）、スリランカ、インド、マレーシア、ブラジル、グレナダ島

　年間を通して種子を収穫するが、成熟して直径が 5 〜 6cm になる直前に採集する。はさみを使って、種子のまわりの種衣をとり除き、塩水に浸してから、日干しにして乾燥させる。こうしてメース（種衣）をとることができる。
　種子を乾燥させ、砕いて、ナツメグである仁をとり出す。成熟した木からは、堅果を約 15kg とメースを 2kg 収穫できる。抽出にかけるのは、乾燥させた果実の仁である。不揮発性油分（25 〜 40%）を除去した後の堅果、または生の堅果を水蒸気蒸留して精油を抽出する。無色から淡い黄色をした精油が得られ（収率 7 〜 15%）、オリエンタルタイプの香水の香料として、そして多くのフレーバーの成分として用いられる。
　ナツメグの堅果をエタノール冷浸法にかけると、レジノイドが抽出される（収率 18 〜 26%）。メースにしても、この方法で抽出すると、精油とレジノイドを抽出することができる。レジノイドは粘稠性の塊で、オレンジから濃い褐色をし、スパイシーでアロマティックな香りがある。

サビネン、α-とβ-ピネン、ミリスチシン、テルピネン-4-オール

カーネーション

Dianthus caryophyllus L.　ナデシコ科　原産地：西アジア

主に装飾用として栽培されている。1975年、ポルトガルの平和革命のシンボルになったカーネーションはフレグランス用に、エジプト、ケニア、イタリア、南フランスで少量栽培されている。収穫した花を日に当て、香りをさらに豊かにしてから、その日の夕方に有機溶剤を用いて抽出する。コンクリート（石油エーテルによる抽出法、収率0.23〜0.33%）は緑を帯びた褐色で、ここからアブソリュートを8〜13%抽出できる。収率がわずかであるため、高価格であり、栽培も秘密裏に行われている。カーネーションのアブソリュートは緑を帯びた栗色のペースト状で、香りは強く、フローラル、ローズ、スパイシー、クローブ調の香気がある。アンバー、スパイシーの香水に成分として配合される。

アルコール、脂肪酸、エステル類 香りはオイゲノール、グアイアコール、ゲラニオール、リナロール、2-フェニルエタノール、ベンジルベンゾエート由来

ブラックペッパー

Piper nigrum L.　コショウ科
生産地：インド（マラバル地方）、スリランカ（この二ヵ国が主産国）、インドネシア（スマトラ、ジャワ、ボルネオ）、フィリピン、ブラジル、シンガポール、マダガスカル

開花時期は5〜6月で、果実が赤みを帯びてきた頃に収穫する。1ヘクタール面積に育つ1000本の植物から、平均900〜1000kgのブラックペッパーを収穫できる。この果実は保存や運搬により揮発性成分が失われるので、エキスの品質が劣化する。

未熟または熟果を乾燥させてまるごと用いるか、または砕いた原料を水蒸気蒸留すると、無色から青緑色の液状の精油を得ることができる（収率1〜2.6%）。この精油はフレグランスではオリエンタルタイプのブーケに配合され、フレーバーとしては、豚肉加工食品、肉類の缶詰、ソース、飲料、リキュールに用いられる。

有機溶剤抽出法には、原料を0.05mmの粒に細かく砕くか、きめの細かい粉末にして用いる。アルコール抽出によるレジノイド（収率6.5〜14%）は濃い緑色をしており、ピペリンとピペリジン、ピペリン酸を含む。

サビネン、リモネン、ar-クルクメン

ローズマリー

Rosmarinus officinalis L.、シソ科
地中海沿岸、スペイン、フランス、イタリア、ポルトガル、カナリー諸島、特に北部アフリカ（マグレブ地域）
主産地：スペイン、モロッコ、チュニジア

　ローズマリーは60cm～1.5mに育つ常緑性低木で、やぶのように生い茂る。乾燥した気候で、日当りがよいと、3～6月に開花する。花の咲いた先端部を半乾燥させ、水蒸気蒸留にかけて精油を得る（収率0.5～0.8%）。香りはフレッシュで快く、樹脂のような特徴をもつ。

　有機溶剤抽出法では、石油エーテルを用いると収率2.3%、エタノールでは収率は22～28%である。エタノール抽出法は抗酸化物質を得る目的で行われる。抽出物にはカルノシン酸とロスマリン酸、カルノソール、ロスマノール、ロスマジアール、ゲンクワニンが多く含まれている。

　歴史的に有名な香水で、ハンガリーのイザベル王妃が多量に用いていた"ハンガリー王妃の水"にはローズマリーが含まれていた。

> ボルネオール、ベルベノン、α-ピネン、ボルニルアセテート、カンファー、1,8-シネオール

タジェット

Tagetes glandulifera Scrank. 別名 *Tagetes glandulifera* L. *Tagetes minuta* L.　キク科
原産地：中央アメリカ　　生産地：アルゼンチン、オーストラリア（クイーンズランド）、南アフリカ、エジプト、レユニオン、フランス、モロッコ、インド、アメリカ、ブラジル

　タジェット（インドのカーネーション、メキシカンマリーゴールド、アフリカンマリゴールド）の名は、レオンハルト・フックスが1542年に出版した『植物誌』に初めて掲載された。タジェットはまっすぐな小枝をもつ1年草で、草丈2mに育つ。葉は互生し、卵形の細い小葉に分かれ、先の尖ったきょ歯状である。枝と葉はカーキ色だ。開花または開花後まもなく結実した地上部を水蒸気蒸留して精油を抽出する（収率0.2～0.5%）。精油の香りは強く、その特徴は低率で含まれるいくつかのエステル類から生じる。なお、ターチエニルアセチレン化合物を含むために、使用上の制限がある。石油エーテルのコンクリート（収率0.2～0.3%）から約60%のアブソリュートが抽出される。

> 220種以上が同定されるが、主成分は(Z)-と(E)-タゲトン、(Z)-と(E)-タゲテノン、ジヒドロタゲトン、(Z)-と(E)-オシメン

タイム

Thymus vulgaris L. チモールケモタイプと *Thymus zygis* L. シソ科
スパイスの主要な生産地：スペイン（ムルシーとアルメリア、グラナダ地方）、モロッコ、前ユーゴスラビア、ポルトガル、イスラエル、南フランス

　草丈 10 〜 30cm に伸び、叢状をなし、熱く乾燥した土壌であれば標高 1000m にも育つ。花は白かピンク色のときもある。精油は半乾燥させた花の咲いた枝を原料として、水蒸気蒸留により抽出される（収率 0.5 〜 1.7%）。褐色から赤褐色の液体で、ほのかにスパイシーさが感じられ、アロマティックでフェノール様の香りがある。

　薬局では殺菌剤と消毒剤として用いられるが、さらに料理（肉料理、ソース、缶詰類など）に風味を添えるほか、石鹸の香料にも用いられる。石油エーテル、またはヘキサンを用いると、少量のコンクリート（収率 6%）が採れ、これからアブソリュート 50% が抽出される。

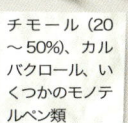

チモール（20 〜 50%）、カルバクロール、いくつかのモノテルペン類

ベルベーヌ

Verbena triphylla L'Hér. クマツヅラ科
17 世紀にスペイン人がヨーロッパに紹介した。原産地：チリ、ペルー　栽培地：地中海沿岸地方、主にフランスと北部アフリカ（マグレブ地域）、インド、アンティル諸島、レユニオン島

　別の学名 *Lippia citriodora* Kunth. もよく使われる。インドのベルベーヌであるレモングラス *Verbena officinalis* とハーブティーにするベルベーヌ *Dracocephalum moldavica* L. を混同しないようにしたい。ここで扱うベルベーヌは、すらりと 1.5 〜 2m ほど伸びる長い茎をもつ低木で、茎の先端には花の咲く小枝がつき、花が開花する 7 月に収穫される。その後、新しい小枝が 10 月に刈り取られる。葉のついた茎を水蒸気蒸留にかけて、ベルベーヌの精油を抽出する（収率 0.07 〜 0.12%）。精油は黄色の液体で、時が経つと色が濃くなる。レモン調とハーバル調香気がある。フローラルノートの成分として用いられ、香水にはレモンエッセンスの代わりに使用されるほか、オーデコロンにレモン様のニュアンスを与える。

　有機溶剤を用いると、固形ワックス状で、淡い緑色から濃い緑色をしたコンクリートを得ることができる（収率 0.25 〜 0.3%）。アブソリュートは濃厚で粘稠性があり、濃い緑色をしている（収率 50 〜 75%）。スパイシーなシトラールの香りである。

シトラール（ゲラニアールとネラール）とそれらのアルコール類（ゲラニオールとネロール）

付　録

香水に用いる天然エキストラクト　　224
用語集　　229
謝辞：植物のハンターたち　　231
本書で登場する主な香水　　232
写真クレジット　　238
訳者あとがき　　241
著者紹介　　242

香水に用いる天然エキストラクト

植物の基礎知識

　調香師は、合成香料と天然香料という二つの香料を用いるが、後者は主に植物由来であり、現在も香水制作に重要な役割をもつ。

　植物は部位ごとに抽出する。
- **花、または開花した先端部**：ジャスミン、ローズ、ラベンダー、ミモザ、チュベローズなど
- **葉と針葉**：ゼラニウム、パチュリ、タバコ、ファーバルサムなど
- **柑橘類の果皮**：レモン、ベルガモット、オレンジなど
- **幹・枝・樹皮**：ローズウッド、セダー、サンダルウッド、シナモンなど
- **漿果と芽**：カシス、ペッパー、クローブ
- **種子と莢**：トンカビーン、フェヌグリーク、バニラなど
- **ゴム樹脂**：ミルラ、フランキンセンス、エレミ、ベンゾインなど
- **地衣類と海草類**：オークモス、ヒバマタ科の海藻など
- **根と根茎**：イリス、ベチバー、ジンジャーなど

　植物の器官——果実・花・葉・茎・根[1]は、次のような組織によって構成されている。
- **クチクラ組織**：表皮とコルク形成層
- **樹液が通う組織**　木部と師部
- **支持組織**：厚膜組織
- **同化組織と貯蔵組織**
- **分泌組織**：動物の「腺」にあたる

　植物の組織では精油、ゴム樹脂、植物油などが生成され、分泌されるが、この組織は植物種によって異なり、特に分泌器官と構造、分泌物の性質、その生成機序に大きな違いがみられる。二次代謝物と呼ばれる化合物は、特殊な細胞内で分泌され、のちに排出され、固有の細胞間隙中に蓄えられる。しかし、この化合物が植物に果たす役割は、今でも解明されていない。その機能としては、受粉に必要な昆虫を引き寄せる、自らを保護する、傷を癒すという働きが考えられるほか、廃棄物に過ぎないという見方もある。

　このような分泌物は、主に葉と茎や果実の柔組織内に存在する表皮細胞のほか、分泌毛と分泌嚢、道管柔組織（ゴム樹脂の生成）において生成される。

抽出法について

　人は長年にわたり植物の香りを抽出する方法を探してきたが、かなり早く

水蒸気蒸留用にアランビックを充填する

から香りを保留するためには、油脂が役立つことに気づいていた。そのため、初期の「香水」はオリーブ油、ゴマ油、モリンガ油などの植物油を温めるか、常温のまま用いて、香りのある原料を浸して、香気を抽出していた。アンフルラージュ（冷浸法）はこの手法から生まれた技術である。

冷浸法では、牛か豚の脂を塗ったシャシ（木枠の板ガラス）の上に、摘み取ったばかりの、ジャスミンやチュベローズといった繊細な花を置いて香りを移す。脂が飽和するまで、定期的に新しい花に置き換えていく。飽和した脂はアルコールと一緒に撹拌器に入れて混ぜると、化粧品にそのまま使用できるポマードになる。あるいは、香気成分を豊かに含むポマードを、アルコール抽出すると、香水用のアブソリュートを採ることができる。ジャスミンの花1トンにつき、1ℓ近くのアブソリュートが抽出されていた。

さて、温浸法はというと、もっと温度の高い溶剤にも耐えうる、丈夫な花の抽出に用いられた。液状にした脂に花を浸して、数日間浸出させ、冷浸法と同じ工程を経た後に、ろ過してポマードを採る。ただし、この抽出技術は現在ではほとんど行われていない。

現在の植物エキス中の化学成分はいたって複雑であり、数十種類から数百種類の異なる分子を含むことが多いために、香りにとても繊細な特徴として現れる。

このようなエキスは大きく二つに分類される。
一方は、ハイドロディスティレーションと水蒸気蒸留法、圧搾法を用いて抽出する精油群と、他方は有機溶剤を用いて抽出するコンクリートとアブソリュート、レジノイド（またはオレオレジン）、チンキである。

今日の調香師は一般に、世界五大陸にわたる国々で生産された、天然原料を百種類以上用いている。そのなかには、フランスのラベンダーとローズ、イタリアのレモンとベルガモット、ロシアのセージとワームウッド、インドのジャスミン、アフリカや中国のゼラニウム、コモロ諸島のイランイラン、ハイチのベチバーなどが含まれる。

天然エキストラクトとその組成

組成は一般的に複雑だが、その大半の有機分子は大きく、二種の化合物に分けることができる。テルペン派生物[2]はイソプレン（2-メチルブタ-1,3-ジエン）単位の数に応じて分類され、ヘミテルペン（イソプレン1単位、C_5）、モノテルペン（イソプレン2単位、C_{10}）、セスキテルペン（イソプレン3単位、C_{15}）、ジテルペン（イソプレン4単位、C_{20}）、トリテルペン（イソプレン6単位、C_{30}）などがある。テルペン類は、アルコール、アルデヒド、エステル、エーテルといった機能的に性質の異なるグループに発展する可能

精油を受容器に回収する

性がある。フェノール系化合物とフェニルプロパン誘導体はいくつかのグループに分類されるが、なかでもヒドロキシベンゾイン誘導体、ヒドロキシシンナム誘導体、またはフラボノイド類は最も単純な構造をした化合物であり、タンニンとリグニンは最も複雑な構造をもつ。

精油について

　精油の定義は抽出技術により異なる。AFNOR（フランス規格協会 Agence française de normalisation）では精油を、「原料を、水抽出（ハイドロディスティレーション）または水蒸気蒸留によって抽出して得られる物質。および、柑橘類の果実を力学的な工程後に、物理的な工程によって水相を分離させて得る物質」と定義している。

　追記すると、精油の抽出には有機溶剤がまったく使用されていない。

三つの代表的な、精油抽出技術——

1. ハイドロディスティレーションと水蒸気蒸留法

　いずれも新鮮／乾燥植物、またはゴム樹脂が原料として用いられる。

①ハイドロディスティレーション

　原料を沸騰水のなかに入れると、香気成分が蒸気を介して抽出され、蒸留器のサーペンタイン（螺旋管）のなかで冷却されて凝結する。

② 水蒸気蒸留法

　水蒸気を直接に原料のなかに注入する。蒸留液は二相に分離するが、精油、つまりエッセンスは水面に浮く。水相はフローラルウォーターとして回収されるほか、再蒸留

ペラトリーチェで生じた水とエッセンスの乳化物を最初にろ過する

にも使用される。

2. 柑橘系（オレンジ、レモン、グレープフルーツ、ベルガモットなど）果皮用の冷圧搾法

　これらの原料はとても繊細であり、ハイドロディスティレーションに耐えるほどの強さはない。さて、冷圧搾法では果皮のエッセンスを擦過、または圧搾により取り出して、これを水で洗い流し、次に水分と油分の乳化物をデカンテーションで二相に分離する。果実全体を機械にかけるペラトリーチェ式と、果肉を除いた果皮を用いるスフマトリーチェ式を用いる利点は、その後の抽出過程では実際に接触することなく、果汁とエッセンスの両方を得られることである。

3. 樹皮と材の熱分解（カバノキのカデ油）

　直火式のアランビック、または水蒸気製造機付きの装置のようなとても古風な器具を用いて、長年、抽出が行われてきた。しかし20世紀には飛躍的に発展し、加圧蒸留、ターボディスティレーション、ハイドロディフュージョン、連続式蒸留、加

熱式水蒸気蒸留、マイクロウェーブなどが登場した。

精油とは、圧搾抽出されたものを除き、エタノールに溶解する揮発性化合物の混合物である。そのため、精油も香水の処方にそのまま用いることが可能である。しかしながら、植物中の重要な芳香化合物が、ハイドロディスティレーションと水蒸気蒸留法によって、いつでも確実にとり出すことが可能とは限らない。加えて、水蒸気の作用で有機化合物の劣化が起こり、人工物が生成されることもあり得る。そのために、有機溶剤を溶媒に用いる抽出法に頼ることになる。

コンクリート、レジノイド、アブソリュート

コンクリート、コンクリートエッセンスは新鮮な植物を原料とし、ヘキサン、石油エーテル、エチルアセテート、エタノールのような有機溶剤を用いて抽出する。なお、種子やゴム樹脂のような乾燥植物の抽出物はレジノイドと呼ばれる。溶剤を蒸発させると、多少粘性をもつペースト状の物質が得られるが、揮発性成分の有無はその物質により異なる。この物質中には、アルコールに不溶性の成分がいくつか存在する。コンクリートはアルコリックパフューマリーにその形状のまま使用できるわけではないが、石鹸の成分に用いることは可能である。フレグランスとして使用するためには、ラヴァージュと呼ばれる技法を用いて、熱したエタノール中にコンクリートを溶解させ、アブソリュート（アブソリュートエッセンス）に加工する必要がある。不溶性成分であるワックス分は冷却させる（グラッサージュ）と沈殿するので、ろ過して取り除くことができる。この作業は繰り返し行われることもある。エタノールを蒸発させると濃厚な液体になるが、粘稠性をもつペースト状であり、エタノールに完全に溶解するため、そのまま処方に用いることができる。

コンクリートに含まれるアブソリュートは20％以下から80％以上と幅がある。そして、イランイランアブソリュートのように80％以上含まれる場合には、コンクリートは液状が一般的だ。なお、50％以上アブソリュートを含むコンクリートは、ジャスミンのような花に多い。一般にアブソリュートは粘稠性の液体だが、クラリセージや蜂パン（ミツバチが集め、花粉と蜜が混合した幼虫を養うもの）、ヒースのアブソリュートのように、固形、または半固形状のときもある。

なお、伝統的な有機溶剤のほかにも、香料植物の抽出用に適する、他の液状溶剤がある。このような液体はフッ素を含むか、または気体と液体の中間的

蒸留装置のカラム

抽出装置

な特性をもち、超臨界状態にある。一般的に使用されているのは、主に二酸化炭素ガスである（p99を参照）。

香料となる原料は、このように多彩な方法で抽出されるが、植物界の多様性を考えてみると、天然エキストラクトが調香師の大切な資源としていつまでも存続していく理由がわかる。

さらに、天然物は合成化学に携わる化学者にとっても、インスピレーションの源である。香料植物とそのエキストラクトを分析すると、多くの興味深い香気分子を同定することができる。たとえばジャスミン（*Jasminum officinalis* L.）のアブソリュート中に同定されるジャスモン、ローズ（*Rosa damascena* Mill.）の精油が含むローズオキシド、あるいはイリス（*Iris pallida* Lam.）の精油中のイロンがある。

天然エキストラクトの精留

有機化合物の混合である天然エキストラクトでは、一部分のみが調香師の関心を引く可能性もある。そのために、蒸留法の原理に基づき、古典的で物理的な方法を用いることによって、成分を単離させる必要がある。この技術を精留と呼ぶ。

テルペン類は多量に存在することが多いが、調香師が興味をもたない場合にこれらを除去するときには、減圧下で分留して、精油の脱テルペン化を図る。

アブソリュートやレジノイドについても同様であり、香水製品用としてはあまりに色が濃く、美的ではないときにこの方法が用いられる。なお、これらのエキストラクトを分子蒸留すると、分留にかなり近くなるまで減圧させるこの技術によって、着色の原因となる物質の除去と香気成分の濃縮、さらに純粋な状態にある香気成分の単離を、真空下で同時に行うことができる。

1) BOULLARD B., La nature des arômes et parfums. Chefs d'œuvre du monde vivant. ESTEM, Paris, 1995.
2) TEISSEIRE P. J., « Biogénèse des substances naturelles. » dans Chimie des substances odorantes, Ed. Tec & Doc, Lavoisier, Paris, 1991, 157 207.
3) DUDAREVA N., NOEL J.P., PICHERSKY E., « Biosynthesis of Plant Volatiles Nature's Diversity and Ingenuity. » Science, 2006, 311, 808 811.

その他の文献

ANONIS D. P., Flower oils and floral compounds in perfumery, Allured publishing, Carol stream, 1993
GARNERO J., Huiles essentielles, éditions Techniques de l'ingénieur, 1996, K345, 1 39
NAVES Y. R., Technologie et chimie des parfums naturels. Hallon, Paris, 1974.

用語集

アコード——二つ以上の複合原料、または単一原料の混合物であり、単独で用いる原料とは異なる香りをもつ。

アダプテーション——香水、正確には香りを石鹸、キャンドル、シャンプーなどの多様なアプリケーションに合わせて調整すること。

アブソリュート——ペースト状、または粘稠性の物質で、ポマードかコンクリートを batteuse（バトゥーズ）という撹拌器を用いて、エタノールと混合するラヴァージュ（洗浄）を行った後に、この溶液を冷却するグラッサージュによって、ワックス分を除去し、ろ過した後に、エタノールを蒸留する。

アンフルラージュ——もろくて繊細な、新鮮な花の香気成分を抽出する方法。シャシ（ガラス板）には脂肪性物質（豚や牛の脂）が塗られ、その上に摘んだばかりの新鮮な花を載せる。この作業を繰り返すと、ポマードという、香気成分で飽和した脂を得ることができる。なお、この抽出法は現在行われていない。

エキストラクト——溶剤（従来型、超臨界状態、フッ素含有等）を用い、植物由来の物質を抽出すると得られる物質だが、溶剤はその後物理的な方法（蒸発、膨張など）によって除去される。

エスペリデ——ベルガモット、レモン、オレンジ、マンダリンなどのミカン科の果実の皮を圧搾して得るエッセンス。

エッセンス——柑橘類の果皮を圧搾して得られる物質。柑橘類のエッセンスも精油と呼ばれることが多い。

カウンタータイプ——香りの組成をそのまま複製するか、または同じ香りの特徴をもたせて作る複製品。調香師の研修時に用いられる技法であり、ある原料の使用が法律上禁止されているときに、そのほかの成分を用いてある香りを組み立てて、再生したもの。

揮発性物質、揮発性——空間に香りを放つ可能性がかなり高いことを示す。沸点が低いほど、液体の揮発性も高くなる。

グラッサージュ——植物性ワックスのように、エタノールに溶解しにくい物質を混合物から除去することを可能にする技術。温度を下げると、これらの物質は沈殿するため、ろ過して取り除くことができる。

原料——香水を構成する基本的な成分。天然、または合成由来の可能性がある。

ゴム——正確には、有機酸と炭水化物によって構成される水溶性の物質。香水にはゴムを香気成分として用いないが、製品の処方には粘稠剤、乳化剤（例：アラビアゴムとアカシア樹脂）として使用されることもある。ただし、香料産業では「ゴム」と「樹脂」という名称が混同して用いられることが多い。

ゴム樹脂とゴムオレオレジン——ゴム樹脂はゴムと樹脂が多様な比率で混合された物質である。樹脂は揮発性成分で構成されることが多く、精油を抽出することができる。これをオレオレジンと呼ぶ。これらの原料にはゴムの含有率に応じて、部分的に水溶性が生じる。ミルラのようなオレオレジンはゴム、

またはゴム樹脂と呼ばれることが多い。

コンクリート──粘稠性または固形の物質。新鮮な植物原料を非水溶性溶剤で抽出した後に、溶剤は物理的な方法で除去される。

再蒸留──水蒸気蒸留またはハイドロディスティレーションの水を回収し、繰り返し再利用する方法。

シプレ調── 1917 年に、フランソワ コティは「シプレ」という神秘的な香水を創作し、新しい香調の香水を誕生させた。そのアコードにはベルガモット、ローズ、パチュリ、シスタス、オークモスが用いられている。

樹脂──天然樹脂は固形または半固形であり、基本的には水に不溶性で、無臭である。テルペン類の酸化と重合によって生成されることが多い。天然樹脂の一例にダマールがある。

浸出液──熱したエタノール（アルコール度数を問わない）に原料を浸して得る溶液（一般に還流させる）。加熱に要する時間は数分から数時間まで多様である。現代の香水にはしだいに浸出液が用いられなくなり、なかでもゴムオレオレジンは使用されていない。アルコールチンキの方が好まれる。

精油──同定された、純粋な植物一種を原料として用い、アランビックに水または水蒸気と混合させて、蒸留することで得られる物質。

チンキ──エタノール（アルコール度数を問わない）に原料を入れて浸出させるか、パーコレーション（数日から数週間経過）にしてから、抽出後にかすと化した原料を取り除く。溶剤は希釈液として抽出液中に残す。チンキの例として、アンバーチンキ、カストリウムチンキのほか、シベット、バニラビーンズ、ベンゾイン、オポポナックスのチンキなどもある。

ノート（香調）──フローラルノート、シプレノート、アンバーノートなど、伝統的な分類に合わせて、ある香調を決定する。なお、皮膚に付香された香水の香りはその成分の揮発性に応じて香りが全体的に変化する。

　最初に知覚されるパートは最も揮発性が高く、トップノートと呼ばれる香りである。最も揮発しにくい香りはラストノートに含まれ、中間に位置するのはミドルノートである。理想として、「バランスのよい」香水は香りが「一定して変わらない」ことが特徴である。これは、最も上等な香水のみに備わる性質である。

バルサム──樹木や草本植物が滲出する天然の物質であり、生理的、または病的な滲出物である。半固形か粘稠性の液状で、水には不溶性であるが、エタノールには完全に（またはほとんど）溶解する。炭化水素には部分的に溶解する。

　バルサムの特徴として、安息香酸と桂皮酸を多く含むほか、ペルーバルサムのようにこれらの酸類のエステル類が多い。バルサムは本来、樹木に切り込みを入れると、すぐにしみ出てくる物質である。なお、古い滲出物は一般的に、樹脂化しており、あまり香りがない。

ブリーフィング──フランス語ではブリーフ (brief) といい、長年英語の表現を応用している。香水ブランドは香水の新製品の創作を希望するときに、ブリーフィングと呼ばれる企画書に、プロジェクトのプロフィールを明確に記

載する。例えば、女性用、男性用、年齢層、香りの強さ、販売される地域、全体的な購買層などが項目として含まれる。ブリーフィングは香水の処方制作会社の調香師に提案され、一種の選抜試験が行われるが、勝ち残るのは一人のみである。

ベース──香粧品の中性の賦形剤。香りが付香される。石鹸、シャンプー、乳液、シャワージェル、様々なタイプの美容ローションなどを含む。

ミュエッツ（無口な基調）──ミュエッツと呼ばれる花は伝統的な抽出法では香りを得ることができない。香水中のミュゲやカーネーション、ガーデニアは天然原料や合成原料を用いて、再現されることがほとんどである。

レジノイド──粘稠性、または固形の物質であり、原料には、乾燥させた植物、樹脂、ゴム樹脂、バルサム、動物性物質のいずれかを用いる。水に不溶性の溶剤を抽出に用いるが、抽出後には物理的な方法で除去する。

謝辞：植物のハンターたち

　香料植物は世界中のあらゆる地域に生息している。植物のなかには、人が居住できる風土や気候では見つけることができない種類もある。本書では「新鮮な状態」で採取して掲載したいという希望が根底にあったため、綿密に植物を調査するという動機が生まれたのである。本書の企画に携わる編集担当者ローラ・プエクベルティは、獲物を狩り出し、収集し、錬金術にかけて、私たちに届けるという本格的な調査に取りかかった。この作業を植物に詳しい多数の関係者の助けに恵まれて進行させた。皆様は私たちにあらゆる香りを運んできてくださった。この場を借りて、心からの謝辞を申し上げたい。

──最初に、ムアン・サルトー市、国際香水博物館付属香料植物園園長のガブリエル・ブイヨンと主任庭師のパトリス・デュペールに。散歩道をご案内してくださったことに。

──グラース市国際香水博物館の館長マリー・グラースと、メセナ担当ナタリー・デラに。（とても）高温の温室の扉を開いて、イランイランの苗が初めて咲かせた美しい花を見せてくれたことに。

──グラース市で苗木屋を営むコンスタン・ヴィラルに。彼の庭園には、どの曲がり角にも貴重な植物が所蔵されていた。

──リュック・ゴメルとペーター・シャファーに。モンペリエ大学の植物園の温室と同様に、植物園が収集した植物を細かく探す許可をくださったことに（入手不可能な生の植物が2種あったため）。

──ベネディクトとミッシェル・バッシェに。ペルピニャン市近郊のユー市で、名字と同名の苗木屋を営む彼らが、新鮮な柑橘類の小枝をいつでもすぐに納品してくれたことに。

──ジルベール・ブレビオンに。ナント市立植物園にある熱帯作物の温室から、サンダルウッドとトルーバルサムの枝のすばやい郵送に。

──ニース市立フェニックス植物園のアラン・サラスに。ペッパーとスティラックス、ニアウリの採取への許可に。

──バイヨンヌ市のマイム苗木店に。スターアニスの果実の入手に。

──イザベル・ゴードンに。南アメリカへの旅行中に何度か迂回路を取って、ガイヤックウッドとトンカビーンを持ち帰ってくれたことに。

──モンペリエ市の Atelier Fleurs et Matières に。豪奢なチュベローズの調達に。

──本書、『香料植物図鑑』の著者であるフレディ・ゴズランに。アルゼンチンまで出向き、（ほかの方々とともに）貴重なマテの木を持ち帰ってくれたことに。

日本語版校正協力　　稲葉　智夫
フレグランスポータルサイト Profice　　http://www.profice.jp

本書で登場する主な香水

ブランド名		
香水		発売年

【ア】

アクア ディ パルマ
    Iris Nobile イリス ノービル　2004

アクオリナ パルファン
    Pink Sugar ピンクシュガー　2004

アザロ
    Azzaro 9 アザロ 9　1984
    Pure Cedrat ピュア セドラ　2001
    Pure Lavender ピュア ラベンダー　2001
    Visit for Women
      ビジット フォーウィメン　2004
    Silver Black シルバー ブラック　2005
    Visit Bright ビジット ブライト　2006
    Blue Charm ブルーチャーム　2007
    Chrome Legend
      クローム レジェンド　2008
    Twin men ツイン メン　2009

アスティエ ド ヴィラット
    L'Eau Chic ロー シック　2008
    L'Eau Fugace ロー フガス　2008

アディダス
    Victory league ビクトリーリーグ　2006

アナスイ
    Anna Sui アナスイ　1998

アナヤケ
    Miyabi Woman ミヤビ ウーマン　2009
    Miyabi Man ミヤビ マン　2009

アニエスb
    Le B ル ベー　2007

アルマーニ
    Armani Gio アルマーニ ジオ　1992
    Aqua Di Gio pour Femme
      アクア ディ ジオ プールファム　1995
    Armani Mania アルマーニ マニア　2002
    同上　2004
    Armani Code for Women
      アルマーニ コード フォーウィメン　2006
    Onde Mystère オンド ミステール　2008

アルマーニ（エンポリオ）
    Emporio Lui エンポリオ ルイ　1998
    Emporio White for Men
      エンポリオ ホワイト フォーメン　2001

アルマーニ（プリヴェ）
    Armani Private Collection
      アルマーニ プライベート コレクション　2004
    Cèdre Olympe セードル オリンプ　2009

アレキサンダー マックイーン
    My Queen マイ クイーン　2005

アンデュルト
    Tihota ティホタ　2007
    Isvaraya イスヴァラヤ　2007
    Manakara マナカラ　2007
    C16 Indult pour Colette
      C16 アンデュルト プール コレット　2008

イヴ サンローラン
    Opium オピウム　1977
    Kouros クーロス　1977
    Paris パリ　1983
    Jazz ジャズ　1988
    Vice Versa ヴァイスヴァーサ　1999
    Kouros Eau d'été
      クーロス オー デテ　2002
    Parisienne パリジェンヌ　2009

イヴ ロシェ
    Ispahan イスパハン　1982
    Framboise フランボワーズ　1997
    Voile d'Ambre
      ヴェール ダンブル　2005
    Iris Noir イリス ノワール　2007
    Secrets de Hammam
      スクレ ド ハマム　2008
    Fleur de Noël フルール ド ノエル　2009

イストワール・ドゥ・パルファン
    1804　2000
    1826　2000
    1873　2000
    1876　2000
    1725　2003
    1740　2003
    Vert pivoine ヴェール ピヴォワーヌ　2004
    Blanc violette ブロン ヴィオレット　2004
    Noir patchouli ノワール パチュリ　2004
    1969　2005
    Ambre 114 アンブル 114　2006
    Tubereuse 1 la Capricieuse
      チュベローズ 1 カプリシューズ　2009
    Tubereuse 2 la Virginale
      チュベローズ 2 ヴァージナル　2009
    Tubereuse 3 l'Animale
      チュベローズ 3 アニマル　2009

ヴァン クリーフ＆アーペル
    Eaux d'été First
      オー デテ ファースト　2002
    L'été レテ　2004
    L'Automne ロートム　2004
    Oriens オリエンス　2010

ヴァン ジルス
    VGV　2005

ヴァンデルビルト
    Gloria グローリア　2008

ウンガロ
    Ungaro pour H
      ウンガロ プール アッシュ　1991
    Apparition アパラシオン　2004
    Apparition pour Homme
      アパラシオン プールオム　2005
    Le parfum ル パルファム　2007
    Apparition Facets
      アパラシオン ファセット　2007

ヴェイユ
    Eau de Fraîcheur
      オード フレッシャー　2002
    Weil pour Homme
      ヴェイユ プールオム　2004

AP/Deo ユニヴェール（USA）
    Degree Accelarating
      ディグリー アクセラレーティング　2002

エイボン
    Wish of Peace ウィッシュオブピース　2007
    True glow トゥルー グロウ　2008

エヴォラ
    Jardin d'Evora ジャルダン デヴォラ　2009

エゴ ファクト
    Me Myself and I
      ミー マイセルフ アンド アイ　2008

S. オリバー
    QS man QS マン　2009

エスカーダ
    Escada Margaretha Ley
      エスカーダ マルガレット アレイ　1990
    Ibiza Hippie イビザ ヒッピー　2003
    Into the blue イントゥー ザ ブルー　2006

エスティ ローダー
    Pleasures Intense for Men
      プレジャーズ インテンス フォーメン　1998
    Pleasures for Men
      プレジャーズ フォーメン　1998

エステバン
    Ambrorient アンブロリエント　2009

エスプリ
    Delite her デリート ハー　2007

エタ リーブル ドランジュ
    Like This ライク ディス　2010

エティエンヌ エグナー
    Starlight スターライト　2008

エデン パーク
    Eden Park EDT Homme
      エデン パーク EDT オム　2008

FC バルセロナ
    Parfum du Centenaire
      パルファム デュ サントネール

1999～2000、2004～2005
エベル（ベルー）
　FF You Unisex FF ユー ユニセックス
　　　1997
エボディ
　Note de Luxe ノート ド リュックス
　　　2008
　Bois Secret ボワ スクレ　2008
エミリオ プッチ
　Vivara Variazioni Acqua 330
　　ヴィヴァラ ヴァリアツィオーニ アクア 330
　　　2009
M. ミカレフ
　Yellow sea イエローシー　2008
エルメス
　Équipage エキパージュ　1970
　Amazone アマゾン　1974
　Eau d'Orange Verte
　　オードランジュ ヴェルト　1978
　Bel Ami ベラミ　1986
　24 Faubourg
　　ヴァンキャトルフォーブル　1995
　Concentre d'Orange Verte
　　コンサントレ ドランジュヴェルト　2004
　Un Jardin après la Mousson
　　アン ジャルダン アプレ ラ ムソーン
　　モンスーンの庭　2008
オイリリー
　Ovation オヴァーション　2009
O ボティカリオ
　Triumph トリアンフ　1996
オクテー
　Note d'Or ノート ドー　1998
オジェール SARL
　Senteur d'Histoire
　　サントゥール ド イストワール
　　（美術館販売の3種のオードトワレ）2009
　Aral , Catherine Lara, Oger
　　キャサリン ララ パルファム アラール　2009
オスカー デ ラ レンタ
　Oscar Bambou オスカー バンブー
　　　2006
オリフラーム
　Enigma エニグマ　2007
オルラーヌ
　Autour du coquelicot
　　オートゥール デュ コクリコ　2009
　Autour du muguet
　　オートゥール デュ ミュゲ　2009

【カ】
カイリー ミノーグ
　Couture クチュール　2009
カステルバジャック
　Castelbajac カステルバジャック　2001
カルダン
　Choc ショック　1981
　Rose de Cardin ローズ ド カルダン 1990
カルティエ
　Must マスト　1981
　Panthère パンテール　1987
　So Pretty ソー プリティ　1995
　Le Baiser du Dragon
　　ル ベゼー デュ ドラゴン　2003
　Roadster ロードスター　2008
　Les Heures de Parfums
　　レ ズール ド パルファン　2009
カルバン クライン
　CK One CK ワン　1995
カルロータ
　Rose Jasmin Fleur d'Oranger
　　ローズ ジャスマン フルール ドランジェ　2005
　Ambre Musc Santal
　　アンブル ムスク サンタル　2006
　Lait Miel レ ミエル　2006
　Rose Jasmin ローズ ジャスマン　2006
ギー ラロッシュ
　Drakkar Noir
　　ドラッガー ノワール　1982
キャシャレル
　Loulou ルル　1987
　Eden エデン　1994
　Loulou Blue ルル ブルー　1995
　Amour Amour アムールアムール　2003
　Amour pour Homme
　　アムール プールオム　2006
キャロン
　Narcisse Noir ナルシス ノワール　1911
　Pour un homme
　　プール アン オム　1934
　Aimez-moi エメ モワ　1995
グッチ
　Gucci Rush 2 グッチ ラッシュ 2　2000
　Envy me エンヴィ ミー　2003
　Pour Homme II
　　グッチ プールオム II　2006
　Gucci by Gucci for men
　　グッチ バイ グッチ フォーメン　2007
　Gucci for men グッチ フォーメン
　　　2002～2007
　Envy エンヴィ　1997
　Gucci Rush グッチ ラッシュ　1999
クラブツリー&イヴリン
　Evelyn イヴリン　1993
クラランス
　Par amour パル アムール　2004
　Eau Ensoleillante
　　オー アンソレイヤント　2007

グリーンウェル
　Plum Mary プラム メリー　2010
クリスチャン ラクロワ
　Tumulte テュミュルト　2005
クリツィア
　K ケイ　1981
クリニーク
　Aromatique Elixir
　　アロマティック エリクシール　1971
グレ
　Cabochard カボシャール　1959
　Cabotine カボティーヌ　1990
クロエ
　Chloé クロエ　2008
ケスリング
　Double Click ダブル クリック　2000
ケネス コール
　Black For Her
　　ブラック フォー ハー　2004
ゲラン
　Shalimar シャリマー　1921
　Aprè l'ondée アプレロンデ　1906
　L'heure Bleue ルール ブルー　1912
　Vetiver ベチバー　1959
　Chamade シャマード　1969
　Derby ダービー　1985
　Samsara サムサラ　1989
　Héritage エリタージュ　1992
　Champs Élysées シャンゼリゼ　1996
　Guet Apens ゲット アポン　1999
　L'Eau légère de Shalimar
　　ロー レジュール ド シャリマー　2003
　Quand vient l'été
　　カン ヴィアン レテ　2003
　L'Instant ランスタン　2004
　Cuir Beluga キュイール ベルーガ　2005
　Insolence アンソランス　2005
　Rose Barbare ローズバルバラ　2005
　Cologne du 66
　　コローニュ デュ 66　2006
　L'Instant Magic
　　ランスタン マジー　2007
　My Insolence マイ アンソレンス　2007
　L'Âme d'un Hèro
　　ラム ダン エロー　2008
　L'Eau de Guerlain homme
　　ゲラン オム ロー　2009
　L'Instant Magic Elixir
　　ランスタン マジー エリクシール　2009
〈Aqua Allegoria アクアアレゴリア〉
　Pamplelune パンプルリュネ　1998
　Herbafresca ハーバフレスカ　1998
　Rosa Magnifica
　　ローザマグニフィカ　1998

Ylang et Vanille イラン&バニーユ 1998
Lilia Bella リリアベラ 1999
Anisia Bella アニシア ベラ 2004
Pivoine Magnifica
　ピボワンヌ マグニフィカ 2005
Mandarine Basilic
　マンダリンバジリック 2007

ケンゾー
Jungle Tigre
　ジャングル　タイガー 1997
Kenzoki Lotus blanc
　ケンゾーキ ロータス ブラン 2002
Kenzo Air ケンゾー エア 2003
Eau de Fleurs de thé
　オード フルール ド テ 2008
Kenzo Power ケンゾー パワー 2008
OVNI Parfum OVNI パルファン 2008
L'Eau de fleur de Magnolia
　ロード フルール ド マグノリア 2008
Ca sent beau サ ソンボー 1988
L'Eau par Kenzo Homme
　ローパー ケンゾー オム 2009

コティ
Vanilla Musk バニラ ムスク 1994
Life by Esprit pour femme
　ライフ バイ エスプリ プールファム 2003
L'Origan オリガン 1905

コム デ ギャルソン
Series 2 Carnation
　シリーズ 2：カーネーション 2002
Series 2 Red
　シリーズ 2：レッド 2002
Series 3 Incense
　シリーズ 3：インセンス 2002
Series 3 Jaisalmer
　シリーズ 3：ジャイサルメール 2002
Series 3 Zagorsk
　シリーズ 3：ザゴルスク 2002
Series 4 Cologne Citrico
　シリーズ 4：コローニュ シトリコ 2002
Series 4 Cologne Ambar
　シリーズ 4：コローニュ アンバー 2002
Kn°111 2008
Korloff n°1 コルロフ n°1 2008

コローニュ ジャフラ (メキシコ)
Tender moments
　テンダー モーメンツ 2002

コローニュ G&G (ブラジル)
Gentle breeze
　ジェントルブリーズ 2001

【サ】
ザ ディファレント カンパニー
　Osmanthus オスマンサス 2001

ザ バーレン パフューマリー
　Frond フロンド 2005
　Autumn Harvest
　　オータム ハーベスト 2006
　Spring Harvest
　　スプリング ハーベスト 2006

ザ・ボディショップ
　White Musc for men
　　ホワイト ムスク フォーメン 2007
　Aqua Lily アクアリリー 2008

サーリニ
　Fémininde フェミニンドゥ 2009

サルバトール ダリ
　Eau de Dali オード ダリ 1987
　Dalistyle ダリスタイル 2002
　Agua verde アグア ヴェルデ 2003
　Dali édition ダリ エディション 2004
　Purplelips パープルリップス 2006

サルバトール フェラガモ
　F by Ferragamo
　　F バイ フェラガモ 2007
　Incanto Bloom
　　インカント ブルーム 2010

サンタル
　Drôle de petit Parfum
　　ドロール ド プティ パルファン 2005

シスレー
　Eau N°1 オー N°1 2009
　Eau N°2 オー N°2 2009
　L'Eau du soir オー デュ ソワール 1990

資生堂
　Féminité du bois
　　フェミニテ デュ ボワ 1992
　Zen 禅 2007
　Zen for Men ゼン フォーメン 2009

ジバンシイ
　Amarige アマリージュ 1991
　Eau de Givenchy
　　オー デ ジバンシイ 1981
　Ysatis イザティス 1984
　Insensé アンサンセ 1993
　Fleur d'Interdit
　　フルール ダンテルディ 1994
　Organza オルガンザ 1996
　π パイ 1998
　Very Irresistible
　　ヴェリィ イレジスティブル 2003
　Ange ou Démon Le Secret
　　アンジュ デモン ル スクレ 2009
　Amarige Mimosa de Grasse
　　アマリージュ ミモザド グラース 2010

ジャガー
　Jaguar Classic
　　ジャガー クラシック 2001
　Jaguar Prestige
　　ジャガー プレステージ 2007

ジャコモ
　Silence サイレンス 1978
　Paradox pour elle
　　パラドックス プールエル 1998
　Jacomo for men
　　ジャコモ フォーメン 2007
　Art Collection # 08 EDP SP
　　アートコレクション # 08 EDP SP 2008

ジャック ファット
　Eau de Fath オード ファット 2010

ジャック ボガルト
　Witness ウイットネス 1992

シャネル
　No.5 1921
　Coco ココ 1984
　No.19 1970

シャリニ パルファム
　Shalini Indian Lady
　　シャリニ インディアン レディー 2009

シャルル ジョルダン
　L'insolent ランソラン 1986

ジャン クチュリエ
　Un jardin à Paris
　　アン ジャルダン ア パリ 2008

ジャン シャルル ブロッソー
　Ombre Rose オンブル ローズ 1981

ジャン パトゥ
　1000 ミル 1972
　Eau de Patou オード パトゥ 1976
　Patou pour Homme
　　パトゥ プールオム 1980
　Eau de toilette Joy
　　オードトワレジョイ 1984
　Ma collection マ コレクション 1984
　Ma Liberté マ リベルテ 1987
　Sublime スブリーム 1992
　Voyageur ヴォヤジェール 1995
　Le parfum royal
　　ル パルファム ロワイヤル 1996
　Patou for ever
　　パトゥ フォーエバー 1998
　Le parfum de Venise
　　ル パルファム ド ヴニーズ 1999

ジャン リュック アムスラー
　Paradox pour elle
　　パラドックス プールエル 1998
　Femme ファム 2000

ジャン ルイ シェレール
　Jean-Louis Scherrer
　　ジャン ルイ シェレール 1979
　Immense イマンス 2001

ジャンポール ゴルチエ
    Le Mâle ル マル　　　　　　　　　1995
    Fragile フラジャイル　　　　　　　　1999
    Gaultier 2 ゴルチエ 2　　　　　　　2005
    Puissance 2 ピュイサンス 2　　　　 2005
    Fleur du Mâle フルール デュ マル　2007
    Ma Dame マダム　　　　　　　　　2008
    L'eau d'Amour ロー ダムール　　　2008
ショーメ
    Chaumet pour Homme
        ショーメ プールオム　　　　　　2000
ショーン ジョン
    Unforgivable アンフォギバブル　　2006
ショパール
    Casmir カシミール　　　　　　　　1991
ジョルジョ ビバリーヒルズ
    So you! ソー ユー　　　　　　　　2002
ジョン ガリアーノ
    EDT by John Galliano
        ジョン ガリアーノ　　　　　　　2010
    John Galliano by John Galliano
        ジョン ガリアーノ by ジョン ガリアーノ　2008
ジル サンダー
    Style スタイル　　　　　　　　　　2006
    Stylessence スティレッセンス　　　 2007
    Jil ジル　　　　　　　　　　　　　2009
ジントニック
    Gin Tonic Happy Hour
        ジントニック ハッピー アワー　　2009
セギュレン
    Tendre Mutine
        タンドル ミュティン　　　　　　2002
    Simplement Je
        サンプルマン ジュ　　　　　　　2003
    Foen フォワン　　　　　　　　　　2003
    Frisson d'été フリッソン デテ　　 2005
セリーヌ ディオン
    Belong ビロング　　　　　　　　　2005
    Paris Night パリス ナイト　　　　2007
セルジオ タッキーニ
    Stile スタイル　　　　　　　　　　2003
セルジュ ルタンス
    Labyrinthe olfactif de Serge
    Lutens
        ラビランス オルファクティフ ドゥ セルジュ ルタンス
        　　　　　　　　　　　　　　2004
ソニア リキエル
    Sonia Rykiel ソニア リキエル　　　1993
    Eau de Woman オード ウーマン　 2005

【タ】
ダナ キャラン
    Be Delicious ビー デリシャス　　2004
ダビドフ

Zino ズィノ　　　　　　　　　　　　1986
Echo Woman エコー ウーマン　　　　2004
Silver Shadow シルバーシャドウ　　2005
Silver Shadow Private
    シルバー シャドー プライベート　2008
タルティン エ ショコラ
    Magic Bubbles
        マジック バブルス　　　　　　　2009
ダンヒル
    Dunhil Signature
        ダンヒル シグニチャー　　　　　2003
    Pure ピュア　　　　　　　　　　　2006
チュッパチャップス
    Night Fever ナイト フィーバー　　2004
ディーゼル
    Only the Brave
        オンリー ザ ブレーヴ　　　　　2009
ディヴィーヌ
    Divine ディヴィーヌ　　　　　　　1986
    同上　　　　　　　　　　　　　　2006
    L'Inspiratrice ランスピラトリス　　2006
ティエリー ミュグレー
    A*Men エイメン　　　　　　　　 1996
    B*Men ビーメン　　　　　　　　 2004
    Alien エイリアン　　　　　　　　 2005
    Ice*Men アイス * メン　　　　　 2007
    A*Men Pure Coffee
        エイメン ピュアコーヒー　　　　2008
    A*Men Pure Malt
        エイメン ピュアモルト　　　　　2009
    Angel Sunessence
        エンジェル サネッセンス　　　　2009
ディオール
    Diorella ディオレラ　　　　　　　1972
    Jules ジュール　　　　　　　　　 1980
    Dune デューン　　　　　　　　　 1991
    Higher ハイヤー　　　　　　　　 2001
    Dior Addict 2
        ディオール アディクト 2　　　 2005
    Dior Homme ディオール オム　　 2005
    Pure Poison ピュアプワゾン　　　2004
ディプティック
    Tam dao タムダオ　　　　　　　　2003
    Jardin clos ジャルダン クロ　　　2004
    L'Eau de Néroli ロード ネロリ　　2008
    L'Eau de L'Eau ロード ロー　　　2008
    L'Eau des Hespérides
        ロー デ ゼスペリード　　　　　　2008
ティルダ スウィントン
    Like This ライクディス　　　　　 2010
テッドラピダス
    Woman ウーマン　　　　　　　　2001
    Altamir アルタミール　　　　　　2007
ドッグジェネーション

Oh my dog オー マイ ドッグ　　　　2000
トラサルディ
    Essenza del Tempo
        エッセンツァ デル テンポ　　　　2008
ドラローム
    Orangia bellissima
        オランジア ベリッシマ　　　　　2009
ドラン
    Un air de Paris アン エア ド パリ　2004
    Yeslam イエスラム　　　　　　　　2005
    Un air d'Arabie アン エア ダラビー
        　　　　　　　　　　　　　　2009
    Ambre アンブル　　　　　　　　　2009
ドルチェ & ガッバーナ
    10-Roue de la Fortune
        10- ルー デラ フォーチュン　　 2009

【ナ】
ナオミ キャンベル
    Cat deuxe At Night
        キャット ドリュックス アット ナイト　2007
    Seductive Elixir
        セダクティブ エリクシール　　　2008
    Cat deluxe With Kisses
        キャット デラックス ウィズ キッシィズ　2009
ナトゥーラ（ブラジル）
    FF
    Junie Female FF
        ジュニー フィメール　　　　　　1977
ナルシソ ロドリゲス
    for him フォーヒム　　　　　　　2007
    Narciso Musk for Her Collection
        ナルシソ ムスク フォー ハー コレクション
        　　　　　　　　　　　　　　2009
ニッケル
    Ulalala ウラララ　　　　　　　　 2008
ニナ リッチ
    Fleurs de Fleurs
        フルール ド フルール　　　　　 1982
    Deci Delà ドゥシ ドゥラ　　　　 1994
    Les Belles レベル　　　　　　　　1996
    Premier jour
        プルミエ ジュール　　　　　　　2003
    Love In Paris ラブ イン パリス　　2004
    Ricci Ricci リッチ リッチ　　　　2009
ネリー ロディ
    Gingembre ジャンジャンブル　　　2005
ノーティカ
    Nautica Oceans
        ノーティカ オーシャン　　　　　2009

【ハ】
バーバリー
    Burberry for women

バーバリーフォーウィメン 1995
バイ ボボ
Dinner ディナー 2001
パウダー
Aireness Instinct
エアネス インスティンクト 2008
パコ ラバンヌ
Calandre カランドル 1969
La nuit ラ ニュイ 1985
Paco パコ 1996
One Million ワンミリオン 2008
バルディニーニ
Parfum Glacé
パルファン グラセ 2009
パルファム グレ
Cabotine Delight
カボティーヌ ディライト 2008
Mithos ミトス 2009
パルファム ダンピール
Osmanthus interdite
オスマンサス アンテルディ 2007
Cuir Ottoman
キュイール オットマン 2008
パルファム ド ニコライ
Eau d'été オーデテ 1977
Odalisque オダリスク 1989
Number one ナンバーワン 1989
Vie de Château ヴィー ド シャトー 1991
Mimosaïque ミモザイック 1992
Baladin バラダン 1995
Carré d'As カレ ダス 1995
Maharajah マハラジャ 1995
Juste un rêve
ジュストゥ アン レーヴ 1996
Eau d'été オーデテ 1997
Rose pivoine ローズ ピヴォワーヌ 1998
Cologne nature
コローニュ ナチュール 2000
Balle de match バル ド マッチ 2002
Nicolaï pour Homme
ニコライ プールオム 2003
Éclipse エクリプス 2004
Maharanih マハラニ 2007
Vanille Intense
バニーユ アンタンス 2008
Patchouli Homme
パチュリ オム 2009
Week-end à Deauville
ウイークエンド ア ドーヴィル 2009
Violette in Love
ヴィオレット イン ラブ 2009
パルファム ロジーヌ パリ
Un Zeste de Rose
アン ゼスト ド ローズ 2002

Écume des Roses
エキューム ド ローゼス 2003
Rose d'Homme ローズ ドム 2005
Rose de Rosine
ローズ ド ロジーヌ 1991
Rose d'été ローズ デテ 1995
Secrets de Rose
セクレ ド ローズ 2010
Rossisimo ロジッシモ 2010
バルマン
Vent Vert ヴァンヴェール 1945
La Môme ラモーム 2007
Ambre Gris アンバーグリス 2008
Ivoire イヴォワール 1979
バレンシアガ
Valenciaga Paris
バレンシアガ パリ 2009
バレンチノ
Rock Rose ロックローズ 2006
パロマ ピカソ
Paloma Picasso パロマ ピカソ 1984
Minotaure ミノトール 1992
ピエール カルダン
Révélation レベラシオン 2004
ビクトール&ロルフ
Flowerbomb フラワーボム 2005
Eau Mega オー メガ 2009
ビゼ
Anouk アヌーク 1989
ヒューゴ ボス
Boss Selection ボス セレクション 2006
プーマ
I'm Going アイムゴーイング 2007
フェラガモ
Incanto Shine
インカント シャイン 2007
ブガッティ
Black Pure ピュアブラック 2008
ブバ
In Case of Love
イン ケース オブ ラブ 2009
フラゴナール
Soleil ソレイユ 1996
フラパン
1270 2008
Esprit de fleurs
エスプリ ド フルール 2008
Frapin Caravelle épicée
フラパン カラヴェーユ エピセ 2008
Frapin Cognac Fire
フラパン コニャック ファイヤー 2008
Frapin Esprit de fleurs
フラパン エスプリ ド フルール 2008
Frapin Oriental Man

フラパン オリエンタル マン 2008
Terre de Sarment
テール ド サーマン 2008
Passion Boisée
パッション ボワゼ 2008
フランシス クルジャン
Cologne pour le Soir
コローニュ プール ル ソワール 2009
Lumière Noire pour Homme
ルミエール ノワールプールオム 2009
Lumière Noire pour Femme
ルミエール ノワール プールファム 2009
ブルーノ バナニ
About man アバウト マン 2004
Pure man ピュア マン 2006
ブルガリ
Jasmin Noir ジャスミン ノワール 2008
フレデリック マル エディッション ドゥ パルファム
Musc Ravageur ムスク ラヴァジュール 2000
Une fleur de Cassie
ユヌフルール ド カシー 2000
Carnal Flower カーナル フラワー 2006
Dans Tes Bras ダンテブラ 2008
ベネトン
Colors カラーズ 1987
Tribu トリビュ 1993
Energy Man エネジーマン 2008
Essence of United Colors Woman
エッセンス オブ ユナイテッド カラーズ ウーマン 2008
Energy Woman
エネジーウーマン 2008
ペリー エリス
Perry Ellis for men
ペリー エリス フォーメン 2008
ベルサーチ
Jeans Couture Glam
ジーンズ クチュール グラム 2003
ペンハリガン
Lily & spice リリー&スパイス 2005
ボグナー
Bogner Wood Woman
ボグナー ウッド ウーマン 2003
ボンド ナンバーナイン
Chinatown チャイナタウン 2005

【マ】
ミッシェル クラン
Insomny アンソムニー 1998
MAC
Asphalt Flower
アスファルト フラワー 1999

ミッソーニ
　Millenium ミレニウム　1996
メートル パルフュムール&ガンティエ
　Bahiana バヒアナ　2005
メックス
　Mexx Amsterdam Spring Edition
　Woman Mexx
　　アムステルダム スプリング エディション ウーマン
　　　2007
　XX By MEXX Wild XX by MEXX
　　ワイルド　2008
　Mexx Black Mexx ブラック　2009
メネン USA
　Arizona Desert アリゾナ デザート　1997
メリンダ メッセンジャー
　Delight ディライト　2008
モーブッサン
　Emotion Devine
　　エモーション ディヴァイン　2007
モリナール
　Habanita ハバニタ　1921
　Mirea ミレア　2005
モリヌー
　Quartz クオーツ　1978
　Lord ロード　1989

【ヤ】
ヤードレー
　Lace レース　1982
ヨープ！
　JOOP！ヨープ！　1987
　Jump ジャンプ　2005
　Go, Joop！ヨープ！ゴー　2007
　Jet Dark-Sapphire
　　ジェット ダーク サファイア　2008
　Thrill Woman
　　スリル ウーマン　2009
　Thrill Man スリル マン　2009
　Wolfgang Joop Freigeist
　　ウルフガングヨープフライガイスト　2010
ユーロコズメシィ
　Fluid Iceberg Man
　　フルイド アイスバーグ マン　2000

【ラ】
ラ コンパニー ド プロヴァンス
　Edt Encens Lavande EdT
　　アンサンス ラバンド　2009
　Miel de Lavande collec-tion Extra
　Pure
　　ミエル ド ラバンド コレクション エクストラ ピュア
　　　2009
ラ ベルラ
　IO　1994
ラコステ
　Eau de sports & Eau de Toilette
　　スポーツオードトワレ ＆ オードトワレ　1968
　Eau de Toilette Lacoste
　　オードトワレ ラコステ　1984
　Land ランド　1991
　Eau de Sport オード スポーツ　1994
　Booster ブースター　1996
ラリック
　Lalique pour Homme
　　ラリック プールオム　1997
　Lalique Le Parfum
　　ラリック ル パルファン　2005
ラルチザン パフューム
　Mûre et Musc extrême
　　ミュール エ ムスク エクストレーム　1993
　L'eau Ambre ロー アンブル　1993
ランカスター
　Aquazur アクアズュール　2004
　Aquasun アクアサン　2005
ランコム
　Magie noire マジー ノワール　1978
　Cuir キュイール　2006
　Hypnose Homme
　　イプノーズ オム　2007
　Miracle Homme ミラクオム　2001
　Ô オー　1969
　Miracle Forever
　　ミラク フォーエバー　2006
ランバン
　Arpège アルページュ　1927
　Eclat d'Arpège エクラ ド アルページュ
　　　2002
　Vetyver ベチバー　2003
　Arpège pour Homme
　　アルページュ プールオム　2005
　Rumeur リュムール　2006
リリー ピュリッツアー
　Squeeze スクイーズ　2008
ル プティ プランス
　Eau de Bébé オー ドゥ ベベ　2008
　Le Petit Prince
　　ル プティ プランス　2008
ル ラボ
　Labdanum 18 ラブダナム 18　2006
　Fleur d'Oranger 27
　　フルール ドランジェ 27　2007
ルネ ギャロー
　Garraud pour Homme
　　ギャロー プールオム　2004
ルル カスタネット
　LuLu ルル　2006
　Just 4 U ジャスト 4 U　2007
　LuLu Rose ルル ローズ　2009
レヴィヨン
　Eau de Turbulences
　　オード テュービュランス　2002
レオナール
　Fashion de Leonard
　　レオナール ファッション　1969
レキット&コルマン（スペイン）
　Nenuco Baby Cologne
　　ネヌコ ベビー コロン　1994
レゼット
　Flore Ette フロール エットゥ　2009
レッドオーキッド
　Oscar オスカー　2007
レブロン
　Charlie Gold チャーリー ゴールド　1995
ロクシタン
　Amande アマンド　2004
　Eau des 4 Reines
　　オー キャトルレーヌ　2004
　L'eau d'Iparie ロー ディバリー　2005
　Notre Flore ノートル フロール　2006
　Eau des Baux オー デ ボー　2007
　Myrte ミルト　2007
　Rose & Reine ローズ&レーヌ　2007
　Iris イリス　2007
　Jasmin ジャスミン　2009
ロジェ・ガレ
　Vera-Violetta ヴェラ ヴィオレッタ　1892
　Bouquet Impérial
　　ブーケ アンペリアル　1991
　Vétiver ベチバー　1991
　Lavande ラヴァンデ　1991
　Cédrat セドラ　2007
ロシャス
　Madame Rochas マダム ロシャス 1969
　Eau de Rochas オー デ ロシャス　1970
　Tocado トカド　1994
　Rochas Man ロシャス マン　1999
　Aquawoman アクアウーマン　2002
　Lui ルイ　2003
　Reflets d'Eau pour Homme
　　ルフレ ドー プールオム　2006
　Moustache ムスターシュ　1950
ロディエ
　Eau Intense Homme
　　オー アンタンス オム　2003
ロベール ボーリュー
　Vison ヴィゾン　1998
ロベルト カヴァリ
　Just Cavalli for her
　　ジャスト カヴァリ フォーハー　2004
ロリータ レンピカ
　Lolita Lempicka au Masculin
　　ロリータ レンピカ オ マスキュラン　2000
　L エル　2006

237

写真クレジット

● SA Albert Vieille（ヴァロリス）のご好意で写真を借用した。
P.68 カッシー／P.76 ガルバナム／P.80 キンモクセイ／P.88 サンダルウッド／P.112 スチラックス／P151 バニラ 上部／P.180 マンダリン／P.188 ミント／P.200 ワームウッド 左上

● フランス グラース市国際香水博物館所蔵の写真（写真撮影 カルロ・バルビエロ）を下記のように借用した。
イランイラン　P.52 左下
イリス　P.56 左上
カッシー　P.68 左下
ジャスミン　P.100 左下
スターアニス　P.108 左下と P.111 左
ゼラニウム　P.120 左下と P.123 左
チュベローズ　P.124 左下
ナルシス　P.132 左下
バイオレット　P.136 上・下／P.137 左
パチュリ　P.144 左下
バニラ　P.148 左下
ビターオレンジ　P.152 左下／P.155
ヘリクリサム　P.165 左
ベルガモット　P.168 左下
ベンゾイン　P.172 左下／P.173 左
マテ　P.176 左下
マンダリン　P.180 左下
ミモザ　P.184 左下／P.187 右
ラベンダー　P.192 左上・下
ローズ　P.196 左下
ローズと女性の絵　P.242 絵

● 本書序文のイラストはフランス グラース市グラース国際香水博物館所蔵。写真 カルロス・バルビエロ。ただしP.25 と P.47 上の写真はフレディ・ゴズラン。

● 天然エキストラクトの画像
P.224　シャラボ社（グラース）
P.225、226　写真 2 枚は CAPUA
P.227　写真 2 枚はシャラボ社

● そのほかの画像
イランイラン——P.52 左上　ビオランド社／P.53 右　フールマンティ／P.54 上　ジャン・ギシャール（ジボダン社）／P.55 右　ジャン・ギシャール（ジボダン社）／P.55 上　ルル（キャシャレル社）
イリス——P.56 右下 2 枚　ビオランド社／P.59 右　ポスター：イネズ・ファン・ラムスヴィールデとウイヌード・マタディン　モデル：アニヤ・リュービク
ガイヤックウッド——P.60 左上　クロディー・パヴィス（AEVA 協会）／P.63 左　フレディ・ゴズラン
カシスの芽——P.64 上 ビオランド社／P.64 下　ファルム・フリュイルージュ／P.67　フレディ・ゴズラン
カッシー——P68 上　ドミニク・ロピオンハジメ／P71 右　エイリアン、ティエリー・ミュグレー（クラランス）
カルダモン——P.74　パスカル・スィーヨン、シムライズ社
キンモクセイ——P.80 左下 フールマンティ／P.83 上　M. レミー／P.83 右　ケルレオ　1000（ジャンパトゥ）
クラリセージ——P.84 上 ビオランド社／P.84 下　フールマンティ／P.87 右　ティルダ・スウィントン、ライク ディス
サンダルウッド——P.90 上　ジャック・ユークリエ（ジボダン社）／P.91 上　シャラボ社
シスタス——P.92 左上　ビオランド社／P.92 左下　フールマンティ／P.95　フレディ・ゴズラン
シナモン——P.96 上　植物園（ミュンヘン）ALBAN／P.99 上　クレタ島 ALBAN

ジャスミン──P.100 上　グラース市／P.101 左　グラース市／P.102 上　ベルナール・エレナ（シムライズ社）／P.103 上　パルファン ジバンシイ、モデル：ユマ・サーマン

ジンジャー──P.104 上　ビオランド タイランド社

スターアニス──P.110 上　アレクサンドラ・モネ（ドローム フレグランス社）

スチラックス──P.114 上　オリヴィエ・ポルジュ、ウィリアム・ボーカルデ

セダー──P.116 上　エルボラタム レジョン サントル ALBAN／P.119 上　フレディ・ゴズラン／P.119 下　シャリマー 1994 ジョヴァンニ・ガステル

ゼラニウム──P.120 上　ビオランド社

チュベローズ──P.124 上　アレリアン・ギシャール（ジボダン社）／P.127 右　パルファン ニナ リッチ

トンカビーン──P.128 上　ビオランド社／P.129 右　ビオランド社／P.130 131 上　ギヨーム・フラヴィニー（ジボダン社）／P.131 右　ルル・カスタネット

ナルシス──P.132 下　フール・マンティ

バイオレット──P.138 上　ソフィー・ラベ　ウイリアム・ボーカルデ／P.139 右　オルガンザ ジバンシイ 1997 マーク・イスパール

バジル──P.140 上　エルボルタム レジョン サントル　ALBAN

パチュリ──P.144 上　シャラボ社／P.144 右　オズモテーク／P.147 上　シャラボ社

バニラ──P.148 上　ビオランド社／P.149 左　ビオランド社／P.150 上　クリストフ・レイノー ジボダン社／P.151 右　パコラバンヌ

ビターオレンジ──P.152 左上　ビオランド社

フランキンセンス──P.156 左上　ビオランド社／P.159 上　フランス エクセレンス、アン エア ダラビー

ベチバー──P.161 下　Sud Sauvage 観光局／P.163 左　パルファン ジャンポール ゴルチエ／P.163 右　ナタリー・ベタンス

ヘリクリサム──P.164 上　アサンシオン・ガルディア／P.166 上　アレクサンドラ・コジンスキー（ジボダン社）／P.167 右　サンタル ユークリエ ヨープ パルファン

ベルガモット──P.168 上　カプア／P.171 左　カプア／P.170 上　オリヴィエ・ペシュー（ジボダン社）

ベンゾイン──P.172 上　ビオランド社／P.172 右下　ビオランド社／P.175 フレディ・ゴズラン

マテ──P.176 上　ステファニー・ポワニアン／P.177 下　イザベル・ゴズラン／P.179 上　エステロ ドリベラ エミッション

マンダリン──P.182 上　フレデリック・ルクール クレディ ゲイソーン／P.183 上　オード ロシャス

ミモザ──P.184 上　OT ボーリュー ワリス／P.185 左　OT ボーリュー／P.186 上　カリーヌ・デュブロイュ（スタジオ カブレリ）

ミント──P.188 上　影山正雄／P.190 マチルド・ローラン／P.191 左　パルファン ロードスター／P.191 右　クープル ティエリール グウ、ボトル：オリヴィエ トリヨン

ローズ
P.196 上　ビオランド社／P.197 左　2009 年度エクスポ ローズ／P.199 左　ビオランド社

植物図鑑［1］の板上の植物、香水瓶の写真、『香水の用語』の右下、本のカバー写真はヤニック フーリエが撮影。

訳者あとがき

　本書が出版されたグラースは香りを学ぶものにとっては育ての親である。日本の調香師やフレーバリストは必ずグラースで研修を受けるという。グラースには香料会社が多く、その背景には香料植物（アロマセラピーでは芳香植物と呼ぶ）栽培の長い歴史もある。マリーアントワネットの香水にも、アトリエがグラースにあった専属調香師ファージョンが用いたことだろう。

　グラース地方や山野には野生で育つ香料植物が多い。タイム、ローズマリー、ウインターセイボリー、レンティスク、マートル、ラベンダー、シスタス、セージ、ナルシス、バイオレットなどが育つ。森に入ると灰緑色や白色のオークモスが柏の木などに寄生し、映画『アバター』の霊的な生物のごとく、ふわふわと育っている。標高1400～1800mに育つ野生のラベンダーには感動を覚える。以前は氷点下20℃まで下がることもあった、厳しい冬。草丈を低くして耐え抜き、4月ともなると茎を伸ばし、6月から7月には青紫の花から深くそして甘い香りを放ち、蜜蜂を惹きつけて離さない。

　グラース地方は、シャネルやゲランの香水用にジャスミンやローズ、イリスなどを栽培している。毎年5月にはローズエキスポ（博覧会）、8月にはジャスミン祭。大勢の人でにぎわう。市の中心部、国際香料博物館は毎月一回木曜日に"Jeudi du MIP"という香料全般に関するセミナーを開催しているが、一般公開講座であり、有名調香師も講演し、質疑応答の時間もある。ムアンサルトー市のMIP付属植物園にはいつでも心さわやかになる風景がある。さて、今年からPHYT'AROM GRASSEと名称を改め、「薬用植物とアロマテラピー国際学会」がリスタートする。毎年3日間開催され、遠方のシャーマンの講演も行われてきた。問合せで、市役所に電話すると待ち時間にロックが流れる元気なグラース。これからもさらに香り事業を発展していく。

　本書では巻末に本文中の香水リストを加えた。翻訳にあたって、グラース市のシャラボ社加藤常治様に監修を担当していただき、貴重なご助力を授かった。また、フランシス・アジミナグロウ薬学博士と寺田ロブ・マヌエラ様には仏語の示唆を得た。皆様に心からの謝辞を申し上げる。そして、原書房の永易三和さんに感謝を捧げたい。

　　　平成23年3月22日

　　　　　　　　　　　　　　　　　　　　　　　　サムナワックの森にて
　　　　　　　　　　　　　　　　　　　　　　　　前田　久仁子

著者

フレディ・ゴズラン Freddy Ghozland

大学助教授（トゥルーズビジネススクール）、物理科学博士（博士論文：ペニーロイヤル中の＋プレゴン誘導体）。香水に関する約40種の出版物を Éditions Milan と Éditions d'Assalit より刊行。ゲラン、オルセー、キャロン、シーグラムグループ等と提携した出版物も数種ある。なお、グラース市立香水博物館と提携し、香水を主題に6冊書籍を出版。そのほか、ポスター関連書籍を出版している。フランスポスター品評会を発足し、責任者として7年間活動。トゥルーズビジネススクールの口頭試験審査委員長を務める。香水に関する出版物では、"L'un des sens, Le parfum au XXe siècle" "Enjeux et métiers de la parfumerie" ほか多数。

フレディー ゴズラン（写真左）とジボダン社調香師、ベルナール ユークリエ

著作

- Un Siècle de Réclames Alimentaires, 1984, Éditions Milan
- Un Siècle de Réclames, Les Boissons, 1986, Éditions Milan
- Cosmétiques, Être et Paraître, 1987, Éditions Milan
- Parfum, Fantasmes, 1987, Éditions Milan
- Perfume, Fantasies, 1987, Éditions Milan
- Pub & Pilules, 1988 (avec Henri Dabernat), Éditions Milan
- Ces Pubs qui ont fait un Tabac, 1989, Éditions Milan
- Mémoire de l'Affiche, I, 1990, Éditions Milan
- Mémoire de l'Affiche, II, 1991, Éditions Milan
- Moscou s'Affiche, 1992 (avec Béatrice Laurens), Éditions Milan
- Précieux Effluves, 1997 (avec Jean Marie Martin Hattemberg), Éditions Milan
- Histoires de Boîtes, 1998 (avec Laurent Vernay), Shirine Éditions
- Une année d'affiches en France, 1998, 1999 (avec Christine Bonnin, Secodip), Éditions d'Assalit
- L'un des sens, Le parfum au xxe siècle, 2001, (avec Marie Christine Grasse et Élisabeth de Feydeau), Éditions Milan
- Algérie, Regards croisés, 2002 (avec Georges Rivière)
- Enjeux et métiers de la parfumerie, François Berthoud, Freddy Ghozland, Sophie Dauber, 2007, Éditions d'Assalit
- Agenda de l'Affiche, 2008, Toulouse Business School

グザビエ・フェルナンデス Xavier Fernandez

大学助教授、生物活性分子と食品香料化学研究所研究員。化学博士。LCMBA UMR CNRS 6001、ニース ソフィアアンティポリス大学大学院にて、研究所長として大学院生（処方、分析、評価）の指導に当たる。PASS（Parfums, Arômes, Saveurs et Senteurs）クラスター、および PASS 商業クラスター会員。"Journal of Essential Oil Research"（Allured、JEOR）委員会会員。食品香料と香粧品香料、さらに植物研究に関する60冊以上の科学的な出版物を単独、または共著にて刊行している。

ベルナール・ガロタン Bernard Garotin

パリで考古学を学んだ後、1995年まで関連する仕事に携わるが、情熱に導かれて8年間料理を多方面から研究。トゥルーズ市で「ヴェルジュ（Verjus）」のシェフに就任し、それ以降多くのレストランで経験を積む。現在と過去、そして未来の味覚、そして、この土地と遠方の味覚を巧みに操って用いることを喜びとしている。新しい味覚の開拓に努めているが、子供の頃から自然が好きで、野草料理に傾倒している。自然には、未知のおいしい味が無尽蔵にある。最近は、いろいろな感覚——たとえば音楽、現代美術などと味覚をフュージョンさせることにも喜びを見いだしている。

翻訳

前田　久仁子　Maeda Kuniko

イラン テヘラン市ダマヴァンド大学入学。イラン革命時に帰国。 上智大学外国語学部比較文化学科卒。東京医療専門学校卒。1985年以来、日本、イギリス、フランスでアロマテラピーを学び、東洋医学に取り入れる。現在、フランス・グラース市の植物療法専門薬局にてフランシス・アジミナグロウ氏に師事し、フィトアロマテラピーを 研究。南フランス在住。訳書：「アロマテラピー・マッサージブック」(河出書房新社)「スピリットとアロマテラピー」「フィトアロマテラピー・エッセンシャル処方集」（フレグランス ジャーナル社）「あなたはなぜあの人の「におい」に魅かれるのか」(原書房) 他。

監修者

加藤　常治　Kato Joji

慶応大学外国語学部仏文科卒。グラース市シャラボ社にて在学時と卒後に研修。小川香料東京支店入社。シャラボ、ドレアなどフランス系香料会社を担当。同社を退社後、グラース市にてシャラボ社日本担当営業。1994年から、日本法人シャラボ株式会社代表取締役となる。1999年にグラースに戻る。現在フランス南部、及び日本の調合品営業担当。

"L'Herbier Parfumé：Histoires humaines des plantes à parfum"
Freddy GHOZLAND et Xavier FERNANDEZ
©Editions Plume de Carotte, 2010.
This book is published in Japan by arrangement with les EDITIONS PLUME DE CAROTTE,
through le Bureau des Copyrights Français, Tokyo.

調香師が語る
香料植物の図鑑

2013年5月30日　第1刷
2025年6月20日　第9刷

著者　フレディ・ゴズラン
　　　グザビエ・フェルナンデス

訳者　前田　久仁子

装丁　川島進（スタジオギブ）

発行者　成瀬　雅人
発行所　株式会社　原書房
〒160-0022 東京都新宿区新宿1-25-13
電話・代表　03-3354-0685
http://www.harashobo.co.jp　振替　00150-6-151594
印刷・製本　中央精版印刷株式会社
© Kuniko Maeda　2013
ISBN 978-4-562-04917-2　Printed in Japan